HISTOIRE DE L'ASTRONOMIE

DES ORIGINES À NOS JOURS

Christian Nitschelm

HISTOIRE DE L'ASTRONOMIE

DES ORIGINES À NOS JOURS

Deuxième édition revue, corrigée et augmentée

La première édition de cet ouvrage a été publiée sous le titre *L'Astronomie depuis la préhistoire jusqu'à nos jours* par les Éditions Burillier, Vannes, France, en décembre 2000.

nouveau monde éditions

Édition : Madison Deschamps
Correction : Catherine Garnier
Création graphique et maquette : Farida Jeannet

21, square Saint-Charles, 75012 Paris
ISBN : 978-2-36583-840-5
Dépôt légal : septembre 2013

1

– PRÉHISTOIRE –

Nos conditions de vie ont de tout temps été déterminées par l'alternance du jour et de la nuit, par le cycle des saisons et les mouvements du Soleil, de la Lune et des étoiles. En quête d'explications à ces phénomènes, les hommes ont très tôt ressenti le besoin de peupler le ciel de divinités puissantes à l'origine des métamorphoses du ciel. Le culte des astres est ainsi probablement né dès l'aube de l'humanité, de l'incompréhension de cette régularité. L'astrologie, apparue bien plus tard, a certainement dû tirer ses racines les plus profondes d'une telle divinisation des corps célestes. Les phénomènes à grand spectacle tels que les éclipses (partielles ou totales) ou les comètes ne pouvaient que renforcer ce type de croyances, créant des frayeurs collectives qui les traduisaient comme l'expression du courroux supposé d'une ou plusieurs divinités. L'idée de regrouper les étoiles en constellations est également née bien avant l'émergence des grandes civilisations de l'Antiquité.

Vocabulaire

Astrologie ou **astromancie** : Art de déterminer le caractère et de prévoir le destin des êtres humains par l'étude de supposées influences astrales, ainsi que de la position des planètes majeures, des aspects, des signes zodiacaux. Affirmation de l'existence d'une relation non prouvée scientifiquement entre l'homme et le cosmos. L'astrologie est actuellement reconnue comme étant une doctrine pseudo-scientifique intermédiaire entre la croyance et l'escroquerie.

Comète : astre peu massif et de faible cohésion qui décrit généralement une orbite elliptique très excentrique, voire parabolique ou hyperbolique, autour du Soleil.

Constellation : Regroupement arbitraire d'étoiles sur la voûte céleste. Le nombre de constellations a été fixé à 88, à l'aide de délimitations rationnelles.

L'astronomie s'est développée à partir de l'observation des mouvements les plus simples des astres et de leurs aspects, des levers et couchers, des solstices et équinoxes. Le besoin d'un calendrier solaire relativement fiable pour l'agriculture naissante a certainement dû encourager l'émergence de connaissances astronomiques. Cette nécessité de créer un calendrier luni-solaire fiable destinés aux cultivateurs sédentaires explique également l'observation élémentaire du cycle de la lunaison que les différents peuples néolithiques ont souvent essayé de relier à l'année solaire. Quelques observatoires mégalithiques – très probablement également des temples religieux et des nécropoles – ont subsisté jusqu'à notre époque : les cromlechs (Stonehenge en Angleterre, Callanish en Écosse) formés généralement par des cercles de pierres levées ou de menhirs, certains alignements de menhirs (peut-être le cas de Carnac, en France) et certains dolmens (néolithique supérieur, entre - 2550 et - 1 000). En Amérique du Nord, les « roues médicinales », qui ont été construites sur une très longue période, entre - 2 500 et + 1700, semblent également avoir été utilisées comme observatoires pour l'observation des levers et couchers des astres. Malgré l'absence d'écriture durant la préhistoire, les connaissances astronomiques ont pu être gravées schématiquement sur des os ou des roches, dans des grottes en particulier, représentant clairement le Soleil, les phases de la Lune, les constellations ou l'apparition d'une brillante supernova…

Vocabulaire

Équinoxe : Instant correspondant au passage du centre du Soleil sur le cercle équateur (déclinaison nulle) dans son mouvement du sud vers le nord (équinoxe de mars, ou équinoxe de printemps pour l'hémisphère nord) ou du nord vers le sud (équinoxe de septembre).

Solstice : Instant correspondant à une position apparente extrême (±23° 26') du centre du Soleil vers le nord (solstice de juin, ou d'été pour l'hémisphère nord) ou vers le sud (solstice de décembre).

Étoile : astre de forte masse, entre 0,08 et 120 masses solaires, dont le cœur – la région centrale – est le siège de réactions de fusion thermonucléaire et qui émet sa propre lumière.

Lunaison : Révolution synodique de la Lune ou, plus simplement, cycle des phases lunaires, de période moyenne 29,530588 jours. Le mois civil est une grossière approximation de la lunaison.

Vocabulaire

Astronomie (du grec *astron*, astre, et *nomos*, loi) : Science qui étudie les positions relatives, les mouvements, la structure et l'évolution des astres. Objets étudiés par l'astronomie : dans le Système solaire, Soleil, planètes (dont la Terre), satellites, astéroïdes, comètes, milieu interplanétaire ; dans la Galaxie, étoiles, amas d'étoiles, nébuleuses, milieu interstellaire ; dans l'Univers, galaxies, quasars, amas de galaxies, milieu intergalactique et les divers rayonnements qui baignent l'Univers.

Calendrier : Système élaboré par des êtres humains pour repérer les intervalles de temps (lunaisons, cycles saisonniers, etc.) et régler les travaux agricoles, la vie civile, les fêtes religieuses.

Calendrier luni-solaire : Calendrier complexe basé sur la lunaison et sur le cycle des saisons.

Calendrier solaire : Calendrier basé exclusivement sur la durée de l'année et le cycle des saisons (la durée du mois y est une grossière approximation de la lunaison).

Stonehenge, avril 2009 (David Ball – www.davidball.net).

2

– ANTIQUITÉ –

Antiquité préclassique

Mésopotamie

Dès -3000, la civilisation sumérienne – déjà très avancée et bien structurée politiquement en cités-États – avait inventé l'écriture et commencé à observer les mouvements célestes. Durant les trois mille ans qui ont suivi, les régimes politiques étaient en grande majorité fondés sur la monarchie de droit divin, le roi étant censé être une divinité terrestre en relation avec les dieux. L'étude des phénomènes célestes était alors destinée à connaître le destin du prince et du royaume. L'astrologie est donc issue des observations astronomiques, déjà très anciennes, des positions de la Lune, du Soleil et des planètes. Ces observations astronomiques ont été, dès le début de la civilisation sumérienne et durant de nombreux siècles, consignées sur des tablettes d'argile, permettant leur excellente conservation jusqu'à notre époque. Ainsi, issues de la civilisation de Ur III, les plus anciennes tablettes à usage clairement astronomique que l'on ait retrouvées datent du milieu du IIIe millénaire avant notre ère et nomment une cinquantaine d'étoiles, des

Vocabulaire

Horoscope : « Qui considère l'heure de la naissance ». Étude de la destinée d'un individu faite par les astrologues en se fondant sur de supposées influences astrales supposées s'exercer sur lui depuis l'heure de sa naissance par l'observation de l'état du ciel et des aspects à ce moment. Appuyée sur des bases irrationnelles et non vérifiables, cette pratique ne repose sur aucun fondement scientifique.

Planète : astre relativement massif qui tourne autour du Soleil ou d'une ou plusieurs étoiles nettement plus massives que lui ou, plus exactement, autour du centre de gravité du système.

noms qui ont perduré jusqu'à l'époque séleucide (hellénistique). Les observations astronomiques les plus anciennes ont principalement servi à l'établissement d'un calendrier luni-solaire et à la prévision des positions des corps célestes, des phases de la Lune et des éclipses – grâce à l'utilisation d'une description arithmétique de leurs mouvements – ainsi qu'à la préparation des horoscopes. Suivant une très ancienne estimation de la durée de l'année de 360 jours, les prêtres sumériens ont très tôt établi la numération sexagésimale, ainsi qu'un système complexe de numération qui a été utilisé durant trois millénaires dans les mathématiques mésopotamiennes.

Les temples, appelés « ziggourats » (peut-être des observatoires ?), sont devenus de plus en plus élaborés au cours du IIIe millénaire, jusqu'aux règnes de Sargon l'Ancien, vers - 2200 (époque akkadienne), et de Hammurabi, vers - 1800 (époque paléobabylonienne). La cosmogonie mésopotamienne est demeurée la même durant les trois mille ans d'histoire : constituée d'une Terre plate entourée d'un hémisphère supérieur portant l'ensemble des corps célestes. Essentiellement pour des raisons religieuses et divinatoires, cette cosmogonie est toujours restée très fantaisiste et très anthropocentrique, comme d'ailleurs toutes les cosmogonies de cette époque[1]. Plus généralement, durant toute l'Antiquité préclassique, aucune civilisation ne semble avoir émis l'idée de la sphéricité de la Terre.

Vocabulaire

Cosmogonie : Théorie de formation de l'Univers (remplacé petit à petit par le mot « cosmologie »), du Système solaire et des objets célestes, planètes, étoiles, systèmes d'étoiles. Doctrine religieuse de la formation et de la structure de l'Univers, œuvre d'un ou plusieurs dieux.

Hémisphère : Moitié d'une sphère. S'utilise dans le cas de la sphère céleste, ainsi que dans le cas de la Terre et, plus généralement, des astres de forme sphériques (hémisphère nord / boréal ; hémisphère sud / austral).

Les connaissances mésopotamiennes en astronomie ont évolué au cours de deux périodes différentes : la période primitive (- 1800 - 611) et la période d'illumination (- 611 + 75). Ces connaissances

1. Il a existé de nombreuses cosmogonies très anthopocentriques avant l'avènement du rationalisme grec, une au moins dans chaque civilisation (voir la Chine, l'Inde, Israël et l'Égypte), mais aucune n'a transcendé l'idée d'une Terre plate et de taille finie (au mieux indéfinie).

ont beaucoup influencé les conceptions astronomiques grecques et occidentales.

Période primitive

Époque paléobabylonienne

À l'époque paléobabylonienne, comprise entre -1800 et -1530 environ (cette dernière date correspond au début de la période dite « des siècles obscurs »), le système astrologique était déjà largement utilisé. Une corporation de mages astronomes observait en permanence les phénomènes célestes afin d'en déduire des prédictions sur l'avenir du royaume et du prince. Ces observations du Soleil, de la Lune, des planètes et des étoiles ont permis à ces mages d'acquérir certaines notions d'astronomie de position. Outre les levers et couchers des astres et le mouvement diurne de la voûte céleste, ils remarquèrent également l'existence d'un mouvement cyclique de la voûte céleste, d'une périodicité annuelle. La durée de l'année fut assez vite estimée à 365 jours (puis, bien après, à 365 jours ¼), et un calendrier lunaire fut élaboré, un progrès astronomique bien plus important que n'importe quelle prédiction astrologique. La prédiction des phases de la Lune et l'observation des transitions de la planète Vénus d'étoile du soir en étoile du matin, et inversement, sont cependant les principales activités des mages de l'époque.

> **Vocabulaire**
>
> **Astronome** : Philosophe qui spéculait sur la nature des choses du ciel à l'époque de l'Antiquité grecque classique ; scientifique spécialiste de l'un des domaines de l'astronomie (depuis l'époque de la Renaissance) ou de l'astrophysique (depuis le XIXe siècle) ; amateur qui observe les objets célestes pour le plaisir.
>
> **Calendrier lunaire** : Calendrier basé exclusivement sur les phases de la Lune et la lunaison (la durée de l'année solaire y est représentée par une approximation très grossière).

Époques kassite et assyrienne ancienne

Entre -1530 et -900 environ, les mages mésopotamiens précisèrent les notions de trajectoire annuelle du Soleil (ultérieurement appelée

« écliptique ») et de bande zodiacale que ne quittent jamais les planètes et la Lune : bande centrée sur le cercle écliptique. Ils définirent six constellations zodiacales, encore utilisées actuellement. Ce nombre de six fut progressivement porté par leurs successeurs à huit, dix, onze, puis douze. Ils dressèrent également une liste des constellations qui se levaient ou se couchaient en même temps que le Soleil au cours de l'année.

Les premières règles d'arithmétique furent inventées pour calculer la durée du jour et de la nuit, tandis que l'astrologie royale perdurait. Les observations d'étoiles ou de phénomènes célestes furent regroupées en catalogues vers -1100. C'est en effet à cette époque qu'apparurent les premiers catalogues, en particulier ceux d'éclipses solaires et lunaires.

Grande époque assyrienne

Entre -900 environ et -611, de nombreux textes furent écrits décrivant des phénomènes célestes et leurs implications astrologiques supposées. Le passage de certaines étoiles au méridien fut alors utilisé pour donner l'heure de nuit. Des catalogues d'étoiles et des almanachs furent compilés, alors que les observations d'éclipses furent systématiquement enregistrées avec précision dès -730 et classées avec soin dans de grandes bibliothèques.

Vocabulaire

Constellation zodiacale : Constellation coupée par le cercle écliptique. Il y a quatorze constellations zodiacales, les Poissons, le Bélier, le Taureau, les Gémeaux, le Cancer, le Lion, la Vierge, la Balance, Ophiucus, le Scorpion, le Sagittaire, le Capricorne, la Baleine et le Verseau. Il y a en fait beaucoup d'autres constellations présentes dans la bande zodiacale qui ne sont pas coupées par l'écliptique.

Écliptique : Trajectoire apparente du Soleil décrite en un an sur la sphère céleste.

Catalogue : Liste systématique d'objets célestes (étoiles, nébuleuses, galaxies, etc.) accompagnée de leurs caractéristiques (coordonnées, parallaxe, mouvements propres, magnitude, indices de couleur, type spectral, etc.)

Passage au méridien : En astronomie de position, passage d'un astre dans le plan nord-sud passant par l'observateur, par le zénith et par l'axe des pôles de la Terre. Ce passage a lieu très régulièrement avec une période de 23 h 56 min 4 s pour les étoiles fixes, mais est beaucoup moins régulier en ce qui concerne le Soleil, les planètes et les autres objets du Système solaire (période variable selon leurs mouvements).

Les grands rois assyriens, bien que toujours entourés de leurs mages astronomes qui étudiaient les mouvements célestes pour eux, devinrent parfois eux-mêmes de grands spécialistes du ciel, en particulier le roi assyrien Assurbanipal qui entretint une grande correspondance avec ses mages et conserva les écrits astronomiques, y compris les siens propres, dans la bibliothèque royale de Ninive, retrouvée au XIXe siècle. La pratique de l'astrologie, toujours réservée au roi et au royaume, connut alors son apogée.

Photo de la statue d'Assurbanipal, « le roi portant un panier sur sa tête », conservée au British Museum de Londres, circa 669-655 avant J.-C.

Période d'illumination

Époques néobabylonienne et perse

Entre - 611 et - 330, les prêtres astronomes babyloniens consignèrent les positions de la Lune et des cinq principales planètes grâce à l'utilisation de coordonnées écliptiques (dès - 590). Ils établirent les fondements de l'astronomie mathématique (aux environs de - 500). À l'époque du règne du roi de Perse Cambyse II, vers - 525, la division du zodiaque (de 360°) en douze parties égales (de 30° chacune) fut couramment utilisée. À cette époque, les tablettes d'argile servaient toujours

Vocabulaire

Zodiaque : Zone (ou bande) de la sphère céleste limitée par deux cercles parallèles à l'écliptique, localisés à ± 8° 30' de ce grand cercle céleste, et dans laquelle se situent les mouvements apparents des sept astres errants connus des Grecs. Le zodiaque est divisé en 12 parties égales de 30° chacune, les signes zodiacaux, où évoluent le Soleil (le long de l'écliptique), la Lune et les cinq planètes connues des Anciens.

de support à l'information, avec l'utilisation d'une écriture très proche de celle inventée deux mille cinq cents ans plus tôt par les Sumériens. Au cours du IVe siècle avant notre ère, l'astronome babylonien Ki-Din-Nu (le Cidénas des Grecs) observa les mouvements de la Lune et en déduisit des tables du mouvement lunaire. Son travail remarquable fut utilisé par Hipparque.

L'observation précise des éclipses durant plusieurs siècles par les mages babyloniens engendra la découverte du cycle de Méton (19 ans) ainsi que, peut-être, celui du saros de période 18 ans 11±1 jours 8 heures. Ces cycles permettaient la prédiction approximative des éclipses et la création de catalogues d'éclipses plus précis qu'auparavant. La découverte du cycle du saros par les Mésopotamiens est cependant contestée par la plupart des spécialistes, aucun texte, babylonien ou autre, ne confirmant cette hypothèse. Il est à remarquer ici que le cycle du saros tire son origine de la quasi-égalité entre 223 lunaisons (révolutions synodiques lunaires), soient 6 585,32 jours, et 242 révolutions draconitiques (par rapport à la ligne des nœuds de l'orbite lunaire), soient 6 585,36 jours. De plus, 239 révolutions anomalistiques (par rapport à la ligne des apsides de l'orbite lunaire) se déroulent en 6 585,56 jours...

Vocabulaire

Ligne des apsides : Ligne droite reliant l'apoastre au périastre en passant par le centre du mouvement.

Ligne des nœuds : Ligne droite reliant le nœud ascendant au nœud descendant d'une orbite quelconque.

Nœud : Intersection de l'orbite d'un corps céleste avec le plan de l'écliptique. Le nœud est dit « ascendant » lorsque l'objet va du sud du plan de l'écliptique vers le nord, et « descendant » dans le cas contraire.

Révolution : Mouvement périodique d'un astre autour d'un centre de mouvement le long d'une trajectoire elliptique ou circulaire.

Révolution anomalistique : Mouvement périodique d'un astre autour d'un centre de mouvement le long d'une trajectoire elliptique ou circulaire par rapport à la ligne des apsides de l'orbite lunaire.

Révolution draconitique : Mouvement périodique d'un astre autour d'un centre de mouvement le long d'une trajectoire elliptique ou circulaire par rapport à la ligne des nœuds de l'orbite lunaire.

Époque séleucide (hellénistique)

La période d'illumination se termina avec l'époque séleucide (- 322, + 75) durant laquelle les prêtres astronomes élaborèrent une théorie arithmétique des mouvements lunaires et planétaires. Ils introduisirent le degré d'arc comme unité d'angle et l'utilisèrent comme mesure du temps en ce qui concerne le mouvement diurne (15 degrés pour une heure sidérale), à partir de la constatation très ancienne d'une durée de l'année avoisinant les 360 jours. Le cercle entier prit une valeur de 360 degrés, le degré fut divisé en 60 minutes et la minute, en 60 secondes, par utilisation de la division sexagésimale en usage en Mésopotamie depuis trente siècles et par généralisation du cas du cercle zodiacal, déjà divisé depuis longtemps en douze fois 30 degrés.

Cette époque connut également le déclin de l'astrologie royale avec la naissance d'une astrologie populaire concurrente et se diffusant vers le monde méditerranéen. Les derniers prêtres astronomes continuèrent cependant leurs observations jusqu'aux environs de l'an 0. Certains Grecs vinrent étudier l'astronomie mésopotamienne à cette époque qui précéda sa totale disparition, permettant ainsi une sauvegarde partielle de la science babylonienne, laquelle se répandit également vers l'Inde.

Égypte

Malgré ce que disaient certains philosophes grecs, la très ancienne civilisation égyptienne n'a jamais été très versée dans la science astronomique et n'a pas contribué de façon importante à son essor. Seuls les prêtres, détenteurs d'un savoir jalousement gardé, ont eu quelques vagues connaissances des choses du ciel. La création d'une écriture et l'unification du pays sous le règne d'un seul pharaon aux environs de - 3000, succédant à plus d'un millénaire de civilisations antérieures, ne permit pas aux connaissances astronomiques de franchir le seuil de la divination concentrée sur la personne du pharaon. Cependant, les étoiles n'étaient pas considérées comme ayant un caractère divin, ce qui explique que l'astrologie ne soit pas apparue en Égypte avant l'époque hellénistique. La cosmogonie égyptienne, en fait assez proche de celle admise en Mésopotamie, supposait que la déesse des cieux Nout prenait appui sur le cercle de l'horizon par ses pieds et ses mains. Ce cercle horizon était supporté par le dieu de la Terre, Geb. Amon-Rê, dieu solaire, traversait chaque jour le ciel d'est en ouest…

Les Pyramides de Gizeh (Égypte), cliché de Ricardo Liberato, 2006.
Creative Commons (CC).

Observant le ciel depuis la plus haute Antiquité, les Égyptiens ont très tôt su trouver la direction du Nord, comme le montre l'orientation précise selon l'axe nord-sud des pyramides, bâties vers - 2700, et celle, semble-t-il, du grand corridor de la Grande Pyramide vers l'étoile polaire de l'époque, Thuban (α Draconis), au passage inférieur (cet alignement reste assez controversé pour la plupart des spécialistes et pourrait n'être qu'un simple hasard dû à l'excellente orientation nord-sud de la Grande Pyramide).

Selon de nombreux chroniqueurs anciens, l'année égyptienne aurait très tôt été fixée à 365 jours, ce qui aurait induit une lente dérive du calendrier par rapport aux saisons, selon un cycle de 1 460 ans. Ainsi, au bout de 730 ans, on aurait eu l'été en hiver et vice versa. Cette interprétation est cependant contestée par des auteurs récents qui

Vocabulaire

Saison : Intervalle de temps qui sépare un équinoxe d'un solstice et réciproquement. Dans les zones tempérées terrestres, les quatre saisons sont liées à des dominances climatiques.

Visible : Domaine du spectre électromagnétique des longueurs d'onde comprises entre 0,4 et 0,8 micromètre, qui définit la zone de sensibilité de l'œil humain, qui a été presque le seul utilisé en astronomie jusqu'au début du XXe siècle.

pensent que l'année de 365 jours ¼ était connue des Égyptiens. Les crues du Nil étaient également prévues chaque année par l'observation du lever héliaque de Sirius qui les devançait de quelques jours. La mesure des 12 mois de l'année se faisait à l'aide de 36 décades de 10 jours : les décans, chacun étant défini par le lever héliaque d'une étoile sélectionnée par les prêtres égyptiens dès -2200. L'existence d'étoiles très australes invisibles d'Égypte et visibles plus au sud était connue de certains prêtres qui ne divulguèrent pas cette information pour des motifs religieux.

Le zodiaque de Denderah (CC).

D'un usage très complexe, les mathématiques égyptiennes restèrent peu développées jusqu'à l'arrivée d'Alexandre le Grand. Après la conquête et durant toute l'époque hellénistique, les études scientifiques furent cependant à l'honneur dans le cadre prestigieux de la Grande Bibliothèque d'Alexandrie, sous l'égide bienveillante des pharaons de la dynastie lagide. Le modèle géo-héliocentrique d'Héraclide du Pont – qui prit plus tard le nom de « système égyptien » – aurait alors été adopté par certains philosophes locaux (mais ceci reste très controversé[2]).

Vocabulaire

Géo-héliocentrique : Se dit d'un mouvement complexe où, au minimum, les deux planètes Mercure et Vénus tournent autour du centre du Soleil, alors que ce dernier est supposé tourner autour du centre de la Terre, laquelle repose immobile au centre de l'Univers.

2. Le système géo-lhéliocentrique n'est avéré qu'à partir du ve siècle de notre ère, avec Macrobe, Martianus Capella et Chalcidius. Mais il existe des présomptions qui semblent indiquer que ce système ait été connu bien plus tôt, au moins à l'époque hellénistique. Cependant, les érudits ne sont pas d'accord entre eux là-dessus…

Israël

Les connaissances astronomiques du peuple d'Israël restaient toujours à peu près nulles à cette époque, malgré quelques vagues allusions cosmogoniques et la mention de plusieurs constellations dans certains livres de l'Ancien Testament. Cependant, dans cette relative absence de connaissances ressortent certaines incohérences et invraisemblances : en particulier l'arrêt supposé de la course du Soleil et de celle de la Lune durant presque toute une journée pour permettre à Josué de vaincre les ennemis d'Israël, ou le prétendu mouvement en sens inverse du Soleil dans le ciel pour consolider la foi d'un roi de Jérusalem appelé « Ezéchias ». De même, les connaissances géographiques restaient très limitées, accompagnées d'une cosmogonie très primitive...

Les Hébreux utilisaient depuis l'origine de leur civilisation un calendrier lunaire de 12 mois, de 354 jours environ, établissant les diverses fêtes religieuses, en particulier la fête de la Pâque durant le mois de Nissan. L'année de 12 mois était alors appelée « année commune ». Cependant, la très mauvaise approximation de la durée de l'année imposait, tous les deux ou trois ans, l'introduction d'un mois supplémentaire générant une année embolismique de 384 jours environ. La semaine de 7 jours, avec le repos sacré du septième jour appelé « sabbat », tenait une place essentielle dans le calendrier hébreu, malgré l'absence d'un rapport réel entre la durée de la lunaison (29 jours 12 heures 44 minutes) et celle de la semaine.

Inde

L'année indienne était fixée à 360 jours par les plus anciens écrits védiques, en particulier le *Rgveda* et l'*Atharvaveda*, qui la décomposait en 12 mois de 30 jours. Un treizième mois intercalaire compensait la dérive du calendrier par rapport à l'année tropique. Parallèlement, 27 ou 28 constellations zodiacales furent utilisées dès le début de la civilisation indienne comme système de repérage des mouvements de la Lune, du Soleil et des planètes. Vers -1000, les astro-

> **Vocabulaire**
>
> **Année tropique** : Période de temps séparant deux passages successifs du Soleil au point vernal, de valeur actuelle 365,242199 jours.

nomes indiens commencèrent à observer les mouvements du Soleil et de la Lune, ainsi qu'à confectionner des calendriers de type luni-solaire qui devinrent de plus en plus précis, surtout après le début des échanges avec la Mésopotamie, puis la Grèce. L'utilisation d'instruments plus évolués d'origine grecque et mésopotamienne permit vers l'an 0 une amélioration de la précision des mesures. Les astronomies occidentales furent ainsi partiellement utilisées pour combler les lacunes.

L'astronomie védique indienne ne fut cependant jamais très développée et une cosmogonie cyclique d'origine religieuse fut instaurée et incluse dans les textes sacrés. Selon cette cosmogonie, la Terre – plate, circulaire et vouée à des réorganisations cycliques – était portée par quatre éléphants perchés sur la carapace d'une tortue géante nageant sur une mer gigantesque. La voûte céleste surmontait la Terre. Une première forme d'astrologie indienne (d'origine mésopotamienne et développée durant trois ou quatre siècles) fut supplantée vers le début de notre ère par une nouvelle forme, d'origine grecque.

Chine

Selon plusieurs légendes convergentes, la Chine aurait connu un développement précoce de l'astronomie durant presque trois millénaires à partir de -2600, puis une relative stagnation engendrée par l'extension tentaculaire de la bureaucratie chinoise peu après le début de notre ère, conduisant à un abandon partiel des études astronomiques. Le premier observatoire chinois (très probablement mythique) aurait été construit vers -2 600 dans le but d'établir un calendrier fiable. Il est par contre tout à fait sûr que la prédiction des éclipses devint rapidement, dans un royaume aussi étendu, une tâche importante, voire prioritaire, pour les astronomes impériaux qui accumulèrent ainsi de nombreuses observations de la Lune

Vocabulaire

Éclipse : Passage complet ou partiel d'un corps céleste dans l'ombre d'un autre éclairé par une étoile, généralement le Soleil.

Éclipse de Soleil ou **occultation du Soleil par la Lune** : Passage de la Lune devant le Soleil. La Lune peut occulter le Soleil partiellement (éclipses partielles ou annulaires) ou totalement.

Éclipse de Lune : Lors d'une pleine lune, passage de la Lune dans le cône d'ombre terrestre.

et du Soleil au cours des siècles. Une légende chinoise très ancienne rapporte d'ailleurs que deux astronomes de cette époque auraient été condamnés à mort pour ne pas avoir annoncé à temps une éclipse de Soleil. Les observations lunaires et solaires anciennes permirent en tout cas d'introduire très tôt l'usage d'un calendrier luni-solaire, la durée de l'année étant alors de 365 jours ¼ et depuis des temps immémoriaux. Petit à petit, les astronomes chinois devinrent capables de prédire certaines éclipses plus ou moins mathématiquement, découvrant très tôt les cycles de Méton de 19 ans (le tchang) et de Callippe de 76 ans (le pou), ainsi que, probablement, celui du saros.

Il est établi que les étoiles ont été regroupées en constellations très tôt dans l'histoire antique de la Chine. Selon les légendes, la ceinture zodiacale aurait été découpée en 28 constellations zodiacales (les maisons) dès - 2380, alors que 28 étoiles correspondantes étaient sélectionnées dans la région équatoriale et définissaient les 28 *sieou's* (abris ou maisons). Les observations rigoureuses et suivies des mouvements du Soleil, de la Lune et des planètes, ainsi que celles des phénomènes astronomiques, débutèrent vers - 1650, permettant l'établissement d'une chronique précise, en particulier pour les événements rares qui furent répertoriés (éclipses de Lune à partir de - 1360, éclipses de Soleil dès - 1216, ainsi que comètes, novae et supernovae vers la même époque). Les premières inscriptions sur os, originaires de cette époque, avaient pour but de noter de telles observations astronomiques.

Vers la fin du IVe siècle avant notre ère, à l'époque des Royaumes Combattants, 1 464 étoiles furent cataloguées de manière très précise par trois astronomes : Cheu Chen, Kan To et Wou Hien ; et groupées en 284 constellations, grâce à des coordonnées équatoriales voisines des nôtres. Ces dernières étaient utilisées à l'aide de degrés peu différents des nôtres – un cercle complet étant composé de 365 degrés ¼ (le pôle céleste nord était donc à 91 degrés $^5/_{16}$ de l'équateur céleste, en déclinaison) – et par utilisation des sieou's pour la mesure de l'ascension droite.

Vers le début de notre ère, à la fin de la dynastie Han, l'astronome Yi Hi

Vocabulaire

Équateur céleste : Lieu des points de la sphère céleste situés à égale distance des deux pôles célestes.

Pôle : Intersection de l'axe de rotation d'un astre sphérique avec sa surface. Une sphère en rotation possède toujours deux pôles, nord et sud.

découvrit le phénomène de précession des équinoxes, en remarquant que l'étoile polaire de son époque, nommée le « pivot céleste », n'était pas la même que celle qui tenait ce rôle quelque mille ans auparavant, nommée « étoile de l'empereur céleste ».

Vocabulaire

Précession des équinoxes : Mouvement de l'axe de rotation terrestre autour de l'axe polaire de l'écliptique, décrit dans le sens rétrograde selon une période de 25 750 ans.

Par ailleurs, un instrument rudimentaire, composé principalement de tubes de visée et de sphères armillaires très simplifiées, fut inventé quelques centaines d'années avant notre ère et largement utilisé ensuite.

Le scientifique et homme d'État Zhang Heng (78-139). Ce timbre a été mis en vente en Chine en 1955 (CC).

Aux alentours de l'an 120 de notre ère, l'astronome Zhang Heng développa cependant une sphère armillaire très élaborée qui pouvait simuler les mouvements apparents des deux luminaires, Soleil et Lune, et des cinq planètes connues des anciens chinois. Les mouvements de cette sphère armillaire étaient régulés par un dispositif hydraulique relié à une clepsydre (horloge à eau déjà connue avant notre ère). L'un des buts de cette construction très ingénieuse était d'améliorer le calendrier impérial et, donc, le rythme de vie de l'empereur.

Vocabulaire

Sphère : Concept géométrique constitué de l'ensemble des points de l'espace situés à égale distance (le rayon de la sphère) d'un certain point de l'espace (le centre de la sphère). La sphère était la figure parfaite par excellence pour les philosophes grecs.

Sphère armillaire : Représentation souvent artistique de la voûte céleste par une structure sphérique mobile autour d'un axe et composée d'un certain nombre de cercles métalliques représentant les méridiens, le cercle équateur, le cercle écliptique, les tropiques du Cancer et du Capricorne, les deux cercles polaires.

Contrairement à beaucoup d'autres contrées antiques, la Chine a toujours connu l'usage de la numération décimale, les premiers textes gravés sur os le montrant clairement. Parallèlement à l'évolution de l'astronomie chinoise antique, une astrologie totalement différente de l'astrologie mésopotamienne, mais tout aussi stérile, fut pratiquée par des astrologues au service du gouvernement et dont le rôle était de réaliser des almanachs de prédiction pour chaque année. Cette astrologie se renforça lors du déclin de l'astronomie.

Antiquité classique

Le miracle grec

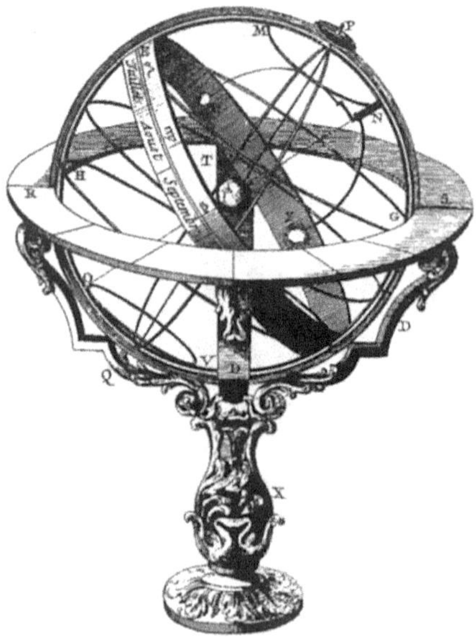

Sphère armillaire (CC).

En quelque huit cents ans, les philosophes et astronomes grecs passèrent de l'idée d'une Terre plate située au centre d'un univers clos, à celle d'une Terre sphérique, éventuellement mobile dans l'espace, voire autour du Soleil, et en rotation sur elle-même. Cette Terre ne pouvait alors être qu'un point quelconque de taille négligeable devant l'Univers dans lequel elle était plongée, celui-ci étant probablement de taille infinie, selon le modèle atomiste (vision épicurienne). Finalement, ils s'orientèrent vers une posi-

Vocabulaire

Rotation : Mouvement périodique d'un astre (avec ou sans symétrie sphérique) autour de son axe de rotation instantanée (axe polaire). On parle de **rotation diurne** ou de **rotation synodique** lorsque le mouvement est référencé par le Soleil. On parle de **rotation sidérale** lorsque le mouvement est référencé par la sphère céleste ou par une sélection d'étoiles lointaines.

Sphère des fixes : Sphère imaginaire qui porte l'ensemble des étoiles.

tion intermédiaire d'une Terre sphérique immobile au centre d'un univers de taille restreinte en mouvement autour d'elle, univers clos limité par la sphère des étoiles fixes – et entouré, éventuellement, par le néant ou par les dieux (vision aristotélicienne) ou par un vide extra-cosmique infini (vision stoïcienne) – afin de sauver les apparences[3]. Les philosophes grecs ont d'ailleurs presque toujours cherché à « sauver les apparences » ou à « sauver les phénomènes ». On a donné le nom de « miracle grec » à cet avènement du rationalisme en terre grecque durant l'Antiquité classique.

Chronologie

Les constellations furent nommées par les Grecs plus ou moins vers l'époque d'Homère et d'Hésiode à partir de leur mythologie. Les principales avaient déjà été nommées au début du miracle grec, vers -600. Ces noms ont traversé l'histoire jusqu'à nous. De même, certaines étoiles brillantes ont été nommées très tôt, mais en général ces noms n'ont pas été conservés, les appellations d'origine arabe les ayant supplantés. La dénomination des planètes est également d'origine grecque, la traduction en latin a généralement donné les noms courants encore employés à l'heure actuelle.

Les philosophes ioniens

Au début du VIe siècle avant notre ère, Thalès de Milet, fondateur de l'école philosophique ionienne, fut le premier à suivre une démarche rationnelle pour essayer de trouver une explication scientifique aux phénomènes naturels observables dans l'Univers visible (principalement composé d'eau). Cependant, il persista dans l'idée que la Terre était de forme géométrique plane et ne proposa pas de modèle cosmogonique. Selon Hérodote d'Halicarnasse, Thalès aurait été capable de prédire l'éclipse totale de Soleil du 28 mai -584 qui se produisit durant une bataille entre les Mèdes et les Lydiens et stoppa net le combat.

---

3. Les Grecs ont toujours essayé d'expliquer ce qu'ils voyaient. Les modèles proposés devaient expliquer les apparences et, le plus souvent, pas la nature profonde des phénomènes, ce qui leur a permis d'atteindre un haut niveau de cohérence dans ces explications, même si ces explications se sont révélées fausses ensuite (à partir de la Renaissance)…

Anaximandre de Milet (disciple de Thalès[4] ?) proposa vers - 570 l'idée selon laquelle les planètes étaient des roues pleines de feu tournant autour de la Terre. Cette idée fut la première tentative cosmogonique grecque visant à représenter les phénomènes astronomiques à partir d'un modèle mécanique. Anaximandre pensait également que la Terre était de forme cylindrique et que la partie habitée correspondait à la région plane supérieure du cylindre, l'Univers étant composé d'un vide illimité et la Terre se tenant en équilibre en son milieu sans support matériel. Selon lui, l'infini (l'*apeiron*) était le principe de toute chose (l'eau, selon Thalès).

Anaximène de Milet (autre disciple de Thalès ?) restait convaincu que la Terre était plate et flottait sur l'air. Selon certains de ses commentateurs, il aurait développé les idées d'Anaximandre et conçu les astres comme des corps fixés à des sphères en révolution, étant ainsi le premier à supposer l'existence des sphères célestes qui constituèrent l'aspect dominant de la cosmologie proposée par les philosophes grecs et médiévaux.

Anaxagore de Clazomènes, philosophe ionien du ve siècle qui vécut à Athènes, proposa vers - 450 l'idée que la Terre et les planètes n'étaient que des grosses pierres en mouvement dans l'espace. Il fournit également l'explication exacte du mécanisme des éclipses.

Vocabulaire

Cosmologie : Science des lois générales qui gouvernent l'Univers. Modélisation mathématique (théorique) de l'Univers, de sa naissance et de son évolution temporelle.

Les pythagoriciens

Durant le vi^e siècle et au début du ve siècle avant notre ère, Pythagore de Samos, fondateur de l'école pythagoricienne, et ses disciples, les philosophes pythagoriciens, affirmèrent la sphéricité de la Terre – le Soleil et la Lune paraissant notoirement sphériques – et supposèrent que l'Univers devait lui aussi avoir une forme géométrique sphérique parfaite. En effet, selon Pythagore et ses disciples, la sphère était la forme par-

4. On ne sait presque rien de Thalès et de ses disciples (et des présocratiques en général), ce qui nous oblige à parler avec des points d'interrogation, en particulier dans le cas d'Anaximandre et d'Anaximène dont seuls quelques points de doctrine nous sont connus qu'à travers de nombreux commentateurs postérieurs de plusieurs siècles, qui se citent l'un l'autre en déformant le plus souvent les idées originales...

faite (divine) par excellence, alors que le mouvement parfait (divin) ne pouvait être que circulaire. Certains pythagoriciens pensaient également que la Terre pouvait bien être en mouvement autour d'un Feu Central sur une orbite parfaite, de nature circulaire. Par ailleurs, le doute plane toujours sur l'existence réelle de Pythagore qui n'aurait été qu'un personnage mythique dont l'école – la secte ? – aurait pris le nom.

Vocabulaire

Feu Central : Placé au centre du monde selon certains pythagoriciens (Hestia).

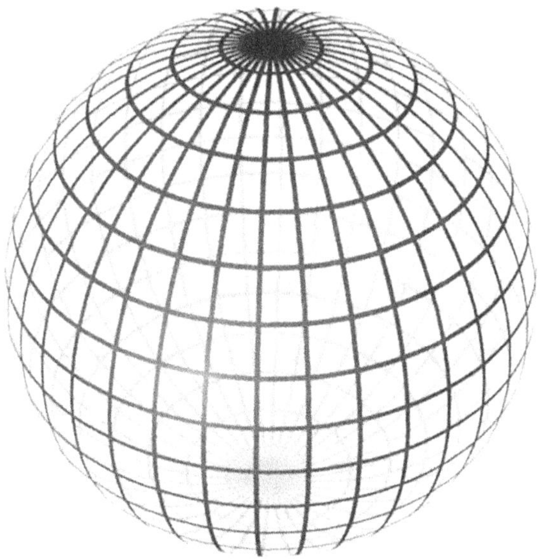

Projection en perspective d'une sphère (CC).

Influencé par les idées pythagoriciennes, le philosophe Parménide d'Élée (début du Ve siècle) exprima la sphéricité de la Terre de manière très claire, ainsi que l'idée que la Lune recevait sa lumière du Soleil. Le philosophe Alcméon de Crotone (début du Ve siècle) fut également très influencé par ces mêmes idées. Il affirma que le mouvement des planètes suivait des lois physiques et que ces dernières accomplissaient des mouvements en sens direct, de la même manière que la Lune et le Soleil, sans toutefois remarquer que ces mouvements pouvaient également être temporairement rétrogrades avec des points intermédiaires stationnaires.

Pour des raisons de perfection mathématique, certains pythagoriciens plus tardifs introduisirent une Anti-Terre située entre le Feu Central et la Terre, dont le rôle était de servir d'écran de protection à cette dernière. Philolaos de Crotone, pythagoricien dissident du Ve siècle, reprit l'idée cosmogonique pythagoricienne et construisit un modèle d'Univers, composé du Feu Central, tournant autour de lui sur des cercles concentriques contenus dans des sphères cristallines, par ordre d'éloignement (ordre pythagoricien), de l'Anti-Terre, de la Terre, de la Lune, du Soleil, de Vénus, de Mercure, de Mars, de Jupiter, de Saturne et de la sphère des fixes, beaucoup plus éloignée du Feu Central. Toujours au Ve siècle, le pythagoricien Hiketas de Syracuse aurait modifié le système de Philolaos et doté la Terre d'un mouvement de rotation diurne autour de son axe. Vers -400, un autre pythagoricien, Ecphantos de Syracuse, aurait rejeté l'idée de Feu Central en le remplaçant par la Terre, expliquant ainsi le mouvement diurne des cieux par la rotation sidérale de la Terre, située de nouveau au centre de l'Univers.

> **Vocabulaire**
>
> **Anti-Terre** : Située entre le Feu Central et la Terre selon certains pythagoriciens.

Les pythagoriciens étaient persuadés qu'il existait une musique céleste, souvent appelée « harmonie des sphères » : une analogie entre les distances planétaires et les intervalles musicaux. La théorie du mouvement des corps célestes tentait de mettre en évidence cette analogie par l'étude des structures mathématiques afin de permettre l'écoute de cette musique céleste. Du reste, les pythagoriciens pensaient que la connaissance des nombres et de leurs propriétés permettait la connaissance de l'Univers.

Philosophes et astronomes du Ve siècle avant notre ère

Le philosophe Empédocle d'Agrigente fut le premier à émettre l'idée que l'Univers était composé de quatre éléments fondamentaux qu'il appela « terre », « eau », « air » et « feu », chacun des éléments étant lié ou opposé à un autre.

> **Vocabulaire**
>
> **Empédocle** : Les quatre éléments d'Empédocle sont, du plus léger au plus lourd : le feu, l'air, l'eau et la terre.

Ces éléments possédaient, selon lui, des caractéristiques intrinsèques comme le chaud ou le froid et le sec ou l'humide. Un siècle après, le philosophe Aristote s'inspira des idées d'Empédocle et en tira sa physique. Empédocle a également été l'auteur de la phrase : « Dieu est une sphère infinie dont le centre est partout et la circonférence nulle part ». Cette célèbre sentence fut reprise à l'époque de la Renaissance par Nicolas de Cues et par Giordano Bruno qui substituèrent toutefois au mot « Dieu » le mot « Univers », de manière à pointer élégamment l'infinitude de ce dernier.

Le ve siècle avant notre ère vit aussi l'apparition de la philosophie atomiste dans la ville d'Abdère. En effet, Leucippe et Démocrite (le second étant très probablement un disciple du premier) furent les initiateurs de cette philosophie selon laquelle l'Univers, de taille infinie, était perçu comme étant composé d'une infinité d'atomes, entités physiques irréductibles, en mouvement dans le vide. Ces idées furent reprises un siècle après par le philosophe Épicure de Samos.

Auteurs de calendriers agricoles, les astronomes Méton et Euctémon remarquèrent aux environs de -432 que 19 années solaires de 365 jours ¼ correspondaient assez précisément à 235 lunaisons ou mois lunaires. Ils proposèrent alors un cycle de 19 ans afin de pouvoir mieux harmoniser les mois lunaires et les années solaires. Euctémon montra également l'inégalité des saisons en comptant le nombre de jours séparant les équinoxes des solstices.

Platon et l'Académie d'Athènes

Platon. Détail du tableau de Raphaël, *L'École d'Athènes* (CC).

Influencé par les idées pythagoriciennes, le philosophe Platon d'Athènes, disciple de Socrate, proposa le premier le modèle géocentrique classique, peut-être sous l'inspiration de son maître spirituel, afin de sauver les apparences. Dans son ouvrage *Timée*, la Terre sphérique était supposée être fixe, son centre géométrique coïncidant avec celui de l'Univers. La Lune, le

Soleil et les planètes tournaient autour de ce centre selon des orbites circulaires parfaites décrites à vitesse angulaire constante. Les étoiles étaient portées par une sphère ultime, dite « sphère des fixes », en mouvement régulier autour de la Terre. Il semblerait cependant que, pour lui, la Terre aurait éventuellement pu être animée d'un mouvement de rotation sur elle-même (le paragraphe concerné du *Timée* est en fait assez obscur). Sa théorie n'expliquait toutefois pas les mouvements rétrogrades des planètes, ce qui l'incita à confier le problème à des mathématiciens de l'Académie d'Athènes, et en particulier à l'astronome Eudoxe de Cnide. Il décrivit le mécanisme des éclipses de Lune comme étant l'ombre de la Terre portée sur la Lune.

En plus d'avoir représenté la sphère céleste et ses constellations sur une sphère solide et d'avoir observé que l'étoile australe Canopus culminait 7 degrés plus haut en Égypte qu'en Grèce, Eudoxe de Cnide – mathématicien, disciple de Platon et membre de l'Académie d'Athènes – donna une description précise purement mathématique du mouvement des planètes grâce à une combinaison de sphères homocentriques centrées sur la Terre. La

Vocabulaire

Géocentrique : Se dit d'un mouvement centré sur le centre de la Terre, laquelle est supposée être immobile au centre de l'Univers.
Se dit également d'un référentiel espace-temps centré sur le centre de la Terre (mouvement relatif au centre de la Terre).

Vitesse angulaire : Pour un objet en rotation quelconque, la vitesse angulaire instantanée est définie par le vecteur ω = ω **k** (**k** : vecteur unitaire le long de l'axe de rotation), la quantité ω étant définie comme étant la dérivée de l'angle $\alpha(t)$, soit $\omega = d\alpha/dt$. En ce qui concerne une rotation effectuée à vitesse angulaire constante, la quantité ω s'écrit $\omega = (\alpha_1 - \alpha_0)/(t_1 - t_0)$ et est indépendante du temps.

Vitesse instantanée : Pour un objet M animé d'un certain mouvement dans un certain référentiel de centre O et associé à une horloge, le vecteur vitesse instantané est défini comme étant **V** = d**OM**/dt.

Vocabulaire

Sphères homocentriques : Modèle mathématique, puis physique, d'un univers clos composé de sphères immatérielles cristallines emboîtées, toutes centrées sur le centre de la Terre proposé par plusieurs physiciens de l'Antiquité et adopté comme explication du monde par l'Église catholique jusqu'au XVIIe siècle. Certaines de ces sphères portaient le Soleil, la Lune, les planètes et les étoiles.

sphère la plus extérieure portait, d'un bloc, l'ensemble des étoiles. Ces sphères – dont certaines portaient les sept astres mobiles, Soleil, Lune et planètes – étaient animées de mouvements circulaires uniformes autour d'axes différents, ce qui permettait d'expliquer les mouvements irréguliers des planètes et leurs rétrogradations, ainsi que le mouvement apparent des étoiles autour de la Terre. Par utilisation de 27 sphères homocentriques emboîtées, il parvint à reproduire à peu de chose près les mouvements planétaires, y compris les mouvements de rétrogradation. Cependant, ce modèle rendait impossible l'explication des variations d'éclat des planètes, souvent importantes.

L'astronome Callippe de Cyzique continua les œuvres d'Eudoxe. Afin de mieux rendre compte des phénomènes astronomiques, il fut amené à perfectionner le système des sphères homocentriques et à porter le nombre de sphères emboîtées à 34, tout en conservant les principes de l'immobilité de la Terre au centre de l'Univers et du mouvement de la sphère des fixes en 23 heures 56 minutes 4 secondes. Il améliora également le cycle de Méton en proposant une ère calliptique de période égale à 76 ans, donc quatre fois la période de 19 ans du cycle de Méton.

Aristote et l'influence mésopotamienne

Le philosophe Aristote de Stagire – disciple dissident de Platon et précepteur d'Alexandre le Grand – édifia un ordre du monde d'une unité et d'une cohésion telles qu'il s'imposera durant de longs siècles comme la seule représentation du cosmos conforme aux exigences de la raison et aux données des sens. Selon lui, le domaine céleste compris entre la sphère des fixes et celle de la Lune était composé d'un cinquième élément parfait et incorruptible qu'il baptisa « éther ».

Portrait d'Aristote, copie romaine de période impériale Ier ou IIe siècle d'un bronze perdu réalisé par Lysippe, photo de Éric Gaba (CC).

Buste d'Aristote de Stagire, marbre, copie romaine d'après un bronze grec original, – 330 (CC).

Les étoiles et les planètes étaient ainsi situées dans le domaine de la pureté. Elles ne pouvaient être animées que d'un mouvement naturel circulaire autour du centre de l'Univers, comme tous les corps parfaits incorruptibles. Les orbes emboîtés qui soutenaient les différents corps célestes étaient également supposés avoir une réalité physique concrète et être de nature cristalline et parfaite. Toujours en cherchant à sauver les apparences, il remodela le système des sphères homocentriques créé par Eudoxe et perfectionné par Callippe. Il porta ainsi le nombre de sphères à 55, de manière à pouvoir expliquer correctement les mouvements planétaires indépendamment les uns des autres. Entraînée par ce que Aristote appela « le premier moteur » (qui était selon lui de nature divine), la sphère la plus extérieure portait les étoiles fixes et les entraînait dans son mouvement de rotation sidérale d'une période 23 heures 56 minutes 4 secondes autour de la Terre. Cette dernière, supposée immobile, de forme sphérique et entourée par la région sublunaire, était située au centre de notre Univers. Elle était ainsi, par contraste, le

Vocabulaire

Éther : Le cinquième élément (la quintessence) d'Aristote. Cet élément, de nature parfaite et incorruptible, permettait seulement les mouvements circulaires uniformes autour du centre du monde.

Corruptible / Incorruptible : Le corruptible signifie le changement, la génération et la corruption, notions aristotéliciennes par excellence. Au contraire, l'incorruptible désigne l'absence de changement, une « immortalité immobile ».

domaine d'existence des quatre éléments – en l'occurrence la terre, l'eau, l'air et le feu – lesquels ne pouvaient se mouvoir de manière naturelle que verticalement vers haut ou vers le bas selon leur nature, et celui de la génération et de la corruption, de l'impur et des graves[5]. Aristote exposa sa vision du monde dans ses ouvrages essentiels *De Caelo* (*Traité du ciel*), la *Physique* et la *Métaphysique*. Il donna également une estimation de 63 000 kilomètres pour la circonférence du globe terrestre, ce qui restait tout à fait exagéré. Le modèle cosmologique d'Aristote correspondait ainsi à un univers clos de petite taille où la Terre occupait le centre, donc à une vision très anthropocentrique du monde.

Vers - 330, Callisthène, neveu d'Aristote et compagnon d'Alexandre le Grand, fut envoyé à la demande de son oncle à Babylone pour aller chercher des observations consignées depuis fort longtemps à Babylone. Il les fit ensuite porter en Grèce, nouant ainsi le contact entre l'astronomie grecque et celle, beaucoup plus traditionnelle, de Mésopotamie. La création de l'empire séleucide vers - 310 par un ancien lieutenant d'Alexandre permit un échange d'informations plus important. Outre l'astrologie – cadeau empoisonné ramené de Perse par le prêtre chaldéen Bérose, qui fonda une école d'astrologie dans l'île de Cos vers – 280 – le zodiaque, le saros et l'usage de l'arithmétique pour la prédiction des éclipses furent intégrés à l'astronomie grecque.

Vocabulaire

Saros : Cycle de période 6 585 jours 8 heures (18 ans 11±1 jours 8 heures) qui permet la prédiction approximative des éclipses. Les Babyloniens l'auraient découvert, mais cela reste très controversé.

L'astronomie héliocentrique

Au cours du IVe siècle avant notre ère, suivant l'idée des pythagoriciens Hiketas et Ecphantos, le philosophe Héraclide du Pont (ou d'Héraclée) proposa le mouvement de rotation de la Terre autour de son axe comme explication de la rotation diurne. Il admit également (mais, à la parution du présent ouvrage, ceci est discuté par certains spécialistes) que les planètes

5. Un livre d'Aristote s'appelle *De la génération et de la corruption*, alors que la Terre était par essence le domaine de l'impur (par opposition à la perfection céleste) et des graves dans le sens des corps soumis à la gravitation (ce dernier terme étant anachronique ici, bien sûr)...

Mercure et Vénus tournaient autour du Soleil et non autour de la Terre, créant ainsi le modèle géo-héliocentrique qui fut souvent utilisé après lui et qui ouvrait largement la voie à l'héliocentrisme. L'existence de ce dernier modèle aurait inspiré la théorie géométrique des mouvements planétaires, construite à partir d'un assemblage de cercles excentriques, déférents et épicycles...

Aristarque de Samos proposa une théorie héliocentrique bien structurée comme explication du mouvement des planètes. Il supposa que la sphère des fixes était immensément lointaine afin de rendre compte de l'absence de parallaxe annuelle décelable. Selon lui, la Terre était animée d'un mouvement de révolution autour du Soleil et d'un mouvement de rotation sur elle-même. Aristarque fut un génial précurseur de Copernic, mais ses théories ne rencontrèrent que peu de sympathisants. Il fut même considéré comme sacrilège pour avoir osé déplacer le foyer du monde. Il tenta également de déterminer la taille de la Lune et sa distance, mais les valeurs qu'il détermina étaient assez loin des valeurs réelles : ses estimations de la distance et de la taille du Soleil étaient totalement fantaisistes. Vers -150, le babylonien Séleucus comprit que les marées étaient corrélées avec les phases de la Lune. Il réintroduisit également le système d'Aristarque, en considérant toutefois qu'il décrivait la structure physique réelle de l'Univers en opposition totale avec la physique d'Aristote. Sa prise de position en faveur du système

Vocabulaire

Cercle déférent : Dans le cadre de la théorie ptoléméenne des mouvements planétaires, cercle dont le centre coïncide avec le centre de l'Univers et qui porte le centre du cercle épicycle.

Cercle épicycle : Dans le cadre de la théorie géométrique ptoléméenne du mouvement planétaire, cercle de mouvement planétaire dont le centre est porté par le cercle déférent.

Excentrique : Dans le cadre de la théorie géométrique ptoléméenne du mouvement planétaire, cercle de mouvement planétaire dont le centre ne coïncide pas avec le centre de l'Univers. Dans le cadre du mouvement elliptique, orbite ayant une forte excentricité.

Statue d'Aristarque, photo de Dr Manuel (CC).

héliocentrique ne rencontra cependant aucun écho durant les siècles suivants.

Vocabulaire

Héliocentrique : Se dit d'un mouvement centré sur le centre du Soleil, supposée être immobile au centre de l'Univers (acceptation ancienne selon Copernic) ou centré sur le centre de gravité du Système solaire (acceptation moderne). Se dit également d'un référentiel espace-temps centré sur le centre du Soleil et dont les trois axes pointent trois étoiles éloignées et immobiles.

L'astronomie géocentrique à la fin du IVe siècle et au IIIe siècle

Parti de Gadès, le géographe et navigateur grec Pythéas le Massaliote alla explorer vers - 330 les régions nordiques afin de vérifier qu'au cercle polaire le Soleil se couchait ou non aux environs du solstice d'été. Il écrivit à son retour un traité de *Géographie mathématique*. À la même époque, Autolycos de Pitane composa ses traités sur *La Sphère en mouvement* et sur *Les Levers et couchers héliaques*, les deux nous étant parvenus.

Autour de - 300, les astronomes alexandrins Aristyllus et Timocharis utilisèrent les coordonnées écliptiques pour cataloguer les étoiles les plus brillantes et les planètes. Ils furent parmi les premiers astronomes à travailler dans le cadre de la bibliothèque d'Alexandrie, nommée « le Musée » et fondée par le pharaon d'Égypte Ptolémée Ier Sôter en - 304.

Vers - 270 et probablement à Alexandrie, le poète Aratos de Soles mit en vers le traité des *Phénomènes* d'Eudoxe, donnant une vision accessible à tous des mouvements de la sphère céleste. Un siècle après, Hipparque fit une critique sévère des erreurs et imprécisions contenues dans ce poème, ce qui n'empêcha pas ce texte d'être repris, commenté et transformé, sous le nom générique d'*aratea*, par beaucoup de vulgarisateurs romains bien postérieurs à Hipparque.

Archimède : Domenico Fetti, *Archimedes Thoughtful*, 1620 (CC).

Archimède de Syracuse, physicien et inventeur génial, calcula une circonférence de la Terre égale à 47 000 kilomètres, une valeur encore trop élevée mais déjà plus raisonnable. Il construisit des planétaires pour expliquer le mouvement des corps célestes autour de la Terre. Il laissa une œuvre remarquable, dont un ouvrage appelé l'*Arénaire* où il citait et décrivait la théorie héliocentrique d'Aristarque de Samos, son contemporain, sans toutefois y adhérer.

Ératosthène de Cyrène, astronome attaché à la bibliothèque d'Alexandrie, détermina une valeur de 250 000 stades, voisine de 40 000 kilomètres, pour la circonférence de la Terre – un nombre excessivement précis pour l'époque – en utilisant les propriétés de l'ombre du Soleil au midi vrai lors du solstice d'été à Alexandrie (Soleil à 7°12' du zénith) et à Syène, sur le tropique du Cancer (Soleil au zénith). Cette mesure ouvrit la voie à une géographie mathématique précise.

> **Vocabulaire**
>
> **Tropique du Cancer** : Cercle de la sphère terrestre, parallèle au cercle équateur, correspondant à la déclinaison la plus boréale (+23° 26') que le centre du Soleil puisse atteindre dans sa course annuelle.
>
> **Zénith** : En astronomie, point de la verticale ascendante d'un lieu, au-dessus d'un observateur. On parle également de « nadir » pour le point de la verticale descendante d'un lieu, en dessous de l'observateur.

Apollonios de Pergé démontra l'équivalence entre la théorie des cercles déférents et épicycles (déjà connue à son époque et peut-être issue de la théorie géo-héliocentrique émise un siècle plus tôt par Héraclide du Pont), et l'hypothèse des excentriques dans la description des mouvements apparemment irréguliers des planètes, fixant ainsi le centre des mouvements planétaires loin du centre de la Terre. Il écrivit également un traité *Sur les sections coniques*.

Hipparque

Considéré comme le plus grand astronome de toute l'Antiquité classique, Hipparque de Nicée observa avec rigueur entre - 161 et - 127 depuis Rhodes et Alexandrie. Il mit en évidence un grand nombre de phénomènes auparavant insoupçonnés. Il détermina une valeur de 365 jours 5 heures 55 minutes 12 secondes pour la durée de l'année tropique, valeur bien plus précise que tout ce qui avait été proposé avant lui mais cependant encore surestimée par rapport à la vraie valeur : 365 jours 5 heures 48 minutes 46 secondes. Il estima les distances Terre-Lune et Terre-Soleil, ainsi que les tailles réelles de ces astres, obtenant une valeur tout à fait correcte pour la distance Terre-Lune et la taille de la Lune et une valeur dix fois trop petite pour la distance Terre-Soleil. Il évalua tout de même que le Soleil devait être dix fois plus gros que la Terre.

Portrait d'Hipparque (CC).

D'un point de vue mathématique, Hipparque fut le fondateur de la trigonométrie, simplifiant ainsi beaucoup la géométrie sphérique. Il observa avec une précision jamais égalée avant lui environ 10 minutes d'arc[6], à l'aide d'une instrumentation améliorée. Il travailla à l'amélioration de la détermination des coordonnées géographiques, longitude et latitude, par l'utilisation des éclipses de Lune et établit une liste d'éclipses futures sur six cents ans. Par l'observation, Hipparque découvrit diverses irrégularités du mouvement de la Lune, ainsi que l'équation du centre, de périodicité annuelle, dans la trajectoire du Soleil par l'étude de son mouvement sur l'écliptique au cours de l'année. Il détermina également, avec une excellente précision, une valeur de 29 jours 12 heures 44 minutes 2,5 secondes pour le mois synodique lunaire (la lunaison). Par ailleurs, grâce à l'étude des mouvements planétaires et de leurs irrégularités, il perfectionna la théorie des cercles déférents et épicycles et réintroduisit la notion d'excentrique définie par Apollonios afin d'obtenir, par combinaison de ces différents cercles, une explication précise et cohérente des mouvements planétaires dans une vision géocentrique de notre Univers, tout en remarquant que le système des sphères homocentriques proposé par Eudoxe et Aristote était erroné.

Vocabulaire

Géométrie sphérique : Géométrie et propriétés mathématiques de la sphère.

Nova : étoile variable cataclysmique.

6. C'est un sixième de degré, donc 1/2160e de cercle. C'est également un tiers du diamètre apparent de la Lune ou du Soleil vus depuis la surface terrestre. On a : 1 degré = 60 minutes d'arc = 3 600 secondes d'arc. Ces unités sont d'un usage courant en astronomie.

Sans doute après l'observation d'une brillante nova apparue en - 133 dans la constellation du Scorpion, Hipparque compléta le premier catalogue des étoiles fixes qui rassemblait les longitudes et latitudes écliptiques de 850 étoiles. En comparant ses propres observations de la longitude écliptique de l'étoile Spica (α Virginis) à celles de Timocharis et d'Aristyllus effectuées un siècle et demi plus tôt, il trouva une différence de 2 degrés $^1/_2$ qu'il expliqua fort judicieusement à l'aide du phénomène de précession des équinoxes. Il estima à 46 secondes d'arc (actuellement : 50,26 secondes d'arc) la valeur annuelle du mouvement de rétrogradation du point vernal le long du cercle écliptique. Il découvrit que la durée de l'année tropique – qu'il estima à 365 jours 5 heures 55 minutes 12 secondes – différait sensiblement de celle de l'année sidérale qu'il détermina très précisément égale à 365 jours 6 heures 10 minutes. Le point vernal étant choisi comme origine du système de coordonnées, toutes les étoiles voyaient ainsi leurs coordonnées évoluer en fonction du temps.

Vocabulaire

Année sidérale : Période de temps séparant deux conjonctions en ascension droite du Soleil avec la même étoile lointaine (et donc sans mouvement propre apparent), de valeur 365,256366 jours.

Rétrogradation : Mouvement d'un astre, ou d'un point spécifique de la sphère céleste, dans le sens rétrograde. C'est par exemple le cas du point vernal dans le cadre du mouvement de précession.

Point vernal : Point de la sphère céleste correspondant à la position du centre du Soleil à l'équinoxe du printemps pour l'hémisphère nord.

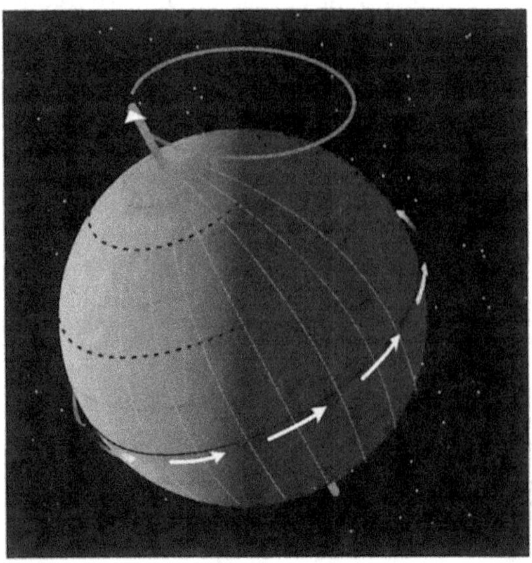

Mouvement de précession des équinoxes. Image de NASA Earth Observatory.

L'ère des vulgarisateurs.

Le début de l'époque romaine correspondit à la fin des découvertes en astronomie et au début de l'ère des vulgarisateurs, laquelle se termina plusieurs siècles après l'an 0 avec les néoplatoniciens. Juste après Hipparque et les énormes progrès qu'il avait réalisés, Théodose de Bithynie écrivit plusieurs ouvrages de vulgarisation sur la géométrie sphérique appliquée aux sphères célestes et à leurs mouvements. Poseidonios d'Apamée, en génial imitateur, construisit un planétaire comme Archimède, écrivit un traité de géographie mathématique comme Pythéas, tenta de rivaliser avec Ératosthène en mesurant la circonférence terrestre et reprit les calculs d'Hipparque sur les distances de la Lune et du Soleil en donnant une valeur correcte pour la première et en se trompant d'un facteur 2 pour la seconde. Vers - 70, l'écrivain Geminos de Rhodes écrivit un traité élémentaire de géographie mathématique et d'astronomie. Cléomède, vers l'an 100, écrivit un traité qui était fondé sur l'enseignement de Poseidonios ainsi que sur la physique d'Aristote, alors qu'à la même époque le philosophe Théon de Smyrne laissa une place importante à l'astronomie dans son œuvre. Seuls l'enseignement de l'astronomie et le commentaire des œuvres des philosophes furent pratiqués en Grèce au cours des siècles suivants, y compris par les néoplatoniciens et néopythagoriciens, à l'exception toutefois des travaux fondamentaux de Claude Ptolémée d'Alexandrie.

La période qui sépare Hipparque et Ptolémée fut également une époque de faible rationalité et d'obscurantisme où le mysticisme et les traités d'art divinatoire et d'astrologie fleurirent, s'appuyant sur le géocentrisme pour expliquer comment les astres divins et incorruptibles pouvaient agir sur la Terre et ses habitants corruptibles. L'astrologie confirma l'orientation qu'elle avait suivie lors de la dernière époque babylonienne, en perdant totalement son caractère exclusivement royal pour s'adresser au simple humain. Cependant, la plupart des écoles philosophiques grecques, notamment les académiciens, les épicuriens et les sceptiques, ainsi qu'une partie des aristotéliciens, restèrent en général assez méfiants, parfois résolument hostiles, à l'astrologie. Seuls les philosophes stoïciens lui reconnurent une certaine valeur, en vertu de leur théorie de la sympathie universelle[7].

7. C'est une théorie qui affirme l'existence d'affinités dans l'Univers : Ce qui a des affinités (se ressemble) s'attire (s'assemble), voire s'influence. Par exemple, le mercure

Claude Ptolémée.

Illustration représentant Claude Ptolémée, extraite d'un manuscrit ancien (CC).

Claude Ptolémée d'Alexandrie fut le dernier astronome d'importance de l'Antiquité, ainsi qu'un encyclopédiste. Il travailla entre 127 et 141 de notre ère et produisit plusieurs ouvrages majeurs qui firent référence durant plus de quinze siècles, en particulier sa *Géographie*, sa *Composition Mathématique* (ou *Grande Syntaxe*), qui fut appelée *Almageste* par les astronomes arabes médiévaux, et ses *Hypothèses des planètes* dans lesquelles il proposa une explication physique aux orbes qui portaient les différentes planètes. Dans l'*Almageste*, il fit une synthèse des huit siècles d'astronomie grecque qui l'avaient précédé et explicita sa propre contribution. Reprenant les mesures d'Hipparque et de Poseidonios, il détermina une valeur presque exacte de la distance Terre-Lune et découvrit l'évection, irrégularité importante du mouvement de la Lune. Utilisant les données fournies par Hipparque, il construisit un catalogue de plus de 1 000 étoiles, en tenant compte des changements de coordonnées dus à la précession des équinoxes. Il fixa de manière erronée la valeur de la constante de précession à 1 degré par siècle (36 secondes d'arc par an). Cette valeur fut conservée par les commentateurs médiévaux...

Utilisant les observations d'Hipparque et d'autres plus anciennes, Ptolémée perfectionna le système du monde proposé par son prédécesseur. Essentiellement géocentrique, le modèle consistait en une représentation géométrique complexe des mouvements planétaires et déterminait la position des planètes avec une précision jamais atteinte aupara-

---

métal a des affinités avec la planète Mercure, car le nom est le même. Cette théorie très douteuse (et totalement inacceptable scientifiquement) a été largement utilisée par les alchimistes et les astrologues durant de nombreux siècles pour affirmer une hypothétique relation entre le microcosme et le macrocosme, entre l'homme et le cosmos.

vant. Afin de pouvoir expliquer leurs rétrogradations et leurs variations d'éclat, il combinait les cercles déférents et épicycles utilisés par Hipparque avec les cercles excentriques introduits par Apollonios : le mouvement du centre du cercle épicycle sur le cercle déférent s'effectuant de manière uniforme autour du point équant, symétrique du centre de la Terre par rapport au centre du cercle déférent. Domaine par essence corruptible, la Terre était toujours considérée comme étant immobile au centre de l'Univers, alors que la voûte céleste, incorruptible, continuait à décrire son mouvement parfait de rotation diurne autour de ce point.

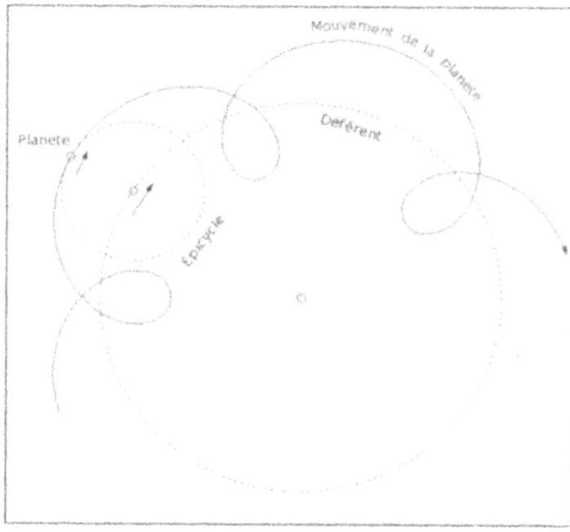

Schéma du mouvement d'une planète dans le système géocentrique à l'aide d'un épicycle et d'un déférent (CC, schéma de Dhenry).

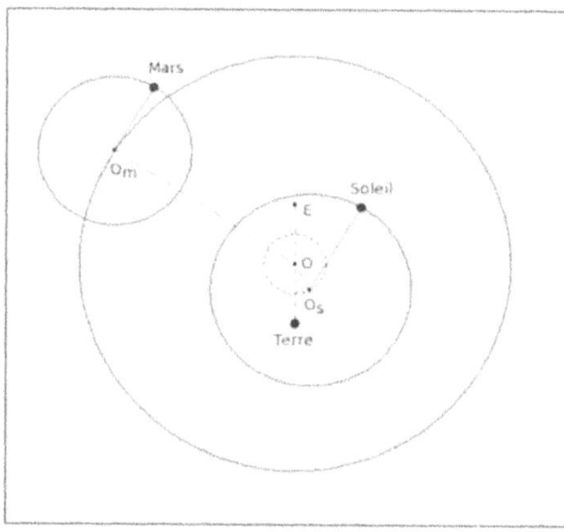

Schéma d'un cercle déférent (système ptolémien) (CC, schéma de Dhenry).

Malgré une confusion entre apparence et réalité, la théorie géométrique géocentrique de Ptolémée a représenté un sommet du génie mathématique grec, donnant aux mouvements planétaires une perfection géométrique qui fut largement utilisée durant plus de quatorze siècles par les Grecs, les Arabes et les scolastiques latins. Lorsque, au XVIIe siècle, la vraie nature des mouvements planétaires fut enfin connue, il s'avéra que la vision du monde de Ptolémée décrivait en fait très correctement les mouvements planétaires vus par un observateur situé en un point de la surface terrestre ne disposant que d'une instrumentation réduite.

Ptolémée fut également un encyclopédiste de l'astrologie antique qu'il synthétisa dans quatre traités regroupés sous le vocable *Tetrabible*, ouvrages qui, selon lui, étaient parfaitement distincts de ses études astronomiques. Ptolémée considérait encore cette mystique divinatoire comme une science, sans réel fondement astronomique toutefois. Ceci contribua à donner à l'astrologie un statut de quasi-science au cours des siècles ultérieurs, en particulier durant l'époque médiévale, un statut illégitime pour cette pseudoscience.

Les différentes conceptions philosophiques grecques

Raphael, *L'École d'Athènes*, 1509-1510. The Yorck Project, licence GNU (CC).

Trois systèmes philosophiques rivaux dominèrent l'ensemble du monde méditerranéen à l'époque de l'Antiquité classique (Grèce classique et Rome). Issus de la philosophie des ioniens et des pythagoriciens, ils ont énormément influencé l'histoire des sciences et de la culture occidentale. Tous trois présentent un intérêt particulier dans l'évolution des idées entre l'Antiquité classique et l'époque actuelle, ayant beaucoup influencé les théories cosmologiques proposées depuis l'époque grecque, ainsi que l'histoire de l'astronomie jusqu'à nos jours.

Trois différentes conceptions philosophiques grecques importantes dans le cadre de l'histoire de l'astronomie

Aristotélisme	Stoïcisme	Épicurisme
Univers fini	Univers fini entouré par un vide extra-cosmique infini	Univers infini
Nombre d'étoiles fini	Nombre d'étoiles fini	Nombre d'étoiles infini
Énigme de la frontière cosmique (Archytas de Tarente)	Aucun paradoxe	Paradoxe de Chéseaux-Olbers
Antiquité Moyen Âge (avant 1277)	Antiquité Moyen Âge (après 1277) Renaissance du XVIIe siècle au XIXe siècle (surtout après 1870) XXe siècle (avant 1920)	Antiquité du XVIe siècle au XIXe siècle (avant 1870) XXe siècle (après 1920)

La conception atomiste épicurienne

La théorie atomiste de la matière remonte probablement à Pythagore, au VIe siècle avant notre ère, qui soutenait, comme ses disciples après lui, que tous les corps physiques étaient composés de points géométriques en relation mathématique. Elle a été développée par Anaxagore, le dernier des philosophes ioniens, au Ve siècle avant notre ère. Selon lui, « l'Esprit tient sous son emprise un univers incommensurable dans lequel chaque chose sur Terre et dans le ciel est une combinaison d'infimes granules et obéit à des lois universelles ».

Le philosophe Leucippe d'Abdère, également au Ve siècle avant notre ère, transforma les points de Pythagore et les granules d'Anaxagore en entités physiques irréductibles et indestructibles appelées « atomes ». Démocrite d'Abdère, vers la fin du Ve siècle avant notre ère, perfectionna après lui la théorie atomiste. Selon ce dernier, les atomes constituent les plus petites subdivisions possibles de la matière, et leurs associations et relations mathématiques rendent compte des propriétés de tous les corps sensibles. Seuls existent les atomes et le vide infini, tout le reste est opinion de l'esprit et convention des sens.

Ainsi, on retrouve la notion d'univers infini associée à la théorie atomiste. Il se peut qu'une multitude d'atomes fasse surgir la perspective d'une répétition infinie : au-delà de l'horizon, l'Univers ressemble essentiellement à ce qu'il est près de soi. Les formes peuvent changer, la trame fondamentale du motif cosmique reste la même. Ces postulats impliquent le concept d'uniformité cosmique, fondement actuel de la cosmologie moderne (principe cosmologique). Le monde naturel s'étend donc sans limites et est autonome, hors du contrôle de dieux éventuels aux pouvoirs limités. Depuis vingt-cinq siècles, l'idée d'un univers infini rempli d'une multiplicité de mondes a influencé l'histoire des sciences, de la philosophie et des religions, à tel point qu'elle continue de jouer un grand rôle à notre époque actuelle.

Vers la fin du IVe siècle avant notre ère, Épicure de Samos adopta l'essentiel de la philosophie atomiste, en rejetant les dieux en tant que forces contrôlant le monde naturel, en invoquant autant que possible des causes physiques aux phénomènes et en enseignant que la perception des sens était à la base de toute connaissance. Il ajouta également aux lois naturelles du monde atomiste une théorie globale de l'éthique, ce qui l'a rendu très célèbre dans le monde antique. L'épicurisme, trop tourné vers l'athéisme, fut toutefois critiqué avec acharnement par les Platoniciens, puis par les Stoïciens et finalement par les Chrétiens.

Lucrèce, dans son poème épique *De Rerum Natura* écrit vers - 55, se révèle être un fervent défenseur du système atomiste. Selon lui, les atomes, éternels, se déplacent librement dans un vide infini, s'entrechoquant, se combinant et formant la texture matérielle de mondes innombrables. Les étoiles, déjà identifiées comme étant des soleils lointains, s'illuminent, brillent très longtemps, puis pâlissent et se dissolvent dans l'effervescence atomique. Là où des mondes naissent, la vie peut apparaître et s'y développer, des créatures intelligentes peuvent émerger et des civilisations peuvent prospérer. Ensuite, ces mondes se dissolvent et leurs atomes retournent au cycle. Seuls le vide et les atomes sont immuables et indestructibles. Les âmes et les dieux, s'ils existent, sont également composés d'atomes. De temps en temps, ces atomes peuvent subir des déviations imprévisibles lors de collisions mutuelles, ce qui permet de rendre compte du hasard et du libre arbitre.

Le modèle d'univers infini des penseurs épicuriens antiques fut historiquement à l'origine de l'énigme de l'obscurité nocturne. Cet univers d'extension infinie peuplé uniformément d'un nombre infini d'étoiles aurait dû induire un ciel uniformément brillant au lieu du ciel obscur observé réellement, mais les penseurs antiques ne sont pas parvenus à appréhender ce paradoxe, ce qui n'enlève toutefois rien à leur mérite.

La conception aristotélicienne.

Durant les Ve et IVe siècles avant notre ère et à partir des orbites célestes et des mouvements circulaires parfaits définis par les pythagoriciens, Socrate (peut-être), Platon, Eudoxe et d'autres construisirent une géométrie cosmique de sphères célestes emboîtées centrées sur la Terre et toutes contenues dans une sphère extérieure appelée « sphère des étoiles fixes » ou, plus simplement, « sphère des fixes ». Cette dernière fut ainsi considérée comme la limite ultime de notre Univers, monde clos de petite taille sans extérieur ou entouré par la divinité. Ce postulat induisit la deuxième grande conception philosophique de l'Antiquité.

Au milieu du IVe siècle avant notre ère, le philosophe Aristote transforma le système de sphères géocentriques en un système physique, de taille finie, ordonné et régi par des principes éternels. Les sphères célestes, de forme impérissable et de nature cristalline, étaient composées d'un élément unique et incorruptible, appelé « éther ». Elles étaient entraînées sans heurts selon des mouvements circulaires parfaits. Ces sphères portaient, selon un ordre ascendant, les astres errants – Lune, Soleil, Vénus, Mercure, Mars, Jupiter et Saturne (ordre pythagoricien, adopté également par Platon et Eudoxe, appelé ensuite « ordre des physiciens ») – et tournaient à différentes

Vocabulaire

Astre errant : pour les astronomes, terme désignant depuis l'Antiquité et jusqu'à la Renaissance l'un des sept objets mobiles connus de la voûte céleste, en l'occurrence le Soleil, la Lune, Mercure, Vénus, Mars, Jupiter et Saturne, et qui est depuis devenu un synonyme de moins en moins usité du mot « planète ».

vitesses angulaires constantes autour d'axes inclinés. La sphère des fixes était entraînée par ce qu'Aristote appela « le moteur premier », d'essence divine. Une lumière éthérée emplissait la voûte céleste ; Rien n'existait au-delà de la sphère des fixes, ni espace, ni vide, ni temps. La Terre et les régions sublunaires étaient composées des quatre éléments corruptibles, le feu, l'air, l'eau et la terre, aux formes périssables et aux mouvements imparfaits. Le feu, par sa vertu de légèreté, recherchait le ciel ; la terre, par sa vertu de gravité, recherchait le centre du monde ; l'air et l'eau étaient suspendus entre ces deux pôles extrêmes.

Les astronomes Hipparque, au IIe siècle avant notre ère, et Ptolémée, au IIe siècle de notre ère, proposèrent un système astronomique géométrique assez différent du schéma aristotélicien. Ils introduisirent les cercles déférents et épicycles, couplés à d'autres cercles excentriques (décentrés) comme explication simple des mouvements planétaires d'approche et d'éloignement de la Terre qui conservait sa position centrale. La taille de l'Univers restait finie, toujours avec la sphère des fixes comme limite ultime. L'ordre planétaire était modifié selon la séquence Lune, Mercure, Vénus, Soleil, Mars, Jupiter et Saturne (ordre des mathématiciens).

Durant les siècles suivants, les néoplatoniciens d'Alexandrie ajoutèrent des ornementations angéliques au système aristotélicien. À l'époque médiévale, les astronomes arabes étudièrent et perpétuèrent les idées d'Aristote et de Ptolémée. Puis les théologiens, tant musulmans que juifs et chrétiens, utilisèrent le système des sphères homocentriques et/ou l'astronomie géométrique comme fondement de leurs cosmogonies respectives.

Il est clair que le système aristotélicien induit en raison de sa finitude une énigme insoluble : qu'y a-t-il au-delà de la limite de l'Univers ? Que devient un objet déplacé d'en deçà à au-delà de cette limite ? Ce problème, nommé « énigme de la frontière cosmique », fut pour la première fois posé par le géomètre Archytas de Tarente, contemporain de Platon. Archytas se demanda où pouvait bien se rendre un javelot lancé vers la frontière cosmique par le guerrier Achille, de force légendaire. Cependant, il est non moins évident que la finitude de l'Univers dans le système aristotélicien donne une réponse immédiate à l'énigme de l'obscurité nocturne : le ciel est sombre parce que l'Univers n'est pas de taille infinie, le nombre d'étoiles y étant limité.

La conception stoïcienne

La philosophie stoïcienne, fondée au tournant des IVe et IIIe siècles avant notre ère par Zénon de Cittium, est essentiellement une discipline de vie face à l'adversité et au destin. Le stoïcien doit être fort et courageux. L'esprit divin est présent partout, sur terre et dans le ciel, s'épanouissant ou déclinant au cours du temps. Le système stoïcien exaltait les principes éthiques de devoir et de justice ; chacun pouvait y puiser à la fois une philosophie, une religion, une morale et une science. Il influença profondément la civilisation occidentale, ses concepts, ses valeurs et son code d'honneur, en particulier durant l'époque médiévale.

L'énigme de la limite cosmique, non résoluble dans le cadre de la conception aristotélicienne, était contournée par les philosophes stoïciens par le rejet de la frontière extérieure et par l'adhésion au concept d'espace infini. Les stoïciens proposaient un système consistant en un cosmos de taille finie rempli d'étoiles et entouré d'un vide extra-cosmique sans étoiles s'étendant à l'infini. Dans l'Antiquité et au Moyen Âge, le système stoïcien fut plus ou moins le système aristotélicien amputé de sa frontière extérieure. La conception astronomique des stoïciens se perpétua sous des formes diverses pendant plus de deux mille ans jusqu'au début du XXe siècle, lorsque Edwin Hubble établit définitivement l'existence d'objets extragalactiques. Du XVIe siècle au début de notre siècle, cette conception donna une explication simple à l'énigme de l'obscurité nocturne : le noir de la nuit est expliqué par l'obscurité du vide extra-cosmique infini que nous voyons entre les étoiles. Le système stoïcien constitua le cadre de la cosmologie de la fin du XIXe siècle lors de l'émergence de l'astrophysique et demeura assez généralement accepté entre 1870 et 1920.

Les observations modernes ont donné le coup de grâce au système stoïcien en prouvant la présence d'objets aussi loin que nous pouvons observer.

Vocabulaire

Astrophysique : Étude physique des astres à travers l'ensemble du spectre électromagnétique : gamma (γ), X, ultraviolet, visible, infrarouge, millimétrique, radio. Discipline née au XIXe siècle, suite à l'utilisation scientifique de la photographie et de la spectroscopie. S'est ultérieurement diversifiée en différentes branches (radioastronomie, astronomie spatiale, etc.). Débouche sur la cosmologie et l'exobiologie.

Elles n'ont pas découvert de limite à l'Univers étoilé au-delà de laquelle existerait un vide extra-cosmique. Nous savons maintenant que nous ne vivons pas dans un cosmos stoïcien.

Rome et l'Empire romain

Dans le monde romain, beaucoup d'amateurs d'astronomie ont laissé des traités de vulgarisation, mais aucun d'entre eux n'était véritablement astronome. Ils étaient donc largement débiteurs de la science hellène. Entre le IIe siècle avant notre ère et le Ve siècle de notre ère, de nombreux auteurs latins ou grecs – principalement Varron, Cicéron, Lucrèce, Vitruve, Virgile, Ovide, Hygin, Germanicus, Manilius, Columelle, Sénèque, Lucain, Pline l'Ancien, Plutarque, Apulée, Ampélius, Censorin, Avienus, Chalcidius, Théon d'Alexandrie (auteur d'un commentaire de l'*Almageste* de Claude Ptolémée), Hypatie d'Alexandrie (fille du précédent), Macrobe et Martianus Capella – se sont tour à tour essayés aux *aratea*, aux commentaires ou à la vulgarisation, souvent selon un mode poétique, de l'astronomie grecque, reprenant les hypothèses géocentriques de Platon, d'Aristote ou de Ptolémée, voire l'ingénieuse hypothèse géo-héliocentrique d'Héraclide du Pont. En particulier, Chalcidius, Macrobe et Martianus Capella adoptèrent une vision géo-héliocentrique, plusieurs fois reprise durant le haut Moyen Âge, spécialement par Jean Scot Érigène, puis, bien plus tard, par Tycho Brahe.

Sur les conseils de l'astronome Sosigène d'Alexandrie (lequel avait par ailleurs remarqué que les diamètres apparents de la Lune et du Soleil étaient variables), Jules César réforma en -45 le calendrier romain par utilisation d'une année de 365 jours ¼. L'ancien calendrier romain de type luni-solaire était alors très imprécis et assez peu commode, ce qui imposait cette réforme. Curieusement, Sosigène n'utilisa pas la valeur plus précise de l'année tropique établie par Hipparque un siècle avant lui. Le nouveau calendrier prit ultérieurement le nom de « julien » et fut utilisé par la hiérarchie religieuse de l'Église catholique jusqu'en 1582.

Les Romains, de même que les Grecs à l'époque romaine, étaient souvent d'une crédulité sans bornes et de fervents adeptes de l'art divinatoire sous toutes ses formes, ainsi que de l'astrologie judiciaire. Toutefois, quelques penseurs plus rationalistes – comme le philosophe grec Carnéade, Cicéron, Lucrèce ou le philosophe romain Favorinus d'Arles –

restèrent, avec raison, assez méfiants, voire très critiques, vis-à-vis de l'astrologie, suivant en cela la plupart des écoles philosophiques grecques. Certains y furent d'ailleurs résolument opposés. Cette attitude critique fut heureusement reprise par un certain nombre d'érudits médiévaux.

L'Église chrétienne naissante adopta le géocentrisme platonicien et le transforma petit à petit en dogme. En effet, la position centrale de la Terre, et donc de l'humanité corruptible, entourée par les astres incorruptibles convergeait bien vers la doctrine de la foi.

Malgré la perte rapide de la plupart des textes originaux d'Aristote et de Ptolémée dans presque tout l'Occident chrétien, les idées géocentriques et géo-héliocentriques perdurèrent au début du Moyen Âge par la diffusion des textes de Chalcidius, de Macrobe et de Martianus Capella. Toutefois, une condamnation sans réserve de l'astrologie fut exprimée par les Pères de l'Église, en particulier par saint Augustin dans son livre *Les Confessions*, écrit vers l'an 400.

3

– MOYEN ÂGE –

Le monde américain

L’astronomie maya et aztèque

Depuis le début de leur civilisation et avant même le début de l’époque classique, les Mayas ont toujours su compter en base 20, de 0 (qu’ils connaissaient et représentaient par un symbole particulier) à 19. Ils écrivaient verticalement les très grands nombres à l’aide des différentes puissances de 20, représentées par des symboles complexes (des glyphes).

Les astronomes mayas ont étudié les cieux et les mouvements lunaires et planétaires de manière suivie durant plus de mille ans principalement pour des raisons rituelles et religieuses. Consignant leurs observations de génération en génération, ils obtinrent une excellente valeur de 365,2420 jours pour l’année tropique. Ils déterminèrent précisément les valeurs de

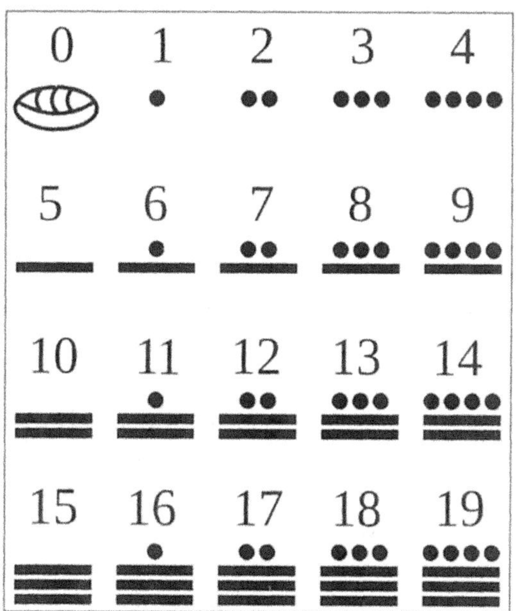

Système de numération maya, © DR.

la lunaison et des périodes de révolution synodique de plusieurs planètes, en particulier celle de Vénus, cet astre étant supposé posséder des propriétés maléfiques.

Vocabulaire

Révolution synodique : Mouvement apparent (vu depuis la Terre) d'une planète (ou de la Lune) pour passer d'une certaine configuration relative par rapport au Soleil à la suivante (même configuration).

L'année vénusienne fut découpée en quatre fractions correspondant aux périodes de visibilité ou d'invisibilité de cette planète. Ils découvrirent que 8 années solaires de 365 jours équivalaient à 5 années vénusiennes de 584 jours, ce qu'ils utilisèrent à la fois dans leurs calculs et dans leurs cérémonies. Ils ont également été capables de prédire les éclipses sans même savoir que la Terre tournait autour du Soleil. Les Mayas ont construit des temples observatoires qui ont servi pour ces études, le plus connu étant El Caracol, à Chichén Itzá.

Les Mayas de l'époque classique utilisaient plusieurs calendriers civils et religieux, dont un calendrier lunaire. Le plus employé était un calendrier civil solaire de 365 jours, appelé le « Haab ». Il était composé de 18 mois, appelés « uinal », de 20 jours, appelés « kin », ainsi que de 5 jours creux (néfastes), appelés « uayeb », où l'on s'abstenait de faire quoi que ce soit.

Les Mayas utilisaient aussi une année de 360 jours, nommée le « tun » (ou compte long), qui était notée à l'aide de trois digits, appelés « baktun » (20^2 = 400 ans), « katun » (20 ans) et « tun » (un an), comptés chacun de 0 à 19. La date dans le compte long s'écrivait 9.15.10.0.0 et se lisait 9 baktuns 15 katuns 10 tuns 0 uinals 0 kin (année 741 de notre ère). L'usage du calendrier tun permettait ainsi de donner une chronologie sur des durées très longues, l'origine ayant été fixée un 4 ahau 8 cumku, soit le 8 septembre - 3113 julien (date la plus probable). Les Mayas pouvaient également mesurer le cours du temps sur des durées bien plus longues, par utilisation de plus grandes puissances de 20, le pictun (20^3 = 8 000 tuns), le calabtun (20^4 = 160 000 tuns), le kinchiltun (20^5 = 3 200 000 tuns) et l'alautun (20^6 = 64 000 000 tuns).

Un autre calendrier, le tzolkin, d'une durée de 260 jours, comprenait 13 mois de 20 jours et était utilisé principalement à des fins religieuses. L'usage conjugué du haab et du tzolkin amenait un cycle de 52 ans pour le retour d'un même jour à la même date de l'année. Ainsi les Mayas utilisaient ces périodes cycliques de 52 ans comme nous utilisons les siècles.

À l'arrivée des conquistadors espagnols, ce calendrier cyclique était le seul en usage, ce qui a induit quelques problèmes de raccordement avec les calendriers julien et grégorien.

Bien plus tard, les prêtres aztèques inclurent la religion et l'astronomie maya dans leur propre vision du monde. Ils continuèrent à observer le ciel à la recherche de présages, notant l'apparition de comètes et poursuivant l'étude du mouvement de Vénus. L'année civile était de 365 jours, comme en terre maya, et se décomposait également en 18 mois de 20 jours auxquels s'ajoutaient 5 jours creux très néfastes où l'oisiveté était recommandée. L'année religieuse fut maintenue à 260 jours, ce qui conservait le calendrier religieux cyclique conjugué de 52 ans. La date origine fut modifiée pour des raisons historiques, alors que d'autres cycles bien plus longs furent également introduits pour des raisons religieuses. L'usage de ce calendrier cyclique fut d'ailleurs indirectement la cause de la chute de l'Empire aztèque.

Les autres peuples amérindiens

Certaines civilisations sud-américaines ont laissé quelques traces d'activité religieuse à orientation astronomique. Durant l'époque médiévale, les sites pré-incaïques de Nazca (Pérou) et de Tiahuanaco (civilisation Tiawanaku, Bolivie) furent probablement utilisés pour des usages astronomiques (levers et couchers des astres, solstices et équinoxes). Les civilisations andines postérieures n'eurent qu'une faible activité astronomique : les Incas ne portaient pas un énorme intérêt à l'observation des choses du ciel, peut-être en raison de l'absence de saisons marquées. Il fallut attendre l'arrivée des Européens pour que, à la suite d'années de destructions et de pillages sous couvert de christianisation, une activité astronomique puisse naître en Amérique du Sud, principalement du fait des missionnaires jésuites.

Les Indiens d'Amérique du Nord semblent, par contre, avoir eu une activité astronomique conséquente. En particulier certaines ethnies, comme la culture Pueblo, ont laissé des traces tout à fait tangibles de cette activité. Outre les « roues médicinales » qui ont été trouvées aussi bien aux États-Unis qu'au Canada, des os et des bois d'animaux gravés de symboles à caractère astronomique (Lune, étoiles, etc.) ont été découverts dans ces deux pays.

Inde

Le zéro fut introduit par les mathématiciens indiens vers le début de notre ère. Dès le Vᵉ siècle, le *Sûrya-Siddhânta*, écrit par Lâta, proposait un modèle cosmogonique selon lequel tous les astres gravitaient autour de la montagne sacrée Meru, en particulier les cinq planètes connues des Grecs, et parlait de la précession des équinoxes, avec une constante annuelle fixée à 54 secondes d'arc (probable emprunt à Hipparque). Il fallut cependant attendre les VIᵉ et VIIᵉ siècles pour que l'astronomie indienne connaisse son apogée. Suivant une idée défendue par les philosophes grecs Hiketas, Ecphantos et Héraclide du Pont, l'astronome et mathématicien Aryabhata enseignait que la rotation des cieux n'était en fait qu'un phénomène apparent dû à la rotation de la Terre sur elle-même. Aryabhata donna également une valeur correcte pour le nombre π. Le brillant astronome Brahmagupta combattit cependant l'idée de rotation de la Terre. Durant dix siècles, un long déclin de l'astronomie indienne suivit la mort de ce dernier.

Au début du XVIIIᵉ siècle, le raja Jaï Singh II, descendant des conquérants moghols, fut le dernier et le plus productif des astronomes indiens. Il fit construire au Rajasthan cinq grands observatoires entièrement dédiés à l'astronomie de position, ceux de Bénarès, de Delhi et de Jaïpur en particulier, certains étant encore partiellement utilisés de nos jours.

Le Maharaja Sawai Jai Singh II, par Thomas Hudson (1701-1779) (CC)

Vocabulaire

Lunette astronomique ou **télescope réfracteur** : Système optique composé d'un objectif convergent réalisé avec un assemblage d'une ou plus généralement de plusieurs lentilles fabriquées avec des verres spéciaux d'indices différents, et d'un oculaire ou d'un détecteur (photographique, CCD, etc.) qui examine l'image qui se forme au foyer image de l'objectif.

Observatoire de Jaipur (Yantra Mandir), vue d'ensemble, novembre 2005, (licence GNU, CC).

Connaissant la lunette astronomique (une lunette lui avait été offerte par une ambassade européenne), il fit cependant observer visuellement les positions des astres dans le plus pur style grec ou médiéval, afin d'améliorer la précision des éphémérides et du calendrier.

Chine

Suivant une période intermédiaire de plus de mille ans durant laquelle l'astronomie chinoise subit une relative stagnation, malgré le maintien d'une chronique, de l'observation des phénomènes spectaculaires (éclipses de Lune et de Soleil, novae et supernovae, comètes) et une amélioration très lente de l'instrumentation (sphère armillaire à mouvement hydraulique de Zhang Heng vers 120, horloge astronomique à entraînement sidéral vers 1100), l'arrivée des empereurs mongols relança les études astronomiques. L'Observatoire de Pékin – aujourd'hui converti en musée – fut construit en 1279 sous le règne de l'empereur Kubilaï Khan, petit-fils de Gengis Khan. Plus de 75 « fonctionnaires de la tour céleste » administraient le calendrier – publié chaque année à plus de 1 million

L'observatoire de Pékin, reproduction d'une gravure du XVIIe siècle (CC).

d'exemplaires (l'imprimerie a été inventée vers le XIe siècle en Chine) –, étudiaient les mouvements des corps célestes et leurs lois, ainsi que les règles de la géographie, et établissaient des cartes célestes et les règles de divination.

La fin de la dynastie mongole et le retour d'une dynastie chinoise vers 1368 entraînèrent de nouveau le déclin des études astronomiques, toutefois l'enregistrement méticuleux des phénomènes célestes et l'archivage des anciennes chroniques étaient maintenus.

Il fallut attendre l'arrivée des missionnaires et astronomes jésuites en 1583 pour que l'astronomie chinoise renaisse de ses cendres et rencontre enfin l'astronomie européenne. En 1629, l'empereur chargea les jésuites de remettre de l'ordre dans les éphémérides officielles. Les jésuites construisirent de nouveaux instruments et introduisirent de nouvelles idées, comme la sphéricité de la Terre, ainsi que de nouvelles techniques de calcul (position des planètes, prédiction des éclipses). Cependant, pour des raisons doctrinales, ils refusèrent longtemps le système copernicien, ayant adopté le système de Tycho Brahe au début du XVIIe siècle. Ils ne reconnurent la validité de l'héliocentrisme qu'à la fin du siècle suivant, lequel vit également la fin de leur mandat chinois, en 1775.

L'astronomie juive

Les théologiens juifs des siècles qui suivirent la diaspora écrivirent les Talmuds aux IVe et Ve siècles de notre ère en y indiquant certaines de leurs visions cosmogoniques du monde. Suivant une des idées d'Héraclide du Pont, ils affirmèrent assez clairement la rotation diurne de la Terre autour de son axe polaire et firent quelques vagues allusions à un système planétaire de type géo-héliocentrique. Une allusion assez douteuse apparaît également dans un texte hébreu de cette époque, à propos d'une comète qui reviendrait de manière périodique tous les 70 ans environ, ce qui l'assimilerait cet objet à la fameuse comète de Halley.

> **Vocabulaire**
>
> **Quadrant** : Instrument de mesure de la hauteur d'un astre, le plus généralement lors de son passage au méridien, composé d'un quart de cercle fixe gradué en degrés et placé verticalement, avec un côté vertical et l'autre côté horizontal, et une règle de visée mobile.

Après le IXe siècle, quelques penseurs juifs vivant à Cordoue ou en d'autres pays de forte culture astronomique arabe calculèrent des tables astronomiques et échangèrent leurs observations et leurs idées avec leurs collègues arabes ou chrétiens. Ils traduisirent aussi nombre de textes grecs essentiels de l'arabe à l'hébreu. Le philosophe Abu Imran Mûsa ibn Maymûn ibn abd Allah, dit Maimonide, et le rabbin Levy ben Gerson furent les plus célèbres d'entre eux. Dans le monde chrétien, le climat permanent de haine à l'encontre des Juifs empêcha toute production astronomique, sauf en de rares endroits où les compilateurs juifs purent traduire de l'hébreu au latin les principaux textes grecs. Vers la fin du XIIIe siècle, Jacob ben Mahir inventa un nouveau type de quadrant à Montpellier.

L'astronomie arabe et persane

Les héritiers de la pensée grecque

Entre le VIIIe siècle et le XIIIe siècle, les astronomes et philosophes arabes et persans furent les seuls véritables héritiers de la pensée grecque. Au début du IXe siècle, ils traduisirent la *Grande Syntaxe* de Ptolémée en arabe, qu'ils renommèrent *Almageste*. Ils adoptèrent le modèle aristotélicien des sphères concentriques et le système de Ptolémée et les améliorèrent. Ils perfectionnèrent la notion aristotélicienne de moteur premier et introduisirent une autre sphère plus extérieure à la sphère des fixes, laquelle portait l'ensemble des étoiles. La sphère ultime transmettait le mouvement à toutes les autres sphères intérieures, y compris à la sphère des fixes, et était, elle-même, animée par la volonté divine. Par ailleurs, ils inventèrent des instruments plus évolués (en particulier le sextant), en perfectionnèrent d'autres (en particulier l'astrolabe, connu en fait depuis l'époque romaine, la boussole et la sphère armillaire) et obtinrent des mesures d'une précision supérieure à celle de leurs prédécesseurs grecs, ce qui les força à avoir une connaissance exacte du mouvement des planètes. Ils utilisèrent la numération décimale et introduisirent le zéro, notion plus ancienne venue d'Inde.

> **Vocabulaire**
>
> **Astrolabe** : Disque métallique (bronze) gravé, formé d'une partie fixe et d'une partie mobile, qui permettait de déterminer la hauteur des astres au-dessus de l'horizon entre l'Antiquité et le Moyen Âge ; instrument moderne qui permet d'effectuer des mesures précises de positions d'astres.

Les mesures précises du mouvement de Vénus incitèrent quelques astronomes arabes à représenter le mouvement de cette planète par un cercle épicycle centré sur le Soleil, reproduisant ainsi le géo-héliocentrisme grec, sans toutefois déboucher sur l'héliocentrisme. Par ailleurs, quelques observatoires virent le jour dans les grands centres islamiques – Cordoue, Tolède, Le Caire, Bagdad, Marâgha et Samarkand – durant huit siècles de recherche en astronomie. De nombreuses tables planétaires furent calculées de façon précise et permirent de se rendre compte des imperfections de la théorie ptoléméenne. La plupart des noms des étoiles encore utilisés de nos jours furent attribués durant cette époque, souvent par la traduction de l'ancien nom grec en arabe ou par la description des éléments des constellations classiques, lesquelles conservèrent cependant leurs noms antiques issus du folklore gréco-romain.

Les penseurs et les astronomes arabes et persans

L'essor de l'astronomie arabe et persane débuta moins d'un siècle après la mort du prophète Mahomet. Plusieurs califes et princes furent en effet très intéressés par le développement de cette science, ce qui la favorisa grandement. Le calife Al-Mamûn favorisa dès le début du IXe siècle le développement de l'astronomie à Bagdad et à Damas où un groupe d'astronomes traduisit l'*Almageste* et chercha à vérifier les calculs de Ptolémée. Au siècle suivant, Al-Hakam II, calife de Cordoue, établit une école d'astronomie qui devint plus tard un important centre de fabrication instrumentale, en particulier d'astrolabes. Encore plus tard, d'autres princes arabes s'intéressèrent également à l'étude du ciel et s'entourèrent d'astronomes et de penseurs formés aux idées grecques.

Au début du IXe siècle, l'astronome Al-Fergani, appelé par les Latins « Alfraganus », composa un abrégé de l'*Almageste* et assigna des distances fixées aux différentes planètes. À la même époque, l'astrologue Abou Mashar, dit Albumasar, admit le mouvement de précession, en acceptant l'étrange hypothèse de l'accès et du recès (mouvement oscillatoire périodique du point vernal sur 8 degrés en mille six cents ans), et donna une description du phénomène des marées océaniques et de leurs causes qui fit autorité durant tout le Moyen Âge. Vers 830, le persan Muhammad ibn Musa al-Khwarizmî, dit Al-Khwarizmi, établit des tables planétaires selon le modèle indien et, par-delà, le modèle arithmétique mésopotamien. Durant la deuxième partie du IXe siècle, l'astronome Thâbith ben Kourrah dirigea une école de traduction à Bagdad, reprenant certaines hypothèses de Ptolémée sur la nature des orbes portant les planètes et adoptant l'hypothèse de l'accès et du recès. À la même époque, l'astronome Al-Battani, dit Albategnius, commenta, corrigea et compléta l'*Almageste* de Ptolémée (il en fut probablement l'un des traducteurs). Par ailleurs, il modifia en profondeur la trigonométrie d'Hipparque pour en faire l'outil mathématique performant que nous utilisons encore de nos jours.

Vocabulaire

Le point vernal (ou **point gamma**) est l'un des deux endroits de la sphère céleste où se coupent l'équateur et l'écliptique, points qui déterminent les équinoxes. Plus précisément, le centre du Soleil se superpose au point vernal au moment de l'équinoxe de printemps pour l'hémisphère nord. De plus, le point vernal sert d'origine pour les coordonnées équatoriales et écliptiques.

L'astronome persan Abd al-Rahman al-Soufi remania le catalogue d'étoiles d'Hipparque, transmis et déjà corrigé par Ptolémée, et édita en 964 son propre *Livre des étoiles fixes* en y incluant d'autres étoiles, ainsi

Double-page du *Livre des étoiles* d'Abd al-Rahman al-Sufi (903-986) (CC).

que la grande galaxie dans Andromède. Ce catalogue fut en fait la source de la majorité des noms d'étoiles encore utilisés à l'heure actuelle. À la fin du Xe siècle, au Caire, l'astronome Ibn Yûnus calcula des tables de positions planétaires améliorées par rapport à celles de Ptolémée. Il fut probablement un observateur attentif à l'apparition de la supernova du Loup, en 1006, qui, à son maximum de luminosité, devint cent fois plus brillante que la planète Vénus. À la même époque, Ibn al-Haytham, dit Alhazen, fut un célèbre physicien et opticien qui enseigna au Caire. Il fut l'auteur d'un très important ouvrage d'optique qui fit autorité durant les siècles qui suivirent, ainsi que d'un *Résumé d'astronomie* où il ne fit que reprendre les idées que Ptolémée exposait, tout en n'hésitant pas à adresser à ce dernier plusieurs critiques concernant les idées mathématiques utilisées dans l'Almageste.

Vocabulaire

Optique : Partie de la physique qui traite des propriétés de la lumière et de la vision. Partie d'un instrument d'observation ou d'analyse qui dévie les rayons lumineux issus d'une source afin d'en obtenir une image (objectif d'une lunette ou d'un télescope, optique d'un appareil photographique, etc.).

Supernova : fin de vie explosive des étoiles les plus massives, supernovae de type II, ou de certaines binaires très serrées, supernovae de type Ia.

Au début du XIe siècle, le persan Al-Biruni, le plus prolifique des astronomes arabes et persans, développa l'astronomie sphérique par la trigonométrie et les coordonnées sphériques, ainsi que les instruments de l'époque – astrolabes avec alidades à pinnules, armilles et quadrants verticaux de grands diamètres beaucoup plus perfectionnés. Il atteignit ainsi une précision de mesure supérieure à celle d'Hipparque. Il mesura également le rayon terrestre, l'estimant à 6 338,8 kilomètres, au lieu de 6 378 kilomètres (mesure moderne du rayon équatorial de la Terre). Il dut probablement observer avec intérêt l'apparition en 1006 de la supernova du Loup, bien visible depuis la Perse. Il observa également les fluctuations d'éclat de l'étoile variable à éclipses Algol (β Persei), découvrant ainsi que les étoiles pouvaient évoluer avec le temps. Les étoiles ne sont donc pas immuables, contrairement à ce que pensait Aristote. Al-Biruni n'en tira cependant aucune conclusion.

Au XIe siècle, l'astronome Al-Zarqali, dit Arzachel, travailla à Cordoue et très certainement à Tolède. Outre les tables de Tolède (dont il fut probablement l'auteur), très utilisées durant toute l'époque médiévale, il écrivit un *Traité sur le mouvement des étoiles fixes* où il développa l'hypothèse du mouvement d'accès et de recès à propos de la précession des équinoxes.

Dès la fin du Xe siècle, plusieurs critiques furent formulées à l'encontre de la théorie planétaire de Ptolémée, en particulier par des aristotéliciens inconditionnels. L'irakien Ibn al-Haytham, dit Alhazen, montra vers l'an mille l'inconsistance de l'axiome fondamental des philosophes grecs qui postulait que tout mouvement circulaire naturel devait paraître uniforme depuis son centre. Au XIIe siècle, Ibn Rushd (l'Averroès des Latins), en digne commentateur de l'œuvre d'Aristote, critiqua l'utilisation des cercles épicycles et excentriques, leurs centres ayant dû selon lui coïncider avec des corps attracteurs, un fait rigoureusement impossible dans un univers géocentrique purement aristotélicien. À la même époque, Jabir ibn Afflah (Geber l'astronome), qui vivait à Séville, remarqua que la théorie planétaire était inutilement compliquée, que Ptolémée avait introduit le point équant sans le justifier et avait mal placé Mercure et Vénus, et que plusieurs paramètres numériques étaient faux.

À la fin du XIIe siècle, Al-Bitroji, dit Alpetragius, écrivit, en s'inspirant largement de sources grecques, un ouvrage intitulé *Théorie des planètes*, qui fut largement utilisé durant la fin du Moyen Âge par les Latins. Il proposait un système astronomique amplement inspiré de l'explication d'Eudoxe tout en réfutant l'explication ptoléméenne des mouvements anormaux des planètes. Cette période de la fin du Moyen Âge connut d'ailleurs une activité astronomique intense encouragée par les souverains mongols de Perse. Le Grand Khan de Perse Hûlâgû, petit-fils de Gengis Khan et frère de Koubilaï Khan, fit construire en 1259 un grandiose observatoire doté d'une riche bibliothèque et d'instruments de précision, près de sa nouvelle capitale, Marâgha, proche de la ville de Tabriz. Nasir al-Din al-Tûsî en fut l'astronome le plus éminent, et qui dirigea un grand nombre d'astronomes et d'étudiants qui virent y travailler. Vers la fin du XIIIe siècle, les travaux de Nasir al-Din al-Tûsî et de ses collègues de l'Observatoire de Marâgha montrèrent que le géocentrisme n'expliquait pas les apparences…

Au début du XVe siècle, le prince Ulûgh Beg, petit-fils de Tamerlan – à la fois astronome, mathématicien, historien et poète – fit construire à Samarkand un observatoire équipé d'un matériel très performant, en particulier d'un quadrant méridien d'un rayon de 40 mètres. Il s'entoura des astronomes Qâdî Zâde al-Rûmî et Alî ibn Muhammad al-Qûshchî, ainsi que du mathématicien Jamshîd ibn Masûd al-Kashî, leur donnant mission de créer des tables planétaires de grande précision utilisées jusqu'au XVIIIe siècle dans le monde musulman.

Après la mort d'Ulûgh Beg, le déclin de l'astronomie arabe devint général, pour des raisons mal comprises. Les derniers observatoires encore en fonction furent abandonnés les uns après les autres et l'activité créatrice se ralentit. Il n'y eut plus aucun astronome arabe pour reprendre le flambeau, ce qui laissa les Indiens et surtout les Européens seuls en course...

L'astronomie médiévale

Constantinople et l'Orient

Le déclin de l'Empire romain fut accompagné par les invasions barbares et la diffusion du christianisme. En Orient, l'essentiel de la connaissance fut conservé par la bureaucratie byzantine dans des bibliothèques assez peu accessibles, le développement des sciences végéta et les ténèbres intellectuelles recouvrirent l'ancien Empire romain.

Seuls quelques néoplatoniciens des Ve et VIe siècles, principalement les philosophes Proclus le Diadoque, Damascios le Diadoque et Simplicios de Cilicie, tous commentateurs de Platon et d'Aristote, tentèrent de restaurer une science digne de ce nom, principalement à Athènes, mais sans grand succès face à la puissance grandissante de l'Église. En particulier, suivant le raisonnement d'Archytas et de Lucrèce, Simplicios, disciple de Damascios, démontra clairement par l'absurde l'impossibilité d'une quelconque frontière cosmique lors d'un commentaire de l'œuvre d'Aristote.

Le philosophe Jean Philopon d'Alexandrie, dit Jean le Grammairien, contemporain de Simplicios, écrivit également le premier traité connu sur l'astrolabe. Après le milieu du VIe siècle, les études astronomiques périclitèrent, parallèlement à l'amplification de la décadence politique byzantine, à l'exception de quelques sursauts sporadiques, en particulier au XIIe siècle, avec Jean Tzetzès qui écrivit des ouvrages d'astronomie, et au début du XIVe siècle, avec Théodore Métochite qui écrivit un commentaire de Ptolémée et qui eut le mérite de s'opposer à l'astrologie, alors très en vogue à Constantinople.

L'astronomie occidentale

L'Église et le dogme du géocentrisme

Utilisant les épaves de la science grecque transmise par quelques théologiens, l'Église chrétienne adopta le géocentrisme de Platon, puis la physique d'Aristote après le XIe siècle, comme explication du monde. Le monde terrestre, présenté comme imparfait, corruptible et lourd, était opposé au monde céleste parfait, incorruptible et léger. La théologie, considérée elle-même comme une science authentique durant une partie du Moyen Âge, en particulier au XIIIe siècle, coexista durant plus de mille ans au sein du monde ecclésiastique, puis universitaire, avec l'astronomie et les autres sciences, ce qui fit que les théologiens s'opposèrent fréquemment à l'avancement des sciences. Les observations, surtout menées par des moines et ecclésiastiques, seuls détenteurs du savoir, restèrent assez rares durant tout le Moyen Âge et peu de techniques instrumentales nouvelles virent le jour, alors que les ténèbres intellectuelles régnèrent durant plus de dix siècles sur presque tout le reste de la population européenne.

Après le XIe siècle, la traduction des manuscrits arabes et grecs en latin, l'introduction de l'astronomie et de l'instrumentation arabe, en particulier de l'astrolabe, et la redécouverte des auteurs anciens, spécialement celle de l'*Almageste* de Ptolémée et d'Aristote, permirent à la connaissance de quitter petit à petit les monastères pour atteindre un certain nombre d'étudiants à travers des universités nouvellement fondées dans les grandes villes (au début du XIIIe siècle) et le savoir fut diffusé un peu plus largement. Les théologiens, auparavant proches des néoplatoniciens, adoptèrent alors le géocentrisme de Ptolémée et la physique d'Aristote.

Les divergences d'opinion, peu fréquentes durant le Moyen Âge, furent d'abord assez bien acceptées, puis de moins en moins tolérées par la hiérarchie religieuse qui dénonça parfois les visions non orthodoxes comme suspectes d'hérésie, surtout après le XIIIe siècle. Seule la vision géo-héliocentrique, bien tolérée par les théologiens, eut quelque succès, surtout avant 1200. Le modèle géocentrique de Ptolémée, presque toujours utilisé après cette date et qui expliquait assez bien les positions relatives des corps célestes et leurs mouvements, se sclérosa rapidement en un dogme. Il fallut cependant ajuster ce modèle qui devint de plus en plus complexe au fur et à mesure que les observations s'accumulaient avec le temps, afin de pouvoir les expliquer, tout en ne remettant aucunement en cause le dogme divin du géocentrisme. Aucun observatoire ne fut construit dans l'Occident chrétien durant tout le Moyen Âge.

Au XIe siècle, l'empyrée, sphère extérieure supplémentaire constituée d'un feu d'une pureté infinie et résidence divine, fut introduit pour expliquer la source des mouvements. Se référant parfois à la démonstration de Simplicios, certains théologiens, en particulier l'évêque Étienne Tempier en 1277, condamnèrent pour des raisons doctrinales la vision aristotélicienne géocentrique bornée du monde qui, prise à la lettre, limitait le pouvoir divin d'un dieu omnipotent. Ces condamnations poussèrent les théologiens de la fin du Moyen Âge à rechercher un compromis entre l'infinitude de Dieu et la finitude du modèle aristotélicien, ce qui ébranla tout l'édifice géocentrique. L'empyrée fut prolongé par un vide infini au XIVe siècle, ce qui transforma le système aristotélicien borné en système stoïcien non borné.

Les penseurs et les astronomes chrétiens (les Latins)

Malgré les idées dominantes du début du Moyen Âge – consistant principalement en une Terre plate ou de forme fantaisiste immobile située au centre du monde – et l'oubli presque total de l'acquis de la science grecque, quelques auteurs latins comme Denys le Petit (date origine de l'ère chrétienne), Isidore de Séville et Bède le Vénérable transmirent une partie du savoir astronomique à des écoles monastiques et des bibliothèques médiévales. Bède le Vénérable fut également un spécialiste de l'étude des marées océaniques. Certains concepts fondamentaux furent ainsi maintenus durant la période la plus sombre du Moyen Âge,

L'astronomie médiévale, illustration tirée de Camille Flammarion, *L'Atmosphère : Météorologie Populaire*, Paris, 1888, p. 163 (CC).

du VIe siècle au XIe siècle, alors que la plus grande partie des acquis grecs était oubliée. Les érudits latins n'oublièrent pas la forme sphérique de la Terre, la mesure de sa circonférence par Ératosthène, la rotation diurne de la voûte céleste, l'axe du monde et ses pôles, le mouvement direct des planètes vers l'est et leurs périodes, le mouvement annuel du Soleil, la cause des éclipses et des phases de la Lune, ainsi que les éléments de la théorie du calendrier. Cependant, l'essentiel des travaux d'Hipparque et de Ptolémée fut oublié, l'*Almageste* n'ayant pas été traduit en latin.

À l'époque carolingienne, le philosophe franc Alcuin et son disciple Raban Maur ranimèrent quelque peu l'intérêt pour l'astronomie en proposant une vision géo-héliocentrique inspirée de celle d'Héraclide et Chalcidius. Cette vision fut plusieurs fois reprise dans des manuscrits entre le VIIIe et le XIIe siècle, en particulier par le philosophe Jean Scot Érigène qui suggéra dans son livre *De Divisione Naturae* que les planètes pourraient bien toutes tourner autour du Soleil, à l'exception de Saturne (et de la Lune), alors que la Terre devait logiquement tourner sur elle-même. Néanmoins, la première moitié du Moyen Âge resta dominée par l'astrologie, laquelle motiva les rares observations effectuées à cette époque.

Une nouvelle ère très active pour l'astronomie débuta vers la fin du Xe siècle lorsque le contact avec les centres intellectuels islamiques amena une nouvelle connaissance qui réveilla l'Europe. De nouvelles techniques apparurent, inconnues jusqu'alors. Brisant les tabous religieux, Gerbert d'Aurillac, qui fut élu pape en 999, n'hésita pas à se rendre vers 980 en Espagne, alors qu'il était simple moine, et à entrer en contact avec les milieux intellectuels de Barcelone et, indirectement, de Cordoue et Séville, accédant ainsi aux travaux astronomiques arabes et ramenant avec lui l'un des premiers astrolabes introduits dans le monde chrétien. Cette ouverture vers l'univers culturel islamique secoua les milieux intellectuels médiévaux.

La reconquête de l'Espagne musulmane, en particulier celle de la ville de Tolède en 1085, par les rois catholiques favorisa l'expansion de l'astronomie arabe dans toute l'Europe chrétienne. Durant les XIIe et XIIIe siècles, de nombreux ouvrages furent traduits, tout d'abord de l'arabe au latin (assez souvent *via* l'hébreu), puis directement du grec au latin. Plusieurs traducteurs de génie œuvrèrent à cette fin, en particulier les érudits Thierry de Chartres, Gérard de Crémone et Michel Scot. Le XIIIe siècle vit la naissance d'un grand courant rénovateur, très largement ouvert aux idées astronomiques arabes, traverser l'ordre monastique des dominicains, sous l'impulsion d'Albert le Grand, le « docteur universel », et de Thomas d'Aquin, le « docteur angélique », ainsi que l'ordre des franciscains, sous l'impulsion de Robert Grosseteste et de Roger Bacon. Au début du siècle suivant, le très érudit moine allemand Thierry de Freiberg développa dans son traité *De Iride* une théorie étonnamment moderne afin d'expliquer les propriétés optiques de l'arc-en-ciel, ouvrant la voie à Descartes.

Johannes de Sacrobosco, d'origine anglaise, enseigna plus de vingt ans l'astronomie et les mathématiques dans l'enceinte de l'Université de Paris, qui fut fondée en 1215. Constatant la trop grande complexité de l'*Almageste*, il rédigea un texte de vulgarisation élémentaire, le *Traité de la Sphère*, pour remédier à cet état des choses. Il fut également l'auteur d'autres traités d'astronomie et de mathématiques. Suivant la théorie géocentrique, il décrivit les propriétés de la sphère, les mouvements solaires, lunaires et planétaires, les levers et couchers héliaques des astres et des signes zodiacaux, ainsi que le mécanisme des éclipses. Il fut l'un des premiers à se rendre compte de la dérive séculaire du calendrier julien par rapport aux saisons, proposant une solution analogue à celle qui fut adoptée en 1582 sous Grégoire XIII. Un texte anonyme, de la même époque, compléta son œuvre qui fut très largement diffusée en Europe durant les siècles suivants et imprimée dès la fin du XVe siècle. Johannes Campanus de Novare, chapelain de plusieurs papes, fut également un érudit qui écrivit quelques livres, en particulier un *Traité de la Sphère* qui fut presque autant diffusé que celui de Sacrobosco.

Vocabulaire

Calendrier julien : Calendrier solaire de période annuelle 365,25 jours.

Durant la deuxième moitié du XIIIe siècle, le roi Alphonse X de Castille, appelé « El Sabio » et qui régna entre 1252 et 1284, fonda une école d'astronomie où des œuvres scientifiques écrites en langue arabe furent traduites en latin et où de nouvelles tables des mouvements planétaires, les *Tables Alphonsines*, furent élaborées et publiées (1272). Constatant la trop grande complexité du modèle géocentrique de Ptolémée, Alphonse X écrivit que, « si Dieu l'avait consulté avant de créer le monde, Il l'aurait créé plus simple »...

Au XIVe siècle, Thomas Bradwardine d'Oxford, Jean Buridan et Nicole Oresme, tous deux de Paris, ont été indépendamment amenés à se poser des questions profondes quant aux affirmations dogmatiques issues de la pensée d'Aristote. Thomas Bradwardine a ainsi nié de manière formelle l'existence d'une quelconque frontière cosmique pour un univers clos aristotélicien. Parallèlement, Jean Buridan a établi l'existence d'une accélération lors du mouvement de chute libre, contrairement aux affirmations des aristotéliciens. Il a également nié l'opinion d'Aristote selon laquelle les cieux et le monde sublunaire seraient fondamentalement différents. Enfin, il a admis que la Terre pouvait se mouvoir autour de son axe polaire. Cette idée de rotation terrestre a été reprise plus vigoureusement par Nicole Oresme, lequel examina également avec faveur l'hypothèse hellénistique du géo-héliocentrisme. En effet, selon Nicole Oresme, trois raisons importantes imposent le mouvement de la Terre : premièrement, le repos est plus noble que le mouvement, ce qui implique que le ciel doit être au repos ; deuxièmement, la rotation de la Terre éviterait au char (la constellation de la Grande Ourse) d'aller à reculons ; enfin, troisièmement, selon le principe d'économie, la Nature et Dieu opèrent toujours par les voies les plus simples. À la demande du pape Clément VI, les astronomes Jean de Murs et Firmin de Belleval proposèrent en 1345 une réforme du calendrier julien très similaire à celle adoptée en 1582, grâce à la durée de l'année déterminée par les astronomes du roi Alphonse X. Cependant, pour des raisons liées aux imprécisions des *Tables Alphonsines*, cette réforme ne fut pas adoptée, malgré une excellente valeur pour la durée de l'année tropique.

Transition entre Moyen Âge et Renaissance

La transition entre le Moyen Âge et la Renaissance fut une époque de renouveau pour l'astronomie, en partie grâce à l'imprimerie. Au début du XVe siècle, le théologien et philosophe allemand Nicolas de Cues posa les fondements de la cosmogonie postmédiévale dans son ouvrage *De la docte ignorance* (1440). Utilisant toutes les potentialités d'un être omnipotent, il introduisit la notion d'un univers infini non borné et dépourvu de centre, ce qu'il résuma par la phrase « l'Univers est une sphère infinie dont le centre est partout et la circonférence nulle part ». Selon lui, l'Univers avait en chaque point la même structure et n'importe quel observateur situé en n'importe quel point de l'Univers le verrait tourner autour de lui. De plus, il fut contemporain de la redécouverte de la pensée de Lucrèce à laquelle il put avoir accès. Sa philosophie ouvrit la voie à l'héliocentrisme et aux univers infinis décrits par les auteurs des siècles suivants, en particulier Giordano Bruno au XVIe siècle.

Les astronomes autrichiens George Peuerbach et Johannes Müller, dit Regiomontanus, ouvrirent finalement la voie de l'héliocentrisme en recalculant des éphémérides planétaires pour remplacer les *Tables Alphonsines* et en évaluant l'obliquité de l'écliptique à 23 degrés 28 minutes. Peuerbach traduisit en grande partie l'*Almageste* directement du grec au latin de manière excessivement claire, en n'hésitant pas à recalculer les parties obscures. Cette traduction fut utilisée par plusieurs astronomes des siècles suivants. Regiomontanus créa le premier institut astronomique occidental, avec un observatoire, un atelier et une imprimerie. Il fut également pressenti par le Vatican pour établir une réforme du calendrier julien, mais sa mort empêcha le projet d'aboutir. Regiomontanus adopta vers la fin de sa vie le système d'Héraclide du Pont. Les travaux de Peuerbach et Regiomontanus ont largement contribué à la renaissance du modèle héliocentrique au début du XVIe siècle, mais aucun des deux ne l'a réellement pressenti…

4

– LA RENAISSANCE –

Déjà constatée par Sacrobosco et par Regiomontanus, la dérive séculaire du calendrier julien par rapport aux saisons était devenue trop importante pour pouvoir encore être ignorée au XVIe siècle. Durant les trois siècles précédents, plusieurs papes avaient déjà songé à imposer une réforme du calendrier, mais leur mort ou celle de l'astronome chargé de la réforme avait fait échouer toute tentative de changement. Il fallut en fait attendre la dernière partie du XVIe siècle pour que la curie romaine, dirigée par le pape Grégoire XIII, impose enfin une réforme, alors que la dérive atteignait 10 jours. Pour établir cette réforme indispensable du calendrier julien, le pape fit appel à une commission de savants menée par le jésuite astronome Christopher Clavius.

Le calendrier julien prit alors fin officiellement le jeudi 4 octobre 1582 qui fut suivi par le vendredi 15 octobre 1582 du calendrier grégorien. Les pays catholiques, en particulier la France, suivirent quelques semaines ou quelques mois plus tard, alors que les pays protestants, l'Angleterre et les pays orthodoxes, par opposition à la loi romaine, conservèrent le calendrier julien parfois durant plusieurs siècles. Alors que l'ancienne année julienne avait sa durée fixée à 365,25 jours, la nouvelle année grégorienne eut la sienne fixée à 365,2425 jours, valeur qui approchait nettement mieux la durée réelle de l'année tropique, égale à 365,242199 jours. Ainsi, cette réforme n'imposait que très peu de corrections futures...

Vocabulaire

Calendrier grégorien : Calendrier solaire de période annuelle 365,2425 jours.

Copernic

Nicolas Copernic, reproduction du portrait exposé au musée de Torun (CC).

Rejetant le système géocentrique de Claude Ptolémée (en particulier la notion de point équant introduite par celui-ci), son invraisemblable complexité et son improbabilité, le polonais Nicolas Copernic réintroduisit l'héliocentrisme, vieille hypothèse restée longtemps en sommeil – sans avoir connu les idées d'Aristarque, l'*Arénaire* d'Archimède n'ayant pas encore été traduit en latin à cette époque. Il conserva toutefois la circularité des orbites et la taille finie de la sphère des fixes, laquelle fut cependant affectée d'un rayon bien plus grand que celui donné par Aristote, afin de pouvoir expliquer l'absence de parallaxe décelable. Conservant le système des cercles déférents et épicycles afin de pouvoir expliquer correctement les variations d'éclat des planètes, il proposa un modèle en fait d'une complexité assez voisine de celle du modèle de Ptolémée. Reprenant les axiomes fondamentaux de la pensée gréco-médiévale, il considéra que seule la combinaison d'un ensemble de mouvements circulaires uniformes pouvait expliquer de manière parfaite le système du monde (créé par un dieu mathématicien). Il pensait également que la nature devait être descriptible de façon simplifiée par des théories mathématiques.

Vocabulaire

Parallaxe : Incidence du changement de position de l'observateur sur ce qu'il perçoit.

En 1515, il postula, dans un premier ouvrage manuscrit appelé le *Commentariolus*, la non-existence d'un centre commun à tous les cercles portés par les sphères célestes. Il affirma que le centre de la Terre n'était pas le centre de l'Univers mais seulement le centre du mouvement de la sphère lunaire. La plupart des sphères célestes tournaient autour du Soleil, placé au centre de l'Univers. Le rapport entre la distance de la Terre au Soleil et celle du Soleil à la sphère des fixes était beaucoup plus petit que le rapport entre le rayon terrestre et la distance de la Terre au Soleil, ce qui rendait cette dernière distance infime devant la distance du Soleil aux étoiles. Les mouvements apparents du firmament étaient produits par ceux de la Terre, principalement sa rotation axiale. Les cieux étaient immobiles et le mouvement apparent du Soleil ne résultait que d'une combinaison des mouvements de révolution de la Terre autour de lui et de rotation sur elle-même. Les mouvements apparents directs et rétrogrades des planètes étaient, pour leur part, dus à la combinaison de leurs mouvements réels autour du Soleil et de ceux de la Terre, révolution et rotation. Copernic calcula par ailleurs une bonne valeur pour la précession des équinoxes, voisine de 50 secondes d'arc par an.

Le système héliocentrique par Andreas Cellarius (CC).

Il développa davantage ces idées et les compara avec le système de Ptolémée dans son ouvrage majeur, le *De Revolutionibus Orbium Coelestium*, paru en 1543, l'année de sa mort, sous l'impulsion de son disciple Georg Joachim von Lauchen, appelé « Rheticus ». Ce dernier avait publié dès 1540 le premier ouvrage de vulgarisation de l'héliocentrisme jamais édité, le *Narratio Prima*, largement diffusé dès sa parution et dans lequel il exposait et défendait vigoureusement le système copernicien. Malgré une préface timorée du théologien protestant Andreas Osiander qui tentait de diminuer la portée philosophique du système copernicien – préface contrée par une autre préface de Rheticus – l'ouvrage de Copernic ouvrit la voie à l'explication du monde par l'héliocentrisme. Cependant, ce livre parut dans l'indifférence presque générale. Seuls quelques érudits l'utilisèrent, en particulier l'astronome allemand Erasmus Reinhold qui reprit, corrigea et développa toutes les tables afin de les rendre utilisables et qui publia en 1551 ses *Tables Pruténiques* des mouvements célestes.

Les post-coperniciens

Digges

Dans son essai *Parfaite Description* paru en 1576 où il défendait vigoureusement le système héliocentrique, l'astronome anglais Thomas Digges démantela la sphère des fixes de ses prédécesseurs et en éparpilla les étoiles dans l'espace infini, réintroduisant ainsi la vision épicurienne de l'Univers infini en taille. Il fut historiquement le premier à poser l'énigme de l'obscurité nocturne, à laquelle il répondit par la trop grande distance des étoiles lointaines.

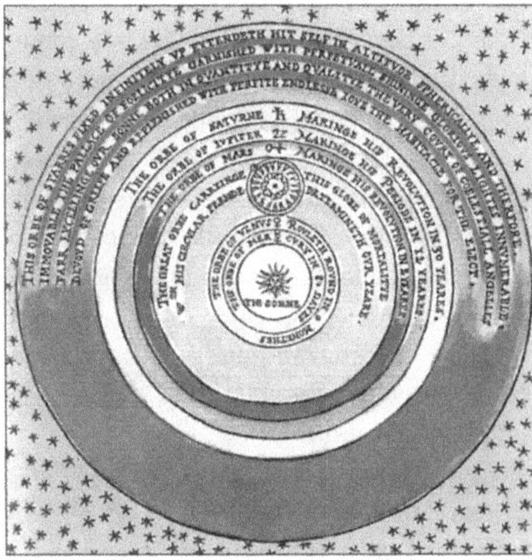

Le système monde, carte de Thomas Digges, xvie siècle (CC).

Giordano Bruno

Le brillant philosophe italien Giordano Bruno, très influencé par les idées de l'Antiquité et de la Renaissance sur l'infini, en particulier par celles de Lucrèce, de Nicolas de Cues et de Thomas Digges, qu'il dut rencontrer lors de son séjour

Copie d'une illustration représentant Giordano Bruno, extraite du *Livre du recteur*, université de Genève, 1578 (CC).

en Angleterre, et par celles de Copernic, franchit la barrière de la symétrie centrale. Il explicita très clairement sa pensée dans ses principaux ouvrages *L'Infini, l'Univers et les Mondes*, 1585, et *De Immenso*, 1591. Il supprima toute trace de symétrie géocentrique ou héliocentrique et reprit à son compte la sentence de Nicolas de Cues (« l'Univers est une sphère infinie dont le centre est partout et la circonférence nulle part »). Il défendit vigoureusement l'idée d'une pluralité de mondes habités tournant autour d'innombrables étoiles. Il critiqua violemment le système aristotélicien, utilisant en particulier l'énigme de la frontière cosmique. Issue de la philosophie des atomistes, la vision d'un univers infini triomphait enfin, brisant les limites étriquées du système médiéval. Accusé d'hérésie par l'Inquisition, Giordano Bruno fut arrêté à Venise en 1593 et emprisonné à Rome durant des années avant d'être brûlé vif sur le bûcher dans cette même ville en 1600, suite à un simulacre de procès orchestré par le cardinal Bellarmin, auquel Galilée se heurta également en 1616. Entre-temps, son œuvre avait été mise à l'index et interdite à la publication et à la lecture par le Saint-Office. La réaction religieuse s'était violemment mise en marche, après cinquante ans de silence. Sous des formes diverses, ce rejet viscéral des sciences, d'inspiration religieuse, subsista jusqu'au XXe siècle, surtout dans les pays catholiques (Espagne, Italie) et, plus récemment, aux États-Unis, disparaissant et renaissant au cours du temps.

William Gilbert

De nombreux penseurs et poètes furent influencés par les idées de Digges et de Bruno, malgré les oppositions dogmatiques des différentes autorités religieuses. En particulier, l'anglais William Gilbert, qui dut probablement les rencontrer, défendit les notions d'héliocentrisme et de pluralité des mondes habités dans son ouvrage *De Magnete*, publié en 1600. Selon lui, les étoiles sont, comme les planètes,

William Gilbert, dans *Popular Science monthly*, volume 59, 1901 (CC).

à des distances inégales de la Terre, alors que le Soleil dirige les planètes à l'aide de forces magnétiques. Différenciant l'électricité du magnétisme, il montra que la Terre se comportait comme un énorme aimant.

Francis Bacon

Francis Bacon (CC).

Francis Bacon fut un brillant écrivain adversaire de l'héliocentrisme qui dénigra les travaux de Gilbert et de Galilée. Il répandit cependant l'idée que la nature devait être étudiée par l'expérimentation et non pas seulement décrite par l'argumentation. Il édicta quelques règles de découverte des lois physiques à l'aide de l'expérimentation et de l'induction. Cependant, ces règles, bien connues des historiens des sciences, ne contribuèrent que peu au développement des sciences malgré leur grande importance au niveau philosophique.

Fabricius père et fils

En 1596, le théologien allemand David Fabricius découvrit visuellement la variabilité de l'étoile Mira Ceti (la Merveilleuse de la Baleine), brisant une fois de plus la prétendue perfection céleste aristotélicienne. En 1610, son fils Johann Fabricius et lui-même observèrent le Soleil avec des télescopes primitifs et découvrirent indépendamment de Galilée les taches solaires, confirmant l'imperfection des cieux, et le

Vocabulaire

Tache solaire : Manifestation de l'activité solaire. Région active, turbulente, et rapidement évolutive de la surface visible du Soleil (photosphère), et qui apparaît sombre par contraste, sa température étant d'environ 1 500 degrés moins élevée que celle de la photosphère calme.

Rotation axiale : mouvement de rotation d'un corps céleste autour de son axe (polaire).

mouvement de rotation axiale du Soleil. Ils correspondirent avec Kepler et Galilée durant très longtemps.

Innovations conceptuelles de la fin du XVIe siècle

Les innovations conceptuelles de la vision du monde à la fin du XVIe siècle consistaient globalement en trois points : le renoncement à une sphère des fixes de taille finie (notion aristotélicienne par excellence) au profit d'un cosmos étoilé de taille finie entouré d'un vide infini (univers stoïcien) ou d'un espace infini peuplé d'étoiles (univers épicurien) ; la prise de conscience de la nature des étoiles, semblables au Soleil ; l'acceptation de la pluralité des mondes habités, aussi bien dans notre Système solaire qu'autour d'autres étoiles.

Tycho Brahe

Tycho Brahe, artiste inconnu. Musée national d'histoire de Fredericksburg, Danemark (CC).

Tycho Brahe, noble danois, fut contemporain de Giordano Bruno mais eut une destinée totalement différente. Observateur hors pair dès sa jeunesse, il conçut une instrumentation d'une précision jamais atteinte avant lui, spécialement des quadrants de grande taille. Durant presque trente ans, il observa continûment et fréquemment les mouvements solaires, lunaires, planétaires et stellaires. Il observa le mouvement de Mars durant vingt-huit ans, permettant la détermination de la forme elliptique des orbites par Kepler à qui il confia l'analyse de ses mesures deux ans avant sa mort. Avoisinant la minute d'arc, limite théorique de résolution de l'œil humain, les mesures de Brahe étaient meilleures que toutes celles qui l'avaient précédée, y compris celles d'Hipparque et d'Al-Biruni. Grâce à cette précision et à la régularité de ses observations, il montra que les tables utilisées avant lui par ses prédécesseurs étaient fausses. Il créa alors ses propres tables bien plus précises à l'aide d'une meilleure instrumentation.

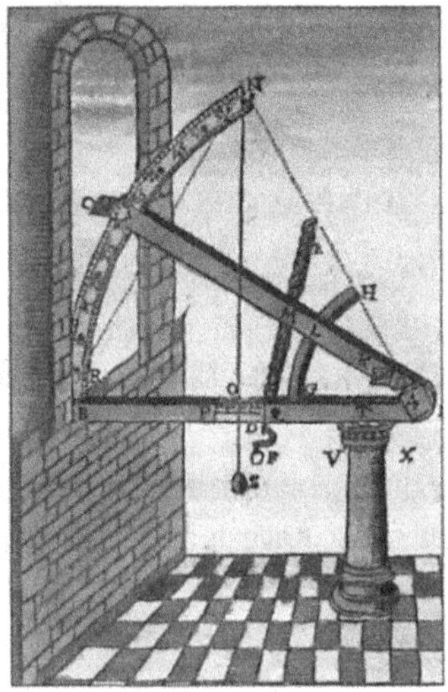

Le sextant de Tycho Brahe, dans son *Astronomiæ instauratæ mecanica*, Wandsbek 1598 (CC).

L'apparition de la supernova de 1572 lui offrit l'occasion de prouver que cet astre était bien fixe par rapport aux étoiles et beaucoup plus éloigné que les planètes extérieures, ce qui en faisait une étoile à part entière, dont l'éclat variait rapidement avec une forte amplitude. Il publia ses résultats en 1573 dans son opuscule *De Nova Stella Anni 1572*. Les philosophes grecs, en particulier Aristote, s'étaient donc trompés : la sphère des fixes n'était pas immuable et pouvait être le théâtre de phénomènes inexpliqués. En 1577, à l'aide d'une instrumentation perfectionnée, il observa méticuleusement le passage d'une comète brillante, démontrant que cet astre traversait le Système solaire bien au-delà de l'orbite lunaire et même au-delà de l'orbite de Vénus. Une nouvelle fois, Aristote s'était trompé en affirmant que les comètes étaient des objets sublunaires. Tycho Brahe montra également que la trajectoire de cette

Le quadrant mural de Tycho Brahe. Gravure tirée de *Astronomiae Instauratae mechanica*, Wandsbek, 1598 (CC).

comète coupait les orbes des planètes, prouvant clairement qu'en aucun cas ces orbes ne pouvaient être solides et cristallins. Une fois de plus, le système d'Aristote était pris en défaut...

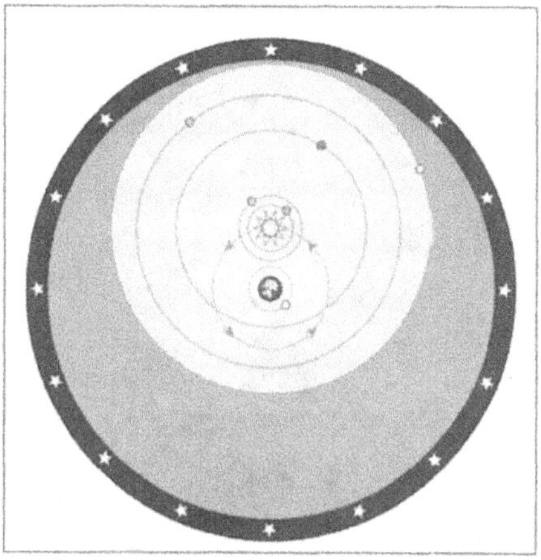

Diagramme illustrant le système géo-héliocentrique de Tycho Brahe (CC).

Refusant le système héliocentrique de Copernic pour son impossibilité à observer les parallaxes annuelles des étoiles – et pour d'autres raisons beaucoup plus obscures – et ne pouvant plus admettre le système géométrique complexe de Ptolémée comme vraisemblable, il proposa un autre système intermédiaire de type géo-héliocentrique, avec une Terre centrale, la Lune et le Soleil tournant autour d'elle, et les cinq planètes tournant autour du Soleil, expliquant ainsi l'absence de parallaxe stellaire. Particulièrement ingénieux, ce système ne fut cependant adopté que par ceux qui refusaient l'héliocentrisme, en particulier par les jésuites au XVIIe siècle, le système copernicien s'imposant rapidement comme le seul correct avec Kepler, Galilée et leurs successeurs, malgré les nombreuses oppositions religieuses.

Johannes Kepler

Élève, autour de 1592, de l'érudit Michael Maestlin, lui-même copernicien convaincu, et collaborateur de Tycho Brahe de 1599 à 1601, Johannes Kepler put dépouiller les observations visuelles très méticuleuses de Brahe et fut capable d'en extraire la forme vraie des orbites des planètes, contrairement à Longomontanus, autre collaborateur de Tycho Brahe, qui buta sur ces mêmes mesures. Outre d'obscures spéculations métaphysiques, il démontra les trois lois du mouvement des corps célestes, lois qui se verront attribuer son nom. Dès 1596, dans son *Mysterium Cosmographicum*, il avait démontré que tous les plans orbitaux des planètes passaient par le centre du Soleil et non par celui de la Terre, discréditant ainsi le système géocentrique. En 1609, brisant définitivement le

Johannes Kepler par Desconegut, 1610 (CC).

dogme du mouvement circulaire uniforme, il publia l'*Astronomia Nova* où il commentait le mouvement de Mars et où il démontrait ses deux premières lois, les planètes se déplaçant à vitesse variable sur des orbites elliptiques dont les rayons vecteurs balayaient des aires égales en des temps égaux. En 1619 enfin, dans son *Harmonices Mundi*, il exposa sa troisième loi selon laquelle le rapport du carré du temps de révolution d'une planète au cube du demi-grand axe de son orbite elliptique était constant pour toutes les planètes tournant autour du Soleil. Il établit également l'équation du mouvement planétaire, dite de Kepler, qui reliait l'anomalie excentrique au temps.

Copernicien convaincu durant toute sa vie, Kepler utilisa dans le cadre de ses travaux les idées philosophiques de Gilbert sur l'existence de forces magnétiques entre le Soleil et les planètes. Il supposa que le mouvement des planètes était entretenu en permanence par des forces s'exerçant dans le sens du mouvement, conservant ainsi une vision tout à fait aristotélicienne de l'Univers. En 1604, il observa l'apparition puis la disparition quelques mois plus tard d'une brillante supernova, ce qui l'incita à écrire un autre traité, *De Stella Nova*, en 1605. Vers la même époque, il fut également l'auteur des *Tables Rudolphines*, tables qui utilisaient les mesures des positions planétaires de Tycho Brahe dans le cadre du système héliocentrique. Enfin, il fut l'un des fondateurs de l'optique moderne en distinguant lumière et vision, en expliquant le fonctionnement de l'œil et en élaborant la théorie optique du microscope et de la lunette, suite aux nombreuses découvertes du physicien italien Galilée.

Kepler pensait que la taille de l'Univers était finie. Il affirmait que le Soleil était situé au centre de l'Univers et que les étoiles étaient à peu près toutes à la même distance du Soleil, les plus faibles en éclat étant simplement plus petites. Il s'opposa d'ailleurs dans plusieurs de ses écrits à l'idée d'infinité défendue par Giordano Bruno. Il pensait que le ciel nocturne était sombre seulement parce que l'Univers contenait trop peu d'étoiles pour le recouvrir, le caractère fini de l'Univers expliquant pourquoi le nombre d'étoiles restait insuffisant. En repoussant l'idée de l'infini, il rejeta les systèmes épicurien et stoïcien et fut l'un des derniers astronomes partisans du système aristotélicien qui tomba rapidement en désuétude après lui.

Galilée

Physicien et expérimentateur très habile, Galilée (de son vrai nom Galileo Galilei) reprit l'étude de la mécanique en s'affranchissant de la tutelle aristotélicienne et étudia la dynamique des corps en mouvement. Il conçut de nombreuses expériences qui lui permirent de montrer la constance de l'accélération dans le champ de pesanteur terrestre, faisant tomber en même temps des objets légers et lourds et considérant le frottement atmosphérique comme cause d'éventuelles divergences. Il établit empiriquement la loi de l'inertie, montrant qu'un corps soumis à aucune force extérieure suivait un mouvement rectiligne uniforme et prouvant qu'une action extérieure était nécessaire

Justus Sustermans, *Portrait de Galileo Galilei*, 1636.
Reproduction : Adrian Pingstone (CC).

pour le freiner, l'arrêter, le dévier ou l'accélérer. Galilée fut aussi un constructeur d'instruments scientifiques à usage militaire, astronomique entre autres.

En observant le ciel durant l'hiver 1609-1610 à l'aide de l'une des premières lunettes jamais construites (la première lunette d'approche fut, semble-t-il, conçue en 1608 par l'opticien hollandais Hans Lippershey), Galilée découvrit en quelques mois plus de choses que tout ce qui avait été observé durant plus de vingt siècles. Il publia rapidement au cours de l'année 1610 ses découvertes dans son ouvrage *Sidereus Nuncius*, où il rejetait totalement, de manière quelque peu prématurée, le système géométrique complexe de Ptolémée au profit du système héliocentrique de Copernic, en accord avec Kepler, avec qui il eut une ébauche de correspondance. Galilée oubliait en fait de considérer le système géo-héliocentrique remis au goût du jour à la fin du XVIe siècle par Tycho Brahe et d'autres astronomes. Ce dernier système avait en effet été rapidement adopté par les jésuites et la plupart des ecclésiastiques romains, suite à la débâcle du système géocentrique de Ptolémée. Galilée répéta d'ailleurs cet oubli fâcheux dans ses ouvrages postérieurs, ce qui fut l'une des causes de ses ennuis...

Galilée observa pour la première fois durant cet hiver 1609-1610 les montagnes lunaires et les taches solaires (ce qui donnait le coup de grâce à la doctrine aristotélicienne de perfection des corps célestes), les quatre gros satellites de Jupiter, Io, Europe, Ganymède et Callisto (ce qui invalidait les modèles géocentriques proposés par Aristote et par Ptolémée, les centres de mouvement de ces astres ne coïncidant pas avec le centre du monde, mais bien avec celui de Jupiter), ainsi que les phases de Vénus (ce qui confirmait le caractère purement héliocentrique du mouvement de cette planète). Il observa également en 1613, sans le savoir, la planète Neptune, objet céleste alors inconnu, lors d'une conjonction avec Jupiter.

Vocabulaire

Satellite : Objet tournant autour d'une planète (majeure ou naine, voire un astéroïde), qui peut être naturel, comme notre Lune, ou artificiel (dans ce dernier cas, il est appelé « orbiter » et peut également tourner autour d'un satellite naturel, par exemple notre Lune, voire d'une comète).

Dirigée vers la Voie Lactée, la lunette permit à Galilée de mettre en évidence la présence de myriades d'étoiles invisibles à l'œil nu, leur nombre étant bien plus élevé que celui des étoiles dénombrées depuis l'Antiquité. Cette découverte augmenta considérablement la taille de l'Univers connu, à une époque où certains philosophes pensaient déjà que la distance des étoiles était directement liée à leur éclat. Copernicien convaincu, Galilée n'en déduisit cependant aucune conséquence, en particulier à propos de la taille de l'Univers.

Suite à ses découvertes, Galilée débuta un peu trop bruyamment une campagne de promotion des idées coperniciennes. Après une période d'état de grâce de quelques années, la réaction de l'Église devint subitement très vive. En 1616, les théologiens du Saint-Office, menés par le cardinal Bellarmin, condamnèrent l'héliocentrisme comme contraire au dogme catholique et décidèrent la mise à l'index de l'œuvre de Copernic. Une sévère mise en garde fut alors infligée à Galilée. Après une période d'accalmie durant laquelle il publia en 1623 son *Il Saggiatore*, la publication en 1632 de son *Dialogue sur les deux Grands Systèmes du Monde*, où il défendait l'héliocentrisme à l'aide d'une brillante argumentation tout en y ridiculisant ses adversaires, déchaîna sur lui les foudres de l'Inquisition. Les attaques portées contre lui par ces mêmes adversaires reposaient cependant sur certaines faiblesses dans son argumentation, essentiellement au sujet du phénomène des marées (qu'il expliquait fort mal) et à propos des supposées preuves qu'il apportait à la théorie héliocentrique, ces mêmes preuves pouvant parfaitement s'appliquer dans le cadre d'une théorie de type géo-héliocentrique. En 1633, sur la demande du Vatican, Galilée fut condamné par le Saint-Office et forcé à signer une humiliante rétractation. La rupture entre science et religion était irrémédiablement consommée...

5

– XVIIe ET XVIIIe SIÈCLES –

L'Europe au XVIIe siècle et au début du siècle suivant

Système cartésien

Peiresc et Gassendi

Nicolas-Claude Fabri de Pereisc, astronome français (CC).

Pierre Gassendi par Louis Édouard Rioult (CC).

Le début du XVIIe siècle vit également la renaissance de l'astronomie en Provence, en la personne de Nicolas-Claude Fabri de Peiresc et en celle de Pierre Gassendi, tous deux très favorables aux nouvelles idées propagées par Kepler et Galilée. D'origine noble, très érudit et curieux de tout, Peiresc correspondit avec tous les penseurs de son époque, en particulier avec Kepler, Galilée et le père Marin Mersenne, célèbre érudit du début du XVIIe siècle. Il fut également l'un des premiers utilisateurs du microscope – grâce auquel il étudia en particulier les insectes et les arthropodes – et de la lunette astronomique – grâce à laquelle il étudia le mouvement des quatre satellites de Jupiter dès novembre 1610, ce qui lui permit de déterminer précisément leurs périodes de révolution. Le même mois, Peiresc découvrit la grande nébuleuse dans Orion, découverte suivie par celle de l'amas de la Crèche (Praesepe) en janvier 1611. Peiresc collabora de nombreuses années avec Gassendi qui laissa également une œuvre très importante, notamment dans le domaine de l'astronomie, en particulier la première observation d'un passage de la planète Mercure devant le disque solaire, le 7 novembre 1631. La grande rigueur scientifique de Gassendi le conduisit, par ailleurs, à être nommé professeur au Collège de France, ce qui lui permit de mettre en déroute les idées astrologiques omniprésentes à son époque. Il fallut cependant attendre la décision de Colbert en 1666 pour que l'enseignement de l'astrologie soit définitivement exclu de l'Université de Paris.

Vocabulaire

Nébuleuse : grand nuage interstellaire formé de gaz ou de poussières et, également, ancien nom donné aux galaxies spirales.

Passage ou **transit** : Passage d'un astre (généralement pas de très grande taille, planète tellurique ou satellite naturel) sur le disque d'un autre plus lointain (généralement de taille plus importante). On parle des passages de Mercure et Vénus sur le disque solaire ou des passages des lunes de Jupiter, de Saturne, d'Uranus et de Neptune (ce dernier cas n'a jamais été observé à ce jour depuis la Terre) sur le disque de leur planète mère, voire du transit d'une planète extrasolaire sur le disque de son étoile.

René Descartes

René Descartes élabora un système philosophique tout à fait nouveau d'une portée considérable, système qui prônait la mathématisation des sciences physiques et la séparation du corps et de l'esprit, dans ses ouvrages *Traité du Monde* (1633, publié en 1664, soit quatorze ans après sa mort), *Discours de la Méthode* (1637) et *Principes de Philosophie* (1644). Selon lui, seul Dieu pouvait être infini, les étendues spatiales étant indéfinies. L'Univers s'étendait dans toutes les directions jusqu'à des

René Descartes (1596-1650) par Frans Hals (CC).

distances indéfinies et était entièrement rempli d'une matière continue et tourbillonnaire. Le vide ne pouvait alors exister nulle part, la nature ayant horreur du vide et la gravité devant y être nulle, ce qui amenait Descartes à rejeter la théorie atomiste. Les forces ne pouvaient se transmettre que par contact, le mouvement des corps étant rectiligne jusqu'à ce qu'une de ces forces ne les dévie de sa trajectoire. L'évolution du monde devait être purement mécaniste depuis les origines, la volonté divine n'ayant été réellement active qu'à l'instant de la création du Monde. Par ailleurs, Descartes introduisit les coordonnées rectangulaires qui prirent ultérieurement le nom de « coordonnées cartésiennes » et qui furent utilisées aussi bien en physique qu'en mathématiques. À la suite de Snell, il étudia les lois de l'optique géométrique pour la réflexion et la réfraction et entretint durant de longues années des relations épistolaires avec le père Marin Mersenne et avec d'autres érudits de cette époque.

Le physicien anglais Isaac Newton, père de la théorie de la gravitation universelle, resta toujours très hostile envers la physique cartésienne, mais n'hésita pas à l'utiliser lorsqu'elle pouvait lui apporter une aide quelconque lors de ses recherches en mécanique et en optique.

Les cartésiens

De nombreux physiciens d'Europe continentale joignirent le système cartésien. Selon eux, il était absurde de penser qu'une force pouvait agir

Portrait de Bernard le Bovier de Fontenelle (CC).

à distance, que les atomes et le vide pouvaient exister et que la lumière se propageait à vitesse finie. Ces notions n'avaient pas leur place dans leur organisation rationnelle de la nature. Ainsi, les influences astrales se propageaient à travers les grandes étendues de vide entre les astres, et donc la vision newtonienne du monde, et étaient contraires à la rationalité de l'Univers cartésien.

Bernard de Fontenelle, cartésien convaincu doté d'une grande habileté de vulgarisateur, exposa de manière limpide le système copernicien et convainquit de nombreux sceptiques dans ses *Entretiens sur la pluralité des mondes habités*, publiés en 1686. Précurseur du déisme du XVIIIe siècle, il décrivit ce que verrait un observateur situé au centre de la Voie Lactée et vivant dans une clarté perpétuelle due à la proximité des étoiles voisines, sans, pour autant, en déduire l'impossibilité de l'existence de la vie dans de telles conditions.

Les contradicteurs

En 1643, Evangelista Torricelli étudia cette horreur du vide[8] prêtée à la nature par les cartésiens et montra qu'il était au contraire très facile d'obtenir un vide au-dessus d'une colonne de mercure, ce qui amena une réfutation du système cartésien, avant même la mort de son fondateur. Durant tout le XVIIe siècle, de nombreux cartésiens continentaux restèrent sceptiques quant à ces expériences, alors que les physiciens anglais, après une période probatoire, rejetèrent en bloc le système cartésien.

8. Descartes pensait que le vide n'existait pas et ne pouvait pas exister. Cette erreur, qui fut rapidement pointée, a été l'une des causes de l'abandon de la théorie cartésienne de l'Univers.

Otto von Guericke par Anselmus von Hulle (CC).

Otto von Guericke donna le coup de grâce au système cartésien par ses expériences sur le vide, qu'il publia en 1672 dans son *Experimenta Nova Magdeburgica de Vacuo Spatio*. Il montra que le vide transmet la lumière mais ne propage pas le son et prouva qu'un corps en chute libre dans le vide était animé d'une vitesse finie. Il réalisa également des expériences sur l'électricité statique et fut le premier à suggérer que les comètes, en tant que membres du Système solaire, revenaient périodiquement près du Soleil. Selon lui, seuls Dieu et l'espace pouvaient être infinis et, bien que sa taille fût immense, le cosmos étoilé, de type stoïcien, possédait une dimension finie, ce qui expliquait pourquoi le ciel apparaissait obscur.

Gravure illustrant les expériences d'Otto von Guericke à Magdebourg, Gaspar Schott, 1657 (CC).

L'Observatoire de Paris

La fondation de l'Observatoire

La création de la Royal Society de Londres en 1660 et de l'Académie royale des sciences de Paris en 1666, sous le règne du roi Louis XIV, amena un changement radical dans l'évolution des sciences européennes. Les scientifiques s'organisèrent dans le cadre de ces sociétés où furent invités les plus éminents esprits, ce qui permit la diffusion beaucoup plus large des idées nouvelles. Suivant une proposition faite au roi Louis XIV par l'astronome français Adrien Auzout, l'Observatoire de Paris fut fondé en 1667 avec l'appui de Jean-Baptiste Colbert, alors ministre d'État. Construit entre l'été 1668 et août 1671 selon les plans dessinés par l'architecte et homme de science Claude Perrault (le frère du célèbre homme de lettres Charles Perrault, l'auteur des immortels contes), l'Observatoire de Paris abrita très rapidement un grand nombre d'astronomes, tant français qu'étrangers. Par la

Portrait de Louis XIV par Charles Lebrun (CC).

Portrait de Jean-Baptiste Colbert, par Claude Lefebvre (CC).

suite, les observatoires de Strasbourg, de Marseille et de Toulouse furent fondés en 1690, en 1702 et en 1718, en particulier afin d'améliorer les tables planétaires et celles des lunes de Jupiter et de Saturne.

En 1666, un an avant la fondation de l'Observatoire de Paris, Colbert fit, par ailleurs et avec juste raison, exclure l'enseignement de l'astrologie de l'Université de Paris. L'astrologie perdit alors tout accès potentiel au statut de science, statut qu'il était encore possible de lui attribuer par erreur avant cette date, malgré les très nombreuses prédictions fausses et jamais réalisées que nombre d'astrologues, parmi les plus célèbres, avaient auparavant énoncées comme vérités d'Évangile, depuis l'Antiquité jusqu'à la Renaissance...

La dynastie des Cassini

Jean Dominique Cassini
par Durangel, 1879 (CC).

En 1669 (avant même la fin des travaux de construction du bâtiment Perrault), pressenti par Colbert, Jean Dominique Cassini (Cassini Ier, fondateur de la dynastie des Cassini), vint en France pour travailler à l'Observatoire de Paris, qu'il dirigea à partir de 1682 jusqu'à sa mort. Avec Philippe de La Hire et l'abbé Jean Picard, il fut chargé par le roi Louis XIV de dresser une carte de France correcte et de déterminer précisément la position géographique du méridien de référence dans tout le pays. À l'aide d'une lunette astronomique améliorée, il dressa la première carte lunaire digne de ce nom et confirma l'existence des anneaux de Saturne, mis en évidence par Huygens en 1659. Il découvrit en 1675 l'existence de la division inter-anneaux qui porte son nom, ainsi que quatre satellites : Japet (1671), Rhéa (1672), Téthys et Dioné (1684). En collaboration avec Ole Roemer, l'abbé Jean Picard (qui mesura le rayon de la Terre à partir des mesures trigonométriques obtenues lors de la détermination du méridien), et Jean Richer, il détermina des valeurs pratiquement correctes de la parallaxe solaire et de la distance Soleil-Terre lors de l'opposition de la planète Mars en 1672 par observations simultanées depuis plusieurs points éloignés de la surface terrestre. Il découvrit également les phases de Mercure, fixant définitivement cette planète dans le système héliocentrique.

Son fils, JacquesCassini, nommé Cassini II, devint le second directeur de l'Observatoire de Paris à la mort de son père. Il s'intéressa à la forme géométrique vraie de la Terre, pensant de manière erronée que celle-ci était allongée vers les pôles. En 1740, il introduisit la notation algébrique pour les années antérieures à l'an 1 de notre ère. Après lui, son fils César-François Cassini de Thury, nommé Cassini III, puis son petit-fils Jacques-Dominique Cassini de Thury, nommé Cassini IV, devinrent successivement directeurs de l'Observatoire de Paris, et ce, sans interruption jusqu'en 1793, à l'époque de la Révolution française. La dynastie des Cassini put ainsi se maintenir à ce poste directorial de père en fils sur quatre générations durant plus d'un siècle, participant très activement à l'essor de l'astronomie française.

L'astronomie européenne au cours du XVIIe siècle

Outre ceux de Paris et de Greenwich, le XVIIe siècle vit également la fondation de plusieurs autres observatoires. En effet, les observatoires de Leyden en Hollande, de Copenhague au Danemark, d'Aberdeen en Écosse, et de Pékin en Chine, furent fondés respectivement en 1632, en 1637, en 1664 et en 1668. Ces nouveaux observatoires, rapidement équipés d'une instrumentation correcte, permirent de nouvelles découvertes observationnelles.

Johann Hevelius

Johann Hevelius, citoyen de Dantzig et habile à fabriquer des instruments astronomiques de plus en plus gigantesques, observa la Lune – dont il dressa une cartographie détaillée de la surface dans son *Selenographia* (1647) – Jupiter, Saturne et les taches solaires. Il catalogua plus de 1 500 étoiles dans son *Firmamentum Sobiescianum* et suggéra l'hypothèse que certaines comètes décrivaient des orbites paraboliques dont le Soleil occupait le foyer.

Vocabulaire

Foyer : En mathématiques, on appelle foyer un ou plusieurs points caractéristiques associés à une figure remarquable de géométrie, en particulier les coniques (cercle, ellipse, parabole, hyperbole). La courbe géométrique est construite à partir de son ou ses foyers à l'aide d'une relation mathématique.

Portrait de Johann Hevelius (CC).

Blaise Pascal

Le théologien et scientifique Blaise Pascal étudia les mathématiques et les calculs de probabilités. Il découvrit par ailleurs les lois de pressions pour les fluides, montrant en particulier que la pression atmosphérique variait avec l'altitude par utilisation d'un baromètre à mercure, confirmant ainsi la mise en évidence par Torricelli de l'existence d'un vide au-dessus de la colonne de mercure barométrique. Il inventa également la première machine à calculer.

Blaie Pascal (CC).

Christiaan Huygens

Christiaan Huygens (CC).

Le hollandais Christiaan Huygens fut un mathématicien et un physicien qui développa une théorie ondulatoire de la lumière qui fut oubliée durant un siècle et demi, reprise seulement avec Augustin Fresnel. Huygens travailla sur la biréfringence et expliqua la double réfraction. Il construisit une horloge à pendule d'une grande précision, de période réglable par allongement de la longueur du pendule. Il étudia la mécanique et démontra que la force agissant sur un corps en mouvement était égale au produit de la masse de ce corps par le carré de sa vitesse divisé par la norme du rayon vecteur, préfigurant ainsi les travaux de Hooke et de Newton. En 1655, Huygens découvrit Titan, le plus gros satellite de Saturne. L'année suivante, intrigué depuis longtemps par l'apparence étrange de la planète Saturne, il présupposa l'existence d'un mince anneau de matière détaché de la planète dans son plan équatorial. Cette hypothèse fut analysée et confrontée à de nombreuses observations, et il put publier sa conclusion en 1659. Il travailla également à compléter les travaux de Galilée et, avec l'aide de son frère qui polissait les lentilles, construisit plusieurs lunettes astronomiques de grande taille avec lesquelles il put observer de nombreux objets célestes. Invité par Colbert, il vint travailler en France durant quinze ans, dans le cadre de l'Académie royale des sciences.

Ole Christensen Rømer

Vers 1675, le danois Ole Christensen Roemer, à l'époque assistant de Jean Dominique Cassini à l'Observatoire de Paris, remarqua que les retards observés (inexplicables par le calcul) des instants initiaux et finaux des éclipses des satellites de Jupiter par son ombre, ainsi que des occultations par la planète, dépendaient essentiellement des positions relatives de Jupiter par rapport à la Terre et au Soleil. Il en déduisit que ces retards ne pouvaient être expliqués qu'en admettant une valeur finie pour la vitesse de la lumière. Roemer ne put cependant déterminer une valeur vraiment précise pour cette dernière. Ce résultat, peu utilisé à l'époque malgré sa haute portée philosophique, fut l'un des premiers pas vers la naissance de l'astrophysique.

Ole Christensen Rømer (1644–1710) (CC).

Vocabulaire

Vitesse de la lumière : Constante fondamentale de valeur exacte c = 299 792 458 $m.s^{-1}$.

Gottfried Wilhelm von Leibniz

L'allemand Gottfried Wilhelm von Leibniz fut un mathématicien et logicien de génie qui toucha à tout – comme Newton avec qui il eut un différend très virulent pendant plus de trente ans au sujet de la découverte du calcul infinitésimal, auxquels ils étaient en fait tous les deux parvenus chacun de leur côté. Il fut aussi alchimiste et métaphysicien, comme Newton. Il établit une correspondance

Portrait de Gottfried Leibniz (1646-1716) par Johann Friedrich Wentzel (CC).

avec tous les penseurs européens de son époque et fut comblé d'honneurs. Il devint membre correspondant de la Royal Society de Londres et de l'Académie royale des sciences de Paris après avoir créé une machine à calculer plus perfectionnée que celle de Pascal. Typiquement de l'époque, il toucha également à la philosophie, à la politique et au droit.

L'Angleterre au XVIIe siècle et au début du siècle suivant

L'Observatoire de Greenwich

La création de la Royal Society de Londres en 1660 fut suivie quinze ans plus tard par la fondation en 1675 de l'Observatoire de Greenwich, dont les plans furent conçus par l'architecte et homme de science Sir Christopher Wren, dans le but avoué de mettre au point une méthode de détermination de la longitude en mer et sur terre à partir de l'observation de la position des astres, afin d'améliorer la navigation et l'astronomie, donc la puissance maritime de l'Angleterre. Le premier directeur fut John Flamsteed qui y établit un catalogue de la plupart des étoiles visibles à l'œil nu, l'*Atlas Coelestis* (publié en 1729), ainsi qu'une carte lunaire plus précise que celle de Hevelius. Il utilisa pour cela une instrumentation améliorée, en particulier un sextant à monture équatoriale et des nouvelles optiques.

Le système newtonien

Boyle et Hooke

Robert Boyle fut un habile expérimentateur en physique et en chimie, science à cette époque encore confondue avec l'alchimie. Il fit de nombreuses expériences sur le vide, sur les lois des gaz et sur les propriétés chimiques des corps et leurs interactions. Il fut l'un des premiers membres de la Royal Society et l'un des maîtres de Newton.

Le très érudit physicien et philosophe Robert Hooke fut à la fois un maître à penser et un adversaire de Newton. Les polémiques entre les deux hommes, pendant plus de vingt ans, firent rapidement avancer les nouvelles idées en mécanique. Hooke fut un généraliste des sciences et laissa des travaux en physique, en astronomie, en biologie et en chimie. Il améliora en particulier le microscope à trois lentilles (oculaire, lentille de champ, objectif) et fut capable d'atteindre des grossissements de trente fois, publiant les premières représentations de cellules végétales, de certains parasites du vivant et de l'œil de la mouche. Il conçut le premier mécanisme d'entraînement sidéral d'un télescope et développa l'horloge à ressort. Il fut le premier à mettre en évidence l'existence des forces gravitationnelles, ne considérant toutefois que le cas des orbites circulaires et reprenant les travaux de Huygens sur les forces. Il démontra que la force de gravitation induite par le Soleil était proportionnelle à la masse de la planète et inversement proportionnelle au carré de sa distance au Soleil. Il s'attaqua ensuite avec acharnement, mais sans succès, au problème des orbites elliptiques.

Portrait de Robert Boyle (CC).

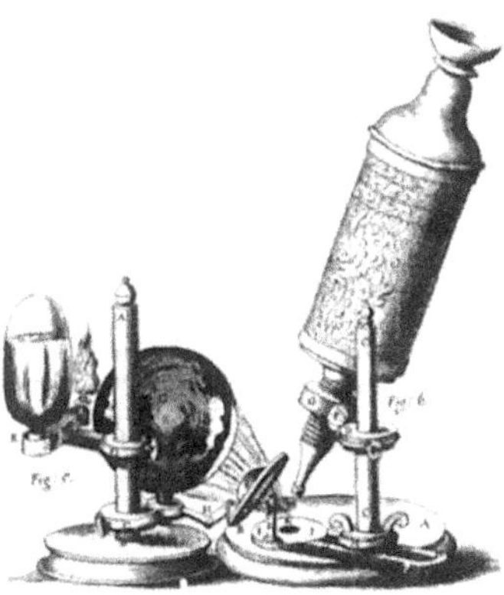
Microscope de Robert Hooke (CC).

Vocabulaire

Télescope ou **télescope réflecteur :** Système optique composé d'un miroir concave convergent (objectif) et d'un ou plusieurs miroirs supplémentaires plans, concaves ou convexes, ainsi que d'un oculaire ou d'un détecteur qui examine l'image qui se forme au foyer image de l'objectif. Le système peut également contenir un système dispersif type spectrographe et une roue à filtres.

Entraînement sidéral d'un télescope : Mécanisme inclus dans la monture d'un télescope qui permet de compenser le mouvement de la Terre autour de son axe polaire, et donc de garder l'astre dans le champ de vision de l'instrument.

Isaac Newton

Sir Godfrey Kneller,
Portrait d'Isaac Newton, 1689.

Synthétisant les travaux de tous ses prédécesseurs – en particulier ceux de Galilée, Kepler, Huygens et Hooke –, Isaac Newton, en opposition totale avec le système cartésien et en relation avec certaines idées médiévales, élabora la théorie générale de la mécanique (nommée ainsi plus tard) afin de pouvoir expliquer rigoureusement les lois du mouvement des corps, aussi bien terrestres que célestes, et démontra clairement son universalité, reliant ainsi l'astronomie à la dynamique. Il confirma les hypothèses de Hooke et les généralisa au cas des orbites de formes circulaires, elliptiques, paraboliques et hyperboliques. En 1687, il publia l'ensemble de ses travaux de mécanique dans son *Philosophiae Naturalis Principia Mathematica*, que l'on appellerait les *Principes*, où il expliquait aussi bien la chute libre d'un corps et le mouvement oscillatoire du pendule que le mouvement orbital des planètes, à l'aide de quelques lois simples décrivant la gravitation universelle.

Il fut avec Leibniz le coinventeur du calcul infinitésimal (appelé également « calcul différentiel »), ce qui engendra une longue et violente polémique entre les deux hommes. Ce nouvel outil de calcul lui permit de résoudre mathématiquement de manière irréfutable les trois lois de Kepler sur les mouvements planétaires, les orbites des planètes, des satellites et des comètes, les marées terrestres semi-diurnes, la précession des équinoxes, l'existence du renflement équatorial terrestre et tout ce qui semblait significatif dans un univers dynamique.

Newton décrivit dans les *Principes* les lois générales du mouvement : premièrement, tout corps maintenait son état de repos ou de mouvement rectiligne uniforme, à moins que des forces extérieures ne le forcent à modifier cet état (principe d'inertie établi par Galilée) ; deuxièmement, l'accélération d'un corps était proportionnelle à la force agissant sur lui et était dans la direction dans laquelle cette force agissait ; troisièmement, à chaque action s'opposait toujours une réaction de valeur égale, les actions mutuelles de deux corps l'un sur l'autre étant toujours égales et opposées. Par utilisation du calcul différentiel, il démontra qu'une force gravitationnelle subie par un corps de la part d'un autre corps était proportionnelle au produit de leurs deux masses divisé par le carré de la distance entre leurs deux centres.

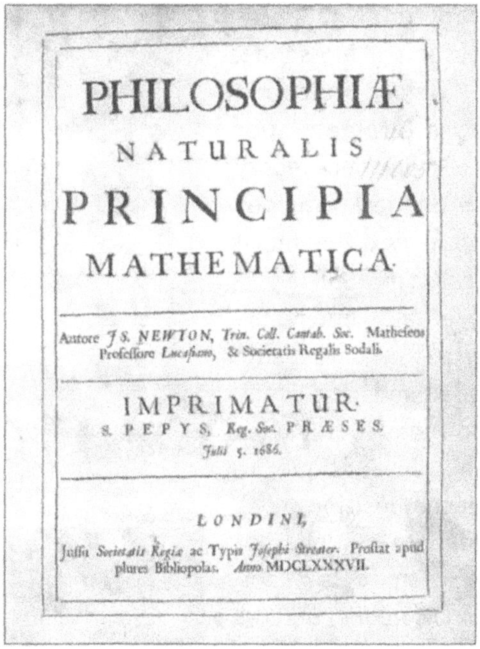
PHILOSOPHIÆ
NATURALIS
PRINCIPIA
MATHEMATICA

Autore J S. NEWTON, Trin. Coll. Cantab. Soc. Matheseos Professore Lucasiano, & Societatis Regalis Sodali.

IMPRIMATUR.
S. PEPYS, Reg. Soc. PRÆSES.
Julii 5. 1686.

LONDINI,
Jussu Societatis Regiæ ac Typis Josephi Streater. Prostat apud plures Bibliopolas. Anno MDCLXXXVII.

Page de titre de *Philosophiae Naturalis Principia Mathematica* d'Isaac Newton, première édition, 1687 (CC).

Par l'étude des propriétés de la gravitation, Newton passa progressivement à l'idée d'un univers de taille infinie. Selon lui, un cosmos de taille finie ne posséderait pas d'état d'équilibre et devrait forcément subir un effondrement gravitationnel vers son centre, alors qu'un univers de taille infinie pourrait se trouver en équilibre. Il remarqua toutefois que cet équilibre serait instable lors d'un échange épistolaire avec le pasteur Richard Bentley à partir de 1682. Tout en ayant parfaitement assimilé la théorie atomiste, Newton resta foncièrement convaincu de l'existence d'un Dieu créateur qui dirigeait le monde...

Afin d'éliminer le problème des aberrations diverses, en particulier chromatiques, des lunettes astronomiques de type réfracteur et reprenant une idée proposée par Mersenne, et déjà développée parallèlement par Cassegrain et Gregory selon des principes optiques différents, il réalisa en 1668 le premier télescope réflecteur à miroir capable de donner une image correcte. Il étudia les lois de l'optique, la décomposition de la lumière blanche par un prisme et la recombinaison des couleurs en lumière blanche. Il donna également une interprétation correcte de l'arc-en-ciel. Il fut, par ailleurs, attiré durant toute sa vie par l'alchimie et écrivit un grand nombre d'ouvrages sur le sujet. Il fut considéré comme un brillant métaphysicien.

Réplique du télescope d'Isaac Newton, 1672 (CC).

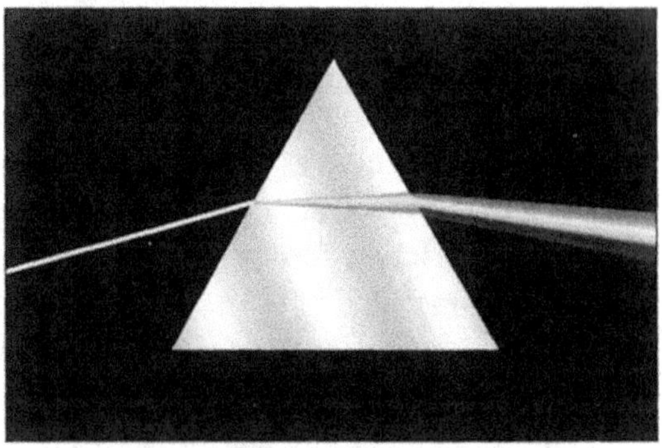

Décomposition de la lumière par un prisme.

Edmund Halley

Edmund Halley, qui soutint toujours Newton, fut le premier à découvrir que les étoiles n'étaient pas fixes les unes par rapport aux autres, mais animées de mouvements propres. Pour cela, il effectua des comparaisons entre des observations anciennes des positions des étoiles Sirius, Arcturus et Procyon avec celles obtenues à son époque et en déduisit leurs mouvements propres. Lors d'observations réalisées à l'île de Sainte-Hélène, dans l'Atlantique sud, il parvint à résoudre en étoiles l'amas globulaire ω Centauri, montrant ainsi la nature réelle de cet objet céleste. Son plus grand titre de gloire fut cependant la découverte que les comètes de 1378, 1456, 1531, 1607 et 1682, munies d'éléments orbitaux assez voisins, ne correspondaient en fait qu'à un seul et même objet qui fut ensuite nommé d'après son nom. Il calcula une valeur voisine de 76 ans pour sa période de révolution et prédit son retour pour 1758, retour qui fut effectivement observé à la fin de cette année-là et qui constitua le triomphe définitif de la mécanique newtonienne.

Godfrey Kneller, *Edmund Halley*, ca. 1721. © D.R.

Vocabulaire

Amas globulaire : Amas stellaire de forme sphérique composé de nombreuses étoiles très vieilles, mais très pauvres en gaz ou en poussières interstellaires, et appartenant au halo galactique.

Notant qu'un univers de taille finie de type stoïcien serait instable gravitationnellement et que les perfectionnements de l'instrumentation révélaient des étoiles de plus en plus faibles et certainement de plus en plus distantes, Halley conclut que notre Univers ne pouvait être que de taille infinie pour pouvoir atteindre un état d'équilibre stable. Il remarqua qu'une infinité d'étoiles devraient alors recouvrir la voûte céleste dans son intégralité et la rendre uniformément brillante. Il proposa une solution intéressante, mais fausse, à ce paradoxe.

Milieu et fin du XVIIIe siècle

Durant les trois derniers quarts du XVIIIe siècle, un grand nombre d'astronomes et de spécialistes en mécanique céleste se succédèrent en Europe. La mécanique newtonienne devint alors de plus en plus complexe et put expliciter de mieux en mieux les phénomènes. Ces premiers scientifiques au sens moderne du terme développèrent aussi bien la théorie de la mécanique céleste que des nouveaux moyens d'observation qui permirent de confirmer de manière éclatante la véracité de celle-ci. La France se distingua particulièrement à cette époque, les physiciens français ayant enfin abandonné la physique cartésienne, spécialement après la parution en 1738 des *Éléments de la philosophie de Newton*, par Voltaire, et la publication en 1756 de la traduction des *Principes* en langue française, par la marquise du Châtelet.

Vocabulaire

Mécanique céleste : Liée à l'astrométrie, la mécanique céleste traite des lois régissant les mouvements des astres. Entraîne la création d'éphémérides et le calcul d'orbites de planètes, de satellites, de comètes, d'astéroïdes, de sondes spatiales. Plus généralement, comme science physique, la mécanique traite des forces et de leurs actions..

France

L'astronomie sous l'Ancien Régime

Pierre Bouguer

En 1735, Pierre Bouguer, astronome, hydrographe et mathématicien, fut membre de l'expédition française au Pérou. Cette expédition avait comme objectif la mesure d'un arc de méridien de 1 degré au niveau de l'équateur. Elle fut réalisée sous la direction du géodésien et naturaliste Charles Marie de La Condamine. Les résultats de cette expédition, comparés à ceux obtenus en France et en Laponie, confirmèrent la théorie newtonienne de la forme de la Terre et son aplatissement aux pôles. En 1729, Bouguer fut également le

Pierre Bouguer
par Jean-Baptiste Perronneau (CC).

créateur de la photométrie par ses travaux sur la lumière et ses facteurs de transmission et de réflexion en utilisant des méthodes correctes de mesure. Finalement, il inventa en 1748 le photomètre et l'héliomètre.

Vocabulaire

Équateur : Lieu des points de la surface d'un astre sphérique situés à égale distance des deux pôles, là où la vitesse linéaire de rotation est la plus grande ; Grand cercle principal d'une sphère.

Photométrie : Branche de la physique qui s'intéresse à l'analyse de la lumière reçue d'une source lumineuse lointaine à l'aide d'un système d'au moins deux filtres (généralement trois ou plus) centrés sur différentes longueurs d'onde et de bandes passantes plus ou moins larges.

Pierre Louis Moreau de Maupertuis

En 1732, après un séjour en Angleterre, Pierre Louis Moreau de Maupertuis, mathématicien et physicien, introduisit la physique newtonienne en France, malgré les fortes réticences des derniers cartésiens. Il fut le promoteur de l'expédition en Laponie de 1737 qui mesura la longueur d'un arc de méridien de 1 degré aux hautes latitudes, ce qui permit, par comparaison avec les mesures faites à Paris et sur l'équateur, de conclure définitivement que la Terre était aplatie aux pôles d'une valeur proche de celle annoncée par Newton. Lors

Pierre Louis Moreau de Maupertuis, dans *Popular Science Monthly*, volume 64 (CC).

de cette expédition, il fut accompagné par l'astronome français Pierre Charles Le Monnier, par l'astronome et mathématicien français Alexis Claude Clairaut et par l'astronome et physicien suédois Anders Celsius. En 1744, Maupertuis énonça devant l'Académie des sciences son principe de la moindre quantité d'action qui, malgré l'erreur de formulation de son auteur, devint sous une forme améliorée le principe de moindre action[9] encore utilisé actuellement en mécanique. Il soutint également Voltaire, auteur d'une œuvre de vulgarisation du système newtonien en France, alors pays très favorable aux idées cartésiennes, ainsi que la marquise du Châtelet, amie de Voltaire, qui traduisit les *Principes* en langue française.

Alexis Claude Clairaut

Alexis Claude Clairault (1713-1765) (CC).

Alexis Claude Clairaut, astronome et mathématicien, fut l'un des membres de l'expédition en Laponie organisée en 1737. À partir des observations faites lors de cette expédition et de celle du Pérou et reprenant une idée d'Isaac Newton, il développa une théorie sur la forme de la Terre fondée sur la physique newtonienne et sur les différences d'accélération de la pesanteur entre le pôle et l'équateur. Dès 1731, il appliqua la théorie de la gravitation universelle à la détermination de l'orbite et de la date du passage au périhé-

9. L'hypothèse physique selon laquelle la dynamique d'une quantité physique (la position, la vitesse et l'accélération d'une particule, ou les valeurs d'un champ en tout point de l'espace, et leurs variations) peut se déduire à partir d'une unique grandeur appelée action, en supposant que les valeurs dynamiques permettent à l'action d'avoir une valeur optimale entre deux instants donnés (la valeur est minimale lorsque les deux instants sont assez proches). Plus précisément, l'action se présente comme étant la sommation de la différence de l'énergie cinétique et de l'énergie potentielle d'un système physique le long d'un certain parcours décrit par ce système.

lie de la comète de Halley lors de son retour de 1758-1759, en tenant compte des perturbations induites par Jupiter et Saturne. En 1743, il s'attaqua également au problème des 3 ou n corps, en particulier le cas de l'orbite lunaire autour de la Terre, orbite perturbée par l'action du Soleil. Ce problème des 3 ou n corps n'a encore jamais été résolu de manière totalement analytique. Par ailleurs, Clairaut conçut un nouveau type d'objectif à deux lentilles collées afin de pouvoir corriger l'aberration sphérique. Ce type d'objectif a été ensuite amélioré par Mossotti au XIXe siècle.

Vocabulaire

Périhélie : point le plus proche du Soleil sur une orbite planétaire ou de tout corps céleste orbitant autour de l'astre du jour.

Jean-Baptiste Le Rond D'Alembert

Dans son traité de dynamique publié en 1743, Jean-Baptiste Le Rond D'Alembert, philosophe et mathématicien, démontra le principe essentiel (qui porte désormais son nom) selon lequel, dans un système, les forces internes d'inertie sont égales et opposées aux forces qui produisent l'accélération, en se fondant sur trois autres principes que sont l'inertie, le mouvement composé et l'équilibre entre deux corps. Dans deux de ses traités ultérieurs parus en 1744 et 1745, l'application de ses principes le conduisit à fonder une nouvelle analyse des dérivées partielles. En mécanique céleste, il appliqua ses principes dans un mémoire sur la précession des équinoxes paru en 1749 et dans lequel il établit les équations du mouvement de la Terre autour de son centre de gravité et posa la théorie mathématique de la précession.

Jean-Baptiste Le Rond D'Alembert
par Maurice Quentin de la Tour (CC).

Nicolas Louis de La Caille

Nicolas Louis de La Caille (CC).

Après avoir effectué des mesures de géodésie et d'acoustique, l'abbé Nicolas Louis de La Caille participa à la vérification de l'arc de méridien et dirigea une expédition au cap de Bonne-Espérance, autour de 1752, durant laquelle il fit un inventaire du ciel austral, relevant près de 10 000 étoiles jusqu'à la septième magnitude et créant plus d'une dizaine de nouvelles constellations dans l'hémisphère sud, constellations généralement assez peu reconnaissables. La comparaison de ses mesures avec celles de Joseph Jérôme Le François de Lalande à Berlin permit d'obtenir la première détermination précise de la parallaxe lunaire en 1751. Il établit également un catalogue de positions précises pour 400 étoiles brillantes.

Vocabulaire

Magnitude : Mesure logarithmique de l'éclat E d'un astre. Mathématiquement, l'échelle de magnitude est définie selon la formule $m - m_0 = -2.5 \log(E/E_0)$, de manière à ce que les astres les plus brillants aient la magnitude la plus faible, voire une valeur négative, par exemple - 26,9 pour le Soleil ou - 1,47 pour l'étoile Sirius. La magnitude 0 a été attribuée à l'étoile Véga de la Lyre et les étoiles les plus faibles visibles à l'œil nu sont de magnitude 6,5.

Charles Messier

Infatigable chercheur de comètes, Charles Messier s'est rendu universellement célèbre par la création d'un catalogue d'objets non stellaires qui prit son nom. Ce catalogue de plus de 100 objets, initialement élaboré pour éviter les confusions avec tout nouvel objet cométaire, fut le premier exclusivement consacré aux objets non stellaires. Messier découvrit ainsi 16 comètes entre 1759 et 1801. Vers la fin du XVIIIe siècle et le début du XIXe siècle, d'autres astronomes, en particulier Pierre Méchain et Jean-Louis Pons, furent également des infatigables chercheurs de comètes. Méchain découvrit en effet 12 comètes entre 1780 et 1802, alors que Pons, par la suite directeur de l'Observatoire de Florence, en découvrit 37 entre 1801 et 1827.

Charles Messier par Ansiaume (CC).

Joseph Jérôme Le François de Lalande

En 1751, l'astronome Joseph Jérôme Le François de Lalande participa depuis Berlin à la campagne d'observation de l'opposition périhélique de Mars afin de déterminer la parallaxe solaire. Ses mesures combinées à celles obtenues depuis le cap de Bonne-Espérance par l'abbé Nicolas Louis de La Caille permirent également d'obtenir une excellente valeur pour la parallaxe lunaire. Il améliora les *Tables planétaires et cométaires* d'Edmund Halley en 1759, peu de temps après l'observation de la comète dont ce dernier avait prédit le retour. Durant la dernière décennie du XVIIIe siècle, à l'époque troublée de la Révolution française, Lalande recueillit les positions de 50 000 étoiles dans son *Histoire céleste française*. Il écrivit également une chronique de la

Joseph Jérôme Le François de Lalande (CC).

science de son époque, publiée en 1804. Il fut nommé directeur perpétuel de l'Observatoire de Paris entre 1795 et 1807, année de sa mort.

Les quinze dernières années du XVIIIe siècle

Joseph Louis de Lagrange

Joseph Louis de Lagrange (CC).

Le mathématicien français Joseph Louis de Lagrange développa de nombreuses branches des mathématiques et s'attaqua au problème de la mécanique analytique dans un ouvrage publié en 1788. Utilisant les travaux du mathématicien suisse Euler, il étudia particulièrement le traitement des équations différentielles et de celles aux dérivées partielles, ainsi que les séries de Taylor, ouvrant de ce fait la porte aux développements de la physique et de la mécanique au XIXe siècle. Son nom fut attribué à un système d'équations générales de la dynamique, ainsi qu'aux cinq points d'équilibre gravitationnel dans un système de deux corps célestes en mouvement autour de leur centre de gravité commun, corps célestes ayant des masses très différentes (cas des couples Soleil-planète ou planète-satellite).

La Révolution française

La Révolution française engendra de nombreux bouleversements en astronomie entre 1789 et 1796. Outre la décapitation durant la Terreur de plusieurs astronomes, dont le célèbre Jean Sylvain Bailly (maire de Paris entre 1789 et 1791), beaucoup de changements furent imposés par les différents gouvernements révolutionnaires. Un nouveau calendrier, le « calendrier républicain », devint officiel à partir de 1792. L'uniformisation des poids et mesures, décidée en 1790, aboutit à l'introduction du système métrique par la définition du mètre comme étant la dix millionième partie d'un quart de cercle méridien terrestre et à la mesure d'un arc de méridien entre Dunkerque et Barcelone par Pierre Méchain et Jean-Baptiste Delambre durant sept ans. Un jour et une heure décimaux furent également instaurés en 1793, mais abandonnés après seulement deux ans. Suivant la création de l'École polytechnique et celle de l'École normale supérieure, le Bureau des Longitudes fut créé par la Convention, loi du 7 messidor an III (25 juin 1795), dans le but d'améliorer la détermination des longitudes en mer afin d'assurer à la flotte française une meilleure efficacité et une plus grande sécurité.

Pierre Méchain et Jean-Baptiste Joseph Delambre

Pierre Méchain, par Hurle, XVIIIe siècle (CC).

Pierre Méchain, astronome et géodésien, détermina, en collaboration avec Cassini IV et le mathématicien français Adrien Marie Le Gendre, la différence de longitude entre les observatoires de Paris et de Greenwich. Par ailleurs, en collaboration avec Jean-Baptiste Joseph Delambre, il mesura entre 1792 et 1798 (donc en pleine période révolutionnaire), la longueur de l'arc de méridien de Dunkerque à Barcelone afin de déterminer l'étalon métrique adopté comme unité légale de longueur par l'Assemblée constituante en 1791. Il découvrit également plusieurs objets non stellaires inclus ultérieurement par Messier dans son catalogue. Jean-Baptiste Joseph Delambre, également astronome et géodésien, fut le collaborateur de Méchain durant les sept années que dura la mesure de l'arc de méridien entre Dunkerque et Barcelone. Il écrivit en outre un célèbre traité d'histoire de l'astronomie qui fit longtemps référence.

Pierre Simon de Laplace

Portrait de Pierre-Simon Laplace, par Sophie Feytaud (CC).

Le marquis Pierre Simon de Laplace, astronome, mathématicien et physicien, eut une carrière très diversifiée qui déborda même sur le plan politique (il devint en effet ministre de l'empereur Napoléon Ier). Utilisant les travaux de ses prédécesseurs, à l'exception de ceux de Kant qu'il ne connaissait pas, il publia en 1796 son *Exposition du système du monde* où il développait de manière quantitative son hypothèse cosmogonique selon laquelle le Système solaire proviendrait d'une nébuleuse primitive entourant un noyau fortement condensé et à température très élevée tournant d'une seule pièce autour d'un axe passant par son centre. Le refroidissement des couches extérieures joint à la rotation d'ensemble aurait engendré dans le plan équatorial de la nébuleuse des anneaux concentriques d'où proviendraient les planètes et leurs satellites, tandis que le noyau central, tournant avec une vitesse angulaire accrue, aurait formé le Soleil. Dans sa *Mécanique céleste* publiée entre 1798 et 1825, il synthétisa tous les travaux de Newton, Halley, Clairaut, D'Alembert et Euler concernant les conséquences du principe de la gravitation universelle et fit de la mécanique un outil de haute précision, largement utilisé par la suite. Il fut également l'auteur de nombre de lois nouvelles, aussi bien en physique (formules de transformation adiabatique d'un gaz, théorie générale de la capillarité, force et lois de Laplace en électromagnétique) qu'en mathématiques (équation de Laplace vérifiée par le potentiel et admettant comme solution les fonctions harmoniques, attraction des ellipsoïdes homogènes, méthode d'élimination, calculs sur les déterminants, opérateur différentiel de Laplace, ou laplacien, exprimant la divergence d'un gradient).

Ailleurs en Europe

James Bradley

Portrait de James Bradley par Thomas Hudson (CC).

L'astronome anglais James Bradley imagina un procédé d'observation des passages au méridien par utilisation de l'œil et de l'oreille. Cherchant à mettre en évidence le mouvement parallactique des étoiles, il découvrit en 1728 l'aberration solaire sur la lumière venant du Soleil, ainsi que l'aberration annuelle des fixes sur la lumière venant des étoiles, ce qu'il rapprocha du phénomène découvert par Roemer cinquante ans plus tôt. Cette découverte permit de préciser la valeur de la vitesse de la lumière, la constante d'aberration étant liée à cette dernière, ainsi qu'au demi-grand axe de l'orbite terrestre, par une relation simple. Il découvrit également, en 1748, la nutation luni-solaire de l'axe de rotation terrestre, plus de mille huit cent cinquante ans après la découverte de la précession par Hipparque. Enfin, il établit des tables de réfraction astronomique et des tables de mouvements pour les quatre satellites de Jupiter.

> **Vocabulaire**
>
> **Nutation** : Petit mouvement périodique de l'axe de rotation terrestre lié au mouvement de précession.

Leonhard Euler

Le célèbre mathématicien d'origine suisse Leonhard Euler fut élève de Jean Bernoulli, mathématicien suisse originaire d'Anvers, et condisciple des deux fils de ce dernier, Daniel et Nicolas. Dans son *Traité de mécanique générale* publié en 1736, il fut le premier à définir rationnellement les angles d'Euler qui permettaient la détermination de la posi-

Leonhard Euler
par Jakob Emanuel Handmann (CC).

tion d'un solide en mouvement dans un trièdre trirectangle. Son activité en mathématique fut très importante et très fertile (fonctions trigonométriques, logarithmes et exponentielles, introduction des nombres π et e, calcul des extrema et des variations, constante d'Euler, droite d'Euler dans un triangle, intégrales multiples, formes quadratiques, etc.). En astronomie, il étudia les perturbations mutuelles de Jupiter et de Saturne, ainsi que les orbites paraboliques des comètes. Il eut également une activité importante en physique, étudiant les champs électriques et magnétiques et établissant les lois générales de l'hydrodynamique. Il fut l'inspirateur de nombreux travaux scientifiques, en particulier ceux de Lagrange et de Laplace.

Vocabulaire

Extremum (pluriel : extrema) **d'une fonction en mathématique :** Valeur extrême (minimum ou maximum) atteinte par une fonction définie sur un certain intervalle. Une fonction peut ne pas avoir d'extremum (cas d'une fonction linéaire), en avoir un seul (cas d'une parabole) ou avoir plusieurs extrema.

Thomas Wright

En 1750, dans son ouvrage *Théorie originale ou nouvelle hypothèse sur l'Univers*, l'anglais Thomas Wright, dit de Durham, reprit une idée qu'il avait déjà avancée en 1734 lors d'une conférence, idée selon laquelle les étoiles occupaient une distribution sphérique de très grand rayon. Toutes les étoiles, y compris le Soleil, étaient animées d'un lent mouvement de révolution autour du centre de cette sphère que Wright appela « la Demeure de Dieu », localisée à l'un des pôles galactiques. Ainsi, l'apparence de grand anneau formé par la Voie Lactée autour de la Terre, aspect connu depuis la plus haute Antiquité, n'était en fait selon lui due qu'au très grand rayon de cette sphère, ce qui rendait le centre invisible depuis la Terre. Il supposa également que d'autres systèmes stellaires pouvaient peut-être exister à d'énormes distances de la nôtre, devenant ainsi l'un des précurseurs de la vision moderne du cosmos.

Thomas Wright (CC).

Jean-Philippe Loys de Chéseaux

Jean-Phillipe Loys de Chéseaux (CC).

Utilisant une méthode photométrique due à l'astronome écossais James Gregory, le suisse Jean-Philippe Loys de Chéseaux estima en 1745 que les étoiles les plus brillantes du ciel devaient être à environ 4 années lumières de la Terre. Il calcula qu'un hémisphère entier recouvert d'étoiles serait 90000 fois plus brillant que le Soleil et qu'il faudrait $7{,}6 10^{14}$ couches d'une épaisseur de 4 années lumières chacune pour recouvrir le ciel. Supposant notre Univers de taille infinie, Chéseaux déduisit qu'une absorption interstellaire de la lumière devait pouvoir expliquer pourquoi le ciel nocturne était obscur, en admettant, comme nombre de cartésiens avant lui, qu'il existait un milieu matériel omniprésent qui baignait l'Univers et qui absorbait la lumière des objets les plus éloignés. Il découvrit et observa également la comète de 1744 qui prit ultérieurement son nom. Il publia peu de temps après son *Traité de la comète* où il explicitait ses idées sur l'obscurité du ciel nocturne.

Emmanuel Kant

Emmanuel Kant (CC).

En 1755, dans son ouvrage *Histoire générale de la nature et théorie du ciel*, le philosophe allemand Emmanuel Kant proposa un schéma évolutif pour notre Univers à partir du chaos originel par l'action des forces de gravitation, les mondes se formant dans le flux tourbillonnaire des atomes. Il introduisit également la notion de nébuleuse primitive générant le système solaire par contraction gravitationnelle. Il distingua certaines nébuleuses comme étant des univers-îles, les autres étant des amas d'étoiles ou des nuages de gaz interstellaire. Ce modèle de naissance du système solaire fut proposé, tout à fait indépendamment et de manière plus mathématique, en 1796 par Laplace, sans que ce dernier eût connaissance des travaux de Kant. Suivant une idée émise par le philosophe suédois Emmanuel Swedenborg en 1734, Kant dota l'univers

Vocabulaire

Amas d'étoiles ou **amas stellaire** (groupement d'étoiles plus ou moins dense appartenant à la Voie lactée ou à une autre galaxie, qui comprend entre cinquante, et un million d'étoiles).

Nuage de gaz interstellaire : nébuleuse gazeuse obscure ou émissive. Nébuleuse gazeuse obscure : grand nuage de gaz (principalement hydrogène et hélium, mais également oxygène, etc.) interstellaire situé loin de toute étoile chaude (bleue) et qui apparaît donc sombre (et qui masque les étoiles plus lointaines). Nébuleuse gazeuse émissive : grand nuage de gaz interstellaire situé proche d'au moins une étoile chaude (bleue) et qui apparaît donc brillant. Ces nuages interstellaires sont généralement remplis également de poussières. Ils se situent généralement proches du plan de la Voie Lactée, au niveau des bras spiraux.

newtonien infini d'une éternité vers le futur ainsi que d'une structure hiérarchique sur une échelle jamais imaginée auparavant. Ainsi, les étoiles, animées de mouvements divers, s'associaient en galaxies, notre Voie lactée n'étant que l'une d'entre elles. Les galaxies étaient animées de mouvements divers et pouvaient se regrouper en amas de galaxies. Ces derniers pouvaient de même se combiner en systèmes plus importants, et ce, jusqu'à l'infini.

La loi de Titius-Bode

> **Vocabulaire**
>
> **Astéroïde** : astre de petite taille, qui tourne autour du Soleil, plus exactement autour du centre de gravité du système.

En 1741, l'astronome et naturaliste allemand Christian von Wolff découvrit une relation empirique qui donnait de manière approximative les distances relatives moyennes des planètes au Soleil. En 1766, Johann Daniel Titius, compatriote de Wolff et également astronome, la retrouva indépendamment. Ce fut cependant Johann Elert Bode, alors directeur de l'Observatoire de Berlin, qui la publia en 1772. D'après cette loi, les distances D des planètes pouvaient être déterminées à l'aide d'une progression géométrique s'écrivant selon l'équation $D = 0{,}4 + 0{,}3*2^n$, avec n égal à $-\infty$ pour Mercure, 0 pour Vénus, 1 pour la Terre, 2 pour Mars, 4 pour Jupiter et 5 pour Saturne. Cette loi joua ultérieurement un grand rôle dans l'histoire de la découverte des premiers astéroïdes (valeur n = 3), la découverte d'Uranus en 1781 par William Herschel semblant la confirmer pour n = 6. Bien plus tard, la loi de Titius-Bode se révéla cependant totalement incapable d'expliquer les distances de Neptune et de Pluton. Elle fut progressivement abandonnée au cours du XIXe siècle.

La fondation de l'Observatoire de Genève

L'Observatoire de Genève fut fondé en 1772 sur le bastion de Saint-Antoine par Jacques-André Mallet. Avant cette date, comme beaucoup d'autres astronomes de cette époque, Mallet avait déjà observé les deux passages de la planète Vénus devant le disque solaire en juin 1761 et en juin 1769, le second depuis le village de Ponoï (péninsule de Kola), mandaté par l'Académie de Saint-Pétersbourg. Dès sa création, l'Observatoire de Genève fut dévolu à l'observation des planètes, des taches solaires, des comètes et des mouvements des satellites de Jupiter, ainsi qu'aux observations météorologiques, aux mesures de longitudes et de latitudes et aux déterminations de l'heure précise à la seconde pour les besoins de l'industrie horlogère.

William Herschel et la découverte d'Uranus

William Herschel par Lemuel Francis Abbott, 1785 (CC).

L'allemand Friedrich Wilhelm Herschel, naturalisé anglais sous le prénom de William, construisit ses propres télescopes et entreprit une étude systématique des étoiles doubles durant laquelle il découvrit la planète Uranus en 1781, ajoutant ainsi une nouvelle planète à celles connues depuis la plus haute Antiquité (Mercure, Vénus, Mars, Jupiter et Saturne). En 1783, il mit en évidence le mouvement global du Soleil et de l'ensemble de son système planétaire vers l'apex, point de la voûte céleste dont il donna les coordonnées et qui se trouvait être localisé dans la constellation d'Hercule. En 1787, il découvrit deux satellites d'Uranus (Titania et Obéron) et, en 1789, deux satellites de Saturne (Mimas et Encelade). Aidé de sa sœur Caroline Lucretia Herschel, il dressa, à l'aide d'une instrumentation alors jamais égalée, les premières cartes de la Voie lactée par comptage d'étoiles. Postulant que l'absorption interstellaire était nulle et que les étoiles étaient semblables au Soleil et réparties uniformément, ils découvrirent en 1785 que la Voie lactée était un système aplati dont le Soleil était le centre. Les régions obscures internes à la Voie lactée, connues actuellement pour être des nébuleuses absorbantes, furent assimilées à des trous sans étoiles qui permettaient d'apercevoir le vide stoïcien qui, selon eux, entourait notre Voie lactée. William Herschel réalisa également un catalogue de nébuleuses qui fut complété pour l'hémisphère sud par son fils John Herschel vers 1835.

Par ailleurs, William Herschel découvrit en 1800 le rayonnement infrarouge à l'aide d'un dispositif constitué d'un thermomètre à mercure placé dans le spectre obtenu par un prisme de verre afin de mesurer la chaleur propre à chaque couleur. Le thermomètre indiquait en effet que la chaleur reçue était la plus forte du côté rouge du spectre, y compris au-delà de la zone du spectre visible, là où il n'y avait plus de lumière. Cette première expérience montrait clairement que la chaleur pouvait se transmettre indépendamment d'une lumière visible.

Vocabulaire

Infrarouge (IR) : Domaine du spectre électromagnétique comprenant les longueurs d'onde comprises entre 0,8 micromètre et 100 micromètres, voire jusqu'à 1 millimètre (ces rayonnements sont moins énergétiques que ceux du domaine visible).

Spectre : En ce qui concerne la lumière visible, série d'images juxtaposées formant une suite ininterrompue de couleurs, et correspondant à la décomposition de la lumière blanche par un système optique dispersif comprenant au moins une fente et un prisme ou un réseau (spectre visible, du violet jusqu'au rouge). Plus généralement, en ce qui concerne les ondes lumineuses et sonores, distribution en fréquence d'un domaine continu.

Johan Hieronymus Schröter et Heinrich Wilhelm Olbers

Johan Hieronymus Schröter
par Conrad Westermayr (CC).

Heinrich Wilhelm Olbers (CC).

L'astronome allemand Johan Hieronymus Schröter travailla à titre privé dans l'enceinte de l'Observatoire de Lilienthal, près de Brême, et fut le premier à avoir observé systématiquement et durant une longue période la surface de la Lune et des planètes. Il eut une collaboration durant l'année 1786 avec son compatriote Heinrich Wilhelm Olbers. Ce dernier, qui eut une forte activité au début du XIXe siècle, fut également un chasseur de comètes durant toute sa vie. Il découvrit quatre comètes, ainsi que deux astéroïdes.

6

– XIXe SIÈCLE –

> **Vocabulaire**
>
> **Photographie** : Technique permettant d'obtenir l'image durable d'un objet par l'action de la lumière sur une surface sensible à l'aide d'un appareil de prise de vue (appareil photographique, caméra, etc.) et d'un traitement chimique approprié. Par extension, image obtenue par cette technique ou par des techniques plus modernes (CCD).
>
> **Spectroscopie** : Partie de la physique qui s'intéresse à l'analyse de la lumière reçue d'une source lumineuse ou sonore et décomposée par un système dispersif, prisme ou réseau.

Liées aux progrès des sciences physiques et des mathématiques, les découvertes s'accélérèrent en Europe, puis aux États-Unis, durant tout le XIXe siècle, aussi bien du point de vue observationnel qu'au niveau des avancées théoriques. De nombreux scientifiques de talent – en particulier des mathématiciens, des physiciens et des astronomes – contribuèrent ainsi durant ce siècle à l'amélioration des connaissances en astronomie. En parallèle, plusieurs vulgarisateurs, principalement en Angleterre et en France, s'activèrent pour diffuser le plus largement possible les nouvelles connaissances en astronomie. Le XIXe siècle vit également l'aube de la photographie et de la spectroscopie, deux branches fondamentales de la physique qui permirent la naissance de l'astrophysique bien avant la fin du siècle.

L'apport des mathématiciens

Première partie du XIXe siècle

Dès le début du XIXe siècle, plusieurs mathématiciens français travaillèrent à faire de la mécanique céleste newtonienne un outil presque parfait, dans la lignée des scientifiques du XVIIIe siècle. Ce fut en particulier le cas de Joseph Fourier, de Denis Poisson, d'Augustin Cauchy et de Gustave Coriolis. Ce dernier travailla également comme ingénieur et étudia les mouvements relatifs dans un référentiel terrestre emporté par la rotation de notre planète autour de son axe polaire. À la suite de la découverte du premier astéroïde en 1801, le mathématicien allemand Carl Friedrich Gauss fut l'auteur d'une méthode précise de calcul des orbites cométaires et planétaires à partir d'un petit arc de trajectoire observée, puis d'une théorie des corps célestes, publiée en 1809. Ces hommes de science déterminèrent ainsi un certain nombre d'outils mathématiques qui permirent aux astronomes d'analyser pleinement les mouvements de la Terre et des autres astres, puis d'aborder leur étude physique.

Deuxième partie du XIXe siècle

Vers la fin du siècle, le mathématicien français Henri Poincaré travailla de nombreuses années dans le domaine de la mécanique céleste, puis en relativité restreinte. Au début du XXe siècle, il écrivit plusieurs ouvrages d'épistémologie exposant ses réflexions sur les sciences, en particulier *La Science et l'Hypothèse* en 1902 et *La Valeur de la Science* en 1905.

L'apport des physiciens

Les travaux des physiciens du XIXe siècle offrirent de nouvelles avancées en astronomie, certaines absolument inattendues. Les recherches dans certains domaines nouveaux – comme la photographie, la spectroscopie, les ondes électromagnétiques et les effets des mouvements d'une source émissive sur la nature du rayonnement qu'elle émet – bénéficièrent en particulier à l'astronomie et permirent, vers 1860, le commencement de l'étude physique des astres et, donc, la naissance de l'astrophysique.

La photographie

À la suite d'un certain nombre de travaux sur la lithographie à partir de 1812, le français Nicéphore Niépce inventa la photographie en 1826.

À partir de 1829, il collabora activement avec son compatriote Jacques Daguerre afin d'améliorer les techniques photographiques et les procédés de fixation des images. Après la mort de Niépce, Daguerre continua seul et parvint à obtenir des images fixées sur une plaque de cuivre argenté qui fut appelée « daguerréotype ». Il introduisit également l'usage de la chambre noire et réalisa des appareils de prise de vue. Abel Niépce de Saint-Victor, neveu de Niépce, mit ensuite au point une technique de photographie sur plaque de verre qui se généralisa assez rapidement. Les premières photographies à caractère astronomique virent le jour vers 1850, lorsqu'on essaya de mettre un appareil de prise de vue au foyer d'un télescope. La Lune fut d'ailleurs le premier objet céleste photographié au foyer d'un instrument astronomique. L'usage de la photographie astronomique se généralisa dans les décennies qui suivirent pour devenir un moyen d'observation largement employé vers 1880.

La spectroscopie

Vers 1800, les physiciens avaient mis en évidence une propriété curieuse de la matière. Pour une lumière émise par un corps solide ou liquide, le spectre obtenu à l'aide d'un système dispersif de type fente et prisme était un continu de type arc-en-ciel, alors que celui d'un corps gazeux était composé de raies brillantes, chacune de couleur bien précise, sur fond obscur.

À la même époque, les astronomes savaient déjà que la seule information reçue des astres était le rayonnement lumineux émis par ceux-ci et capté par un détecteur, en l'occurrence l'œil humain. Il n'était à l'époque pas possible de déduire de ce rayonnement une quelconque information physico-chimique. Il semblait donc absolument impossible de connaître la composition chimique des astres. Cette constatation conduisit d'ailleurs le philosophe français Auguste Comte, fondateur de la doctrine philosophique du positivisme, à affirmer de manière quelque peu péremptoire vers 1830 que la composition chimique des astres était et resterait toujours inconnue et inaccessible pour l'ensemble de la communauté scientifique.

Joseph von Fraunhofer

Joseph von Fraunhofer (CC).

En 1815, le physicien allemand Joseph von Fraunhofer effectua une découverte déterminante (cette découverte avait en fait déjà été faite par l'opticien anglais William Wollaston dès 1802) en étudiant systématiquement le spectre du Soleil, c'est-à-dire la décomposition de la lumière solaire à l'aide d'un système optique composé d'un télescope, d'une fente fine et d'un prisme. Il observa que le continu brillant du spectre solaire, disposé horizontalement, était traversé par une multitude de raies verticales sombres plus ou moins intenses. La répétition de l'expérience montra que ces raies, images de la fente pour une certaine couleur, étaient toujours situées aux mêmes emplacements dans le spectre. Fraunhofer en déduisit que ces raies sombres, ainsi que le continu brillant, étaient dues à la nature même de la lumière solaire. Il observa également les spectres de quelques étoiles brillantes et les compara à celui du Soleil, remarquant alors que les raies étaient à chaque fois différentes et disposées d'une autre manière. Il remarqua cependant que les spectres de la Lune et de la planète Vénus présentaient des raies similaires à celles du Soleil, mais plus faibles. Il examina ensuite en laboratoire les spectres produits par la flamme ou l'échauffement de divers éléments chimiques, retrouvant ainsi plusieurs raies identifiées dans le spectre solaire. Ces raies obtenues en laboratoire n'étaient cependant pas obscures sur continu brillant, mais au contraire brillantes sur continu obscur. Il était dès lors évident qu'un rapport existait entre la lumière solaire et les raies observées dans les spectres des éléments chimiques analysés en laboratoire. Mais ni Fraunhofer, ni ses contemporains ne purent donner une explication cohérente à ce phénomène.

Robert Wilhelm Bunsen et Gustav Robert Kirchhoff

Photographie de Robert Wilhelm Bunsen, dans F. J. Moore, *A History of Chemistry*, 1918 (CC).

Gustav Robert Kirchnoff (CC).

Il fallut attendre octobre 1859 pour que deux physiciens de l'Université de Heidelberg, Robert Wilhelm Bunsen et Gustav Robert Kirchhoff, puissent enfin fournir cette explication. À partir d'une étude sur le sodium, élément déjà identifié dans le spectre solaire, ils montrèrent que le spectre de cet élément chauffé en laboratoire était bien composé de deux raies brillantes sur un continu obscur. Forçant ensuite un faisceau de lumière solaire à traverser un nuage de vapeurs de sodium, ils observèrent que les deux raies du sodium apparaissaient obscures sur fond brillant et étaient nettement plus accentuées que dans le spectre solaire. L'expérience fut alors répétée avec d'autres éléments chimiques avec les mêmes résultats. Lorsqu'un gaz agissait en tant que source lumineuse, c'est-à-dire qu'il était émissif, il donnait un spectre composé de raies brillantes sur fond obscur. Lorsque ce gaz filtrait la lumière issue d'une autre source, il donnait un spectre de raies obscures sur fond brillant, c'est-à-dire qu'il absorbait la lumière émise par l'élément chimique présent dans la source. La vapeur de chaque élément absorbait, ainsi, dans la lumière de la source les rayonnements qu'il pouvait lui-même émettre.

Les premières découvertes

Ces nouvelles découvertes permirent la naissance d'une nouvelle technique d'investigation de l'Univers, qui fut appelée « spectroscopie ». Elle se développa largement durant toute la fin du XIXe siècle et fut très rapidement utilisée pour l'investigation et l'analyse de la composition chimique du Soleil et des autres astres. L'astronome anglais Sir William Huggins fut le premier à observer le ciel dès 1860 à l'aide d'un spectroscope, montrant que les étoiles étaient très généralement dotées d'un spectre d'absorption, ce qui était d'ailleurs le cas du Soleil, alors que les nébuleuses diffuses possédaient toutes un spectre en émission.

> **Vocabulaire**
>
> **Spectroscope** : Système optique composé d'une fente d'entrée (éventuellement placée au foyer image d'un télescope), d'une lentille convergente de courte focale, d'un système dispersif (prisme ou réseau) et d'une lunette de courte focale (généralement la même que celle de la lentille) équipée d'un oculaire.

En 1864, l'astronome italien Giovanni Battista Donati appliqua la spectroscopie à l'étude des comètes et remarqua que ces dernières présentaient, comme les nébuleuses diffuses, des spectres d'émission sur fond obscur. Le père Angelo Secchi, compatriote de Donati et qui fut nommé directeur de l'Observatoire du Collège romain en 1849, fut également un pionnier de la spectroscopie stellaire. En 1868, le premier il eut l'idée de classer les étoiles d'après l'aspect de leur spectre. Il suggéra que la température de surface des étoiles devait être un paramètre fondamental dans la détermination de l'allure des spectres stellaires.

En 1867, les astronomes français Charles Wolf et Georges Rayet découvrirent un type inconnu d'étoiles chaudes et massives à l'aide de l'analyse

Photographie de Georges Rayet. Version recadrée de l'originale dans *The Astrophysical Journal*, vol. 25, p. 53, 1907.

spectroscopique. Ces étoiles étaient en effet caractérisées par un spectre particulier à larges raies d'émission. Elles furent ultérieurement désignées sous le nom d'« étoiles Wolf-Rayet ».

En 1868, trente ans avant d'être isolé sur Terre, l'élément hélium fut découvert un peu par hasard dans la basse atmosphère du Soleil grâce à l'utilisation d'un spectroscope lors d'une éclipse totale de Soleil observée depuis le royaume du Siam par une équipe d'astronomes français, dont Georges Rayet qui y observa une raie spectrale inconnue alors qu'il étudiait les raies spectrales et la composition chimique de la chromosphère et des protubérances solaires, raies observables seulement durant les quelques minutes de la phase totale de l'éclipse. L'année suivante, l'astronome anglais Sir Norman Lockyer montra que cette raie inconnue correspondait à un élément chimique inconnu qui fut alors baptisé « hélium ».

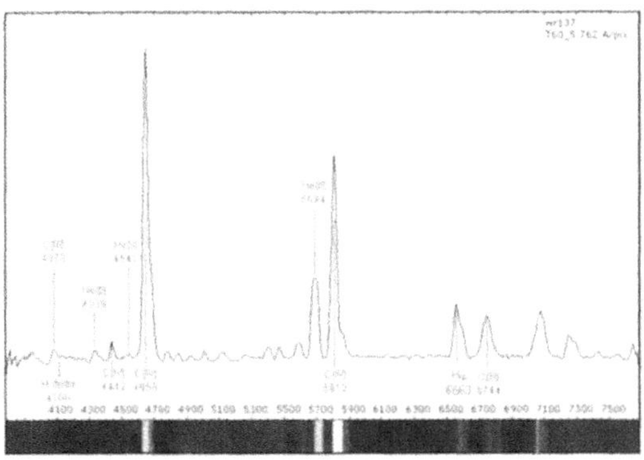

Spectre de l'étoile Wolf-Rayet WR137, de type spectral WC7. Spectre réalisé au T60 du Pic du Midi (CC).

Vocabulaire

Raie spectrale : Petite partie du spectre électromagnétique localisée autour d'une certaine longueur d'ondes (couleur) qui correspond à l'absorption plus ou moins intense de lumière par un certain élément chimique, atome, ion, molécules (**raie en absorption**), ou à l'émission plus ou moins intense de lumière par ce même élément chimique (**raie en émission**).

Samuel Pierpont Langley photographié par James Schultz, publiée dans *Winds of Change* (page 6), 1961. Collection : NASA Image eXchange Collection

L'astronome et physicien américain Samuel Pierpont Langley s'intéressa autour de 1880 au domaine infrarouge du spectre solaire. Il étudia ce rayonnement invisible à l'aide d'un nouvel appareil de mesure, le bolomètre, qu'il inventa en 1881. Le principe du bolomètre était en fait très simple : il convertissait l'énergie du rayonnement électromagnétique incident en chaleur au sein de l'absorbeur. Ce dernier était (ou était lié à) un thermomètre dont les propriétés électriques ou magnétiques dépendaient de la température. On pouvait ainsi mesurer les variations d'impédance du détecteur, et donc l'énergie électromagnétique incidente.

Pierre Jules César Janssen

En France, Pierre Jules César Janssen débuta en 1862 une campagne d'observations spectroscopiques du Soleil depuis plusieurs localisations, à des altitudes variables. Les premières observations eurent lieu depuis Paris, mais les suivantes se firent depuis l'Italie, fin 1862, et depuis les Alpes bernoises, en 1864, à une altitude de 2 700 mètres. En 1865, il publia

Pierre Jules César Janssen par Jean-Jacques Henner (CC, Ribberlin).

ses conclusions concernant l'action de l'atmosphère terrestre sur les raies du spectre solaire dans un article où il remarquait que certaines raies, dites raies telluriques, décroissaient en intensité avec l'altitude et étaient donc d'origine terrestre. Parallèlement, il entreprit l'étude spectroscopique des atmosphères planétaires. En 1867, il put ainsi découvrir la présence de vapeur d'eau dans l'atmosphère de la planète Mars.

Par ailleurs, il observa les raies caractéristiques de l'hydrogène dans le spectre de protubérances obtenu durant les éclipses totales de Soleil de 1868 et de 1871. Durant l'éclipse totale de Soleil de 1868, il découvrit indépendamment de Rayet la présence de raies spectrales d'un élément chimique inconnu sur Terre et qui fut baptisé hélium par Lockyer en 1869. À partir de 1888, il organisa des expéditions scientifiques dans le massif du Mont-Blanc afin de pouvoir observer le spectre solaire pratiquement sans absorption atmosphérique. En 1892, un observatoire provisoire fut installé au sommet du mont Blanc. Cet observatoire fut actif près d'une dizaine d'années et servit spécialement à l'observation des raies de l'oxygène, afin de déterminer si ces raies spectrales étaient exclusivement d'origine terrestre, donc simplement créées par notre atmosphère, ou d'origine extraterrestre, solaire ou autre.

La classification spectrale des étoiles

L'astronome américain Edward Charles Pickering, directeur de l'Observatoire de Harvard de 1877 à sa mort, fut un pionnier de l'astrophysique, en particulier en photographie, en photométrie et en spectroscopie. Il découvrit en 1889 la première étoile binaire spectroscopique, Mizar.

Vocabulaire

Binaire spectroscopique : étoile binaire serrée dont la duplicité ne peut être détectée que par l'analyse spectroscopique, par le mouvement cyclique ou le dédoublement des raies spectrales.

Edward Charles Pickering (CC).

En 1890, il établit les bases d'une nouvelle classification des spectres stellaires basée sur la présence ou l'absence de raies spectrales sélectionnées et les intensités relatives de certaines d'entre elles prises deux à deux. L'échelle obtenue était rangée par types spectraux (O, B, A, F, G, K, M, avec des subdivisions de 0 à 9) et pouvait être graduée parallèlement en température. Cette classification spectrale, appelée « classification de Harvard », est restée essentiellement la même jusqu'à nos jours, si ce n'est une modification apportée en 1943 par l'introduction de la classe de luminosité déduite de la finesse des raies spectrales.

L'effet Doppler-Fizeau

Johann Christian Doppler (CC).

Johann Christian Doppler, physicien autrichien, étudia la variation de hauteur d'un son perçu lorsque la source sonore se déplaçait par rapport à l'observateur. Il établit en 1842 le principe selon lequel, lorsque la source sonore se rapproche, le son paraît être plus aigu et, lorsque la source sonore s'éloigne, le son paraît être plus grave. Il essaya d'en étendre l'action au domaine de l'optique, mais l'explication qu'il en donna était erronée. En 1848, le physicien français Hippolyte Fizeau, qui effectua la première mesure directe de la vitesse de la lumière, découvrit indépendamment le même principe pour le son et la lumière. Il démontra que, lorsqu'une source lumineuse se rapproche, sa lumière paraît être plus bleue et, lorsqu'une source lumineuse s'éloigne, sa lumière paraît être plus rouge. Il nota que le décalage de couleur était d'autant plus important que la vitesse de la source était grande. Il y avait changement de la longueur d'onde de la lumière émise par une source en mouvement par rapport à une source au repos selon la valeur de la vitesse et le sens du mouvement. Cet effet physique, appelé « effet Doppler-Fizeau », a trouvé au cours du XXe siècle une très importante application inattendue en astrophysique – au niveau de la mesure des vitesses radiales –, puis en cosmologie.

Hippolyte Fizeau, avant 1896, par Charles Reutlinger (CC).

Le pendule de Foucault

En mars 1851, le physicien amateur Léon Foucault réalisa dans l'enceinte du Panthéon, à Paris, une célèbre expérience à l'aide d'un pendule de 28 kilogrammes accroché à la voûte du dôme par un fil d'acier de petit diamètre et de 67 mètres de longueur. La boule pesante oscillait autour de la verticale avec une amplitude de 3 mètres. Foucault montra ainsi que le plan d'oscillation du pendule tournait au cours du temps, avec une période d'environ 31 heures 47 minutes 15 secondes.

Léon Foucault (CC).

Cette expérience montrait en fait clairement le mouvement relatif de la Terre par rapport au Système solaire. Une analyse mathématique, effectuée la même année par l'académicien et physicien français Jacques Binet, montra que la vitesse angulaire de rotation du pendule était corrélée avec celle de la Terre et avec la latitude du lieu de l'expérience. La Terre était donc bel et bien en mouvement.

L'émission et la propagation des ondes électromagnétiques

Ferdinand von Helmoltz (CC).

James Clerk Maxwell, gravure de G. J. Stodart, à partir d'une photographie de Fergus de Greenack, extrait de *The Scientific Papers of JamesClerk Maxwell*, Niven, 1890 (CC).

Le physicien allemand Ferdinand von Helmholtz, célèbre pour ses travaux dans le domaine de l'électricité, effectua en 1854 une étude précise sur le rayonnement thermique du Soleil et en donna une explication par la thermodynamique. Quelques années plus tard, le physicien anglais James Clerk Maxwell, qui travailla principalement sur le magnétisme et l'électricité, étudia la propagation des champs électromagnétiques. Il établit en 1864 le système de quatre équations qui gère cette propagation, donnant par voie de conséquence son nom à celles-ci. En 1886, le physicien allemand Heinrich Hertz débuta ses travaux sur les ondes électromagnétiques dans le domaine radio. En 1887, il détermina la vitesse de propagation de ces ondes électromagnétiques et la trouva de même valeur que celle de la lumière, prouvant ainsi le caractère électromagnétique de la lumière qui avait été pressenti par Maxwell. L'application des travaux de Hertz à l'astrophysique fut cependant tardive. Il fallut en effet attendre 1933 pour que les ondes électromagnétiques du domaine radio soient détectées en provenance de différents objets célestes, le Soleil, la Voie lactée...

Vocabulaire

Radio ou **radioélectrique** : Domaine du spectre électromagnétique correspondant aux longueurs d'onde comprises entre 1 millimètre et plusieurs kilomètres.

Vers la fin du siècle, les travaux du physicien anglais Lord Rayleigh, ainsi que ceux de son collègue allemand Max Planck, sur la nature du rayonnement émis par une source portée à une certaine température de surface et sur le spectre théorique de ce rayonnement, permirent la connaissance précise de la température de surface du Soleil et des étoiles avant même le début du XXe siècle. Ainsi, la connaissance des mécanismes d'émission et de propagation des ondes électromagnétiques, couplée à celle des spectres des astres qui émettaient ces ondes, et donc de leur composition chimique, permit alors aux astronomes de pouvoir enfin analyser correctement les informations véhiculées par la lumière, en provenance des divers astres qui composent notre Univers, et de pouvoir en déduire un grand nombre de renseignements sur la structure physique et l'évolution temporelle de ces différents objets célestes.

La source énergétique du Soleil et des étoiles

On commença à répondre à la question de la source énergétique du Soleil et des étoiles grâce au développement des sciences durant le XIXe siècle. Certes ces réponses étaient fausses, mais elles permettaient enfin de pouvoir expliquer un phénomène jusqu'alors totalement incompris. En effet, jusqu'à l'aube du XIXe siècle il n'avait jamais été possible de donner une solution réaliste au problème de la source énergétique du Soleil et des autres étoiles. Cependant dès le début du siècle il ne faisait plus aucun doute que la nature du Soleil était similaire à celle des étoiles. Il fallut alors donner une explication cohérente unique pour le Soleil et les étoiles, aussi bien pour le fonctionnement que pour la source énergétique.

Une première hypothèse vit le jour au début du XIXe siècle. Selon cette hypothèse, des réactions chimiques se produiraient à l'intérieur et à la surface du Soleil. Ces réactions de combustion rendraient en fait le Soleil analogue à un vaste feu. Cependant, il fut très vite possible de constater qu'une telle hypothèse est totalement fantaisiste, la durée de vie du Soleil n'étant alors que de l'ordre de quelques milliers d'années, c'est-à-dire totalement incohérente. Cette hypothèse fut donc vite abandonnée au cours du XIXe siècle.

Julius Robert von Mayer, à qui revient le mérite d'avoir énoncé le principe de l'équivalence de la chaleur et du travail mécanique en 1842, proposa une seconde hypothèse vers le milieu du XIXe siècle. Selon lui, la source énergétique du Soleil et des étoiles tirait son origine de la chute permanente d'astéroïdes et de comètes sur les surfaces de ces astres, qui y arrivaient à grande vitesse et donc avec une énergie cinétique importante, transformée en chaleur par les chocs. Un calcul montra cependant assez rapidement qu'une telle hypothèse donnait une durée de vie incohérente pour le Soleil, seulement huit cent mille ans environ, en totale contradiction avec un âge terrestre de plusieurs centaines de millions d'années au minimum, âge déjà connu à l'époque grâce aux données de la géologie et de la paléontologie. De plus, cette chute permanente d'objets à la surface du Soleil aurait alors dû amener une augmentation progressive de la masse de notre étoile et des changements notables dans les valeurs des paramètres orbitaux, en particulier une diminution de la durée de l'année d'environ 3 secondes par an, ce qui n'aurait pas échappé aux observations.

Élaborée par Ferdinand von Helmholtz en 1854, une troisième hypothèse proposait la contraction gravitationnelle du Soleil comme source énergétique de cet astre. Cette contraction aurait ainsi dû induire une diminution du diamètre de notre étoile au cours du temps. La matière périphérique devait alors se rapprocher du centre de l'astre et, à cause de l'énorme valeur de la pesanteur à la surface solaire, induire par voie de conséquence une diminution considérable de l'énergie potentielle du Soleil. Cette variation d'énergie correspondait en fait à une énergie cédée à l'extérieur sous forme d'énergie radiative. Un calcul ultérieur montra cependant que cette hypothèse ne fonctionnait pas mieux que les autres, la durée de vie du Soleil issue de cette théorie restait encore trop faible, de l'ordre de cinquante millions d'années.

Enfin, vers la fin du siècle et après la découverte de la radioactivité, une quatrième hypothèse fut proposée. En effet, les corps radioactifs certainement présents dans le Soleil pouvaient également fournir une énergie considérable sous forme de rayonnement. Cette hypothèse, bien que très mal formulée au XIXe siècle, s'est révélée être la bonne piste au cours du XXe siècle. Ce n'est en effet qu'en 1938 que l'explication correcte de la source énergétique du Soleil et des étoiles a enfin pu être formulée de manière cohérente.

Le paradoxe de Chéseaux-Olbers

En Allemagne, Heinrich Wilhelm Olbers étudia en 1823 l'énigme de l'obscurité du ciel nocturne, appelé ultérieurement « paradoxe de Chéseaux-Olbers », et en donna une solution équivalente à celle proposée par Chéseaux. Mais ce fut le physicien anglais William Thomson, Lord Kelvin of Largs, bien connu pour ses travaux de physique théorique à la fin du XIXe siècle, qui donna enfin en 1884 une explication quantitative absolument correcte pour le paradoxe de Chéseaux-Olbers. Il proposa une démonstration mathématique rigoureuse comme solution de cette énigme et montra clairement que l'âge fini des étoiles suffisait à expliquer pourquoi le ciel nocturne était obscur. Cette solution élégante au paradoxe avait en fait déjà été entrevue, de manière qualitative, par l'écrivain américain Edgar Allan Poe en 1848.

L'histoire de l'astronomie

Durant tout le XIXe siècle, de nombreux érudits travaillèrent dans le domaine de l'histoire de l'astronomie, en particulier dans la recherche et la traduction des manuscrits médiévaux, voire plus tardifs, conservés dans les différentes bibliothèques nationales ou locales et le plus souvent oubliés. Ainsi, plusieurs découvertes de textes anciens, que l'on pensait égarés, eurent lieu, parfois totalement par hasard. En particulier, le *Commentariolus*, manuscrit de Copernic considéré comme perdu depuis le début du XVIIe siècle, fut retrouvé tout à fait par hasard sous forme de deux copies manuscrites, l'une à Vienne en 1878 et l'autre à Stockholm en 1881, ce qui permit la publication d'une édition critique en 1884.

Jean-Sylvain Bailly par Michellis (?), 1789 (CC).

L'astronome Jean Sylvain Bailly avait déjà écrit, au cours du XVIIIe siècle, plusieurs ouvrages concernant de près ou de loin l'histoire de l'astronomie, en l'occurrence une *Histoire de l'astronomie ancienne, depuis son origine jusqu'à l'établissement de l'école d'Alexandrie* (1775, 2e édition 1781), une *Histoire de l'astronomie moderne depuis la fondation de l'école d'Alexandrie jusqu'à l'époque de MDCCXXX* (2 volumes, 1778-1783), des *Lettres sur l'origine des sciences et sur celle des peuples de l'Asie adressées à Monsieur de Voltaire* (1777, 2e édition 1787), des *Lettres sur l'Atlantide de Platon et sur l'ancienne histoire de l'Asie* (1779) et une *Histoire de l'astronomie indienne et orientale* (1787).

Jean-Baptiste Delambre (CC).

Suivant son exemple, Jean-Baptiste Delambre, alors directeur de l'Observatoire de Paris, fut l'auteur d'une monumentale *Histoire de l'astronomie*, publiée entre 1817 et 1827 et qui resta longtemps un ouvrage de référence, en l'occurrence une *Histoire de l'astronomie ancienne*, 1817 (en 2 volumes), une *Histoire de l'astronomie du Moyen Âge*, 1819, et une *Histoire de l'astronomie moderne*, 1821-1827 (en 2 volumes).

L'œuvre de François Arago fait également une large place à l'histoire de l'astronomie, en particulier au sein de son *Astronomie populaire*, publiée à titre posthume entre 1854 et 1857.

François Arago (CC).

Par ailleurs, suite à une recherche bibliographique qui dura plusieurs années, le physicien français Pierre Duhem écrivit à la fin du XIXe siècle et au début du XXe siècle un ouvrage fondamental sur l'histoire de l'astronomie antique et médiévale. Cet ouvrage monumental, dont le titre est *Le Système du Monde, Histoire des Doctrines Cosmologiques de Platon à Copernic*, reste encore à l'heure actuelle une référence incontournable pour tout ce qui touche à l'histoire de l'astronomie durant l'Antiquité classique et le Moyen Âge.

Pierre Duhem, jeune (CC).

L'apport des astronomes au cours du XIXe siècle

La découverte des premiers astéroïdes

Le 1er janvier 1801, premier jour du XIXe siècle, le prêtre et astronome italien Giuseppe Piazzi découvrit depuis Palerme une nouvelle planète qui circulait entre Mars et Jupiter, à 2,8 unités astronomiques du Soleil, et qui fut nommée Cérès. Cette découverte, qui ouvrait triomphalement

Portrait de Giuseppe Piazzi (CC).

le XIXe siècle, fut suivie, successivement, par celles de trois autres objets célestes de petite taille orbitant également entre Mars et Jupiter : en l'occurrence Pallas, découvert en mars 1802 par Olbers, Junon découvert en septembre 1804 par Carl Ludwig Harding, et Vesta, découvert en mars 1807 par Olbers. Ces objets célestes furent ultérieurement nommés « astéroïdes ». Il fallut ensuite attendre quarante ans pour que d'autres astéroïdes puissent être découverts, en l'occurrence Astrée en 1845, Hébé, Iris et Flora en 1847, Métis en 1848, Hygée en 1849 et Parthénope en 1850. Les astronomes connaissent actuellement plus d'un million d'astéroïdes, la plupart circulant entre Mars et Jupiter, et en découvrent chaque jour de nouveaux, se confrontant alors à un problème réel de nomenclature, chacun de ces astéroïdes devant porter un nom unique...

Parallaxes et distances stellaires

Friedrich Wilhelm Bessel (CC).

Durant plus d'un siècle, les tentatives de mesure des angles de parallaxes et, donc, des distances stellaires étaient toujours restées infructueuses. Ce ne fut qu'en 1838 que l'astronome allemand Friedrich Wilhelm Bessel, collaborateur d'Olbers, put enfin déterminer la distance de l'étoile 61 Cygni par la mesure de son angle de parallaxe. Cette détermination de la

Friedrich Wilhelm von Struve (CC).

distance d'une étoile permit de clore une querelle vieille de plus de deux mille ans. L'un des principaux arguments contre le système héliocentrique disait en effet que, en l'absence de parallaxe décelable, la Terre devait être immobile dans l'espace. Bessel prouva ainsi clairement son mouvement orbital autour du Soleil : La Terre n'était pas immobile par rapport aux étoiles.

En Russie, Friedrich Georg Wilhelm Struve, créateur d'un catalogue d'étoiles doubles et fondateur de l'Observatoire de Pulkovo, près de Saint-Pétersbourg, dont il fut le directeur de 1839 à 1862, arriva la même année mais par une méthode différente à déterminer les distances de quelques étoiles proches, spécialement celle de Véga de la Lyre, étoile très brillante de l'hémisphère nord, alors que Thomas Henderson mesurait la parallaxe de Toliman (α Centauri) depuis le Cap. La primauté de la mesure de la distance d'une étoile revient cependant bien à Bessel, la publication de ses résultats étant antérieure à celles de Struve et d'Henderson.

La découverte de Neptune

La découverte de la planète Uranus par William Herschel en 1781 avait été suivie par de nombreuses observations durant plusieurs décennies et par une modélisation, sous forme de tables, de la trajectoire nominale de cet objet par utilisation des lois de la mécanique céleste. Les premiers temps, la planète nouvellement découverte sembla suivre correctement la trajectoire calculée, alors que tous les astronomes supposaient que les tables étaient rigoureusement exactes. Cependant, en 1821, l'astronome français Alexis Bouvard reprit les tables et les observations et constata que quelque chose d'étrange était en train de se produire. Vers

John Couch Adams, vers 1870 (CC).

1830, les soupçons de Bouvard se confirmèrent, la planète étant en train de s'écarter inexplicablement de sa trajectoire théorique. Il fallut toutefois encore attendre quelques années pour que cet écart devienne intolérable au niveau de la mécanique céleste. La conclusion devint alors évidente, le mouvement d'Uranus était perturbé par une autre planète.

Vers 1841, l'anglais John Couch Adams débuta un long travail d'analyse théorique qui dura cinq ans. Ce travail, terminé en 1846, déterminait la localisation céleste et les caractéristiques du corps perturbateur qui influençait l'orbite de la planète Uranus. Vers 1843, le français Urbain Jean Joseph Le Verrier débuta indépendamment le même travail qu'il termina plus rapidement, également en 1846. Les deux hommes arrivèrent à la même conclusion : les irrégularités du mouvement de la planète Uranus étaient dues à une planète perturbatrice encore inconnue située au-delà et dont la position à une certaine date pouvait être calculée. Sa masse et son pouvoir attracteur pouvaient également être déterminés.

Urbain Le Verrier (CC).

Alors qu'Adams se heurta à la bureaucratie anglaise de l'époque et à la mauvaise volonté de l'astronome royal George Biddell Airy – lequel refusa d'effectuer des recherches avec l'aide du matériel de l'Observatoire royal de Greenwich – Le Verrier, mathématicien mais absolument pas observateur, utilisa très habilement ses bonnes relations avec l'astronome allemand Johann Gottfried Galle qui observait à l'Observatoire de Berlin avec un nouveau réfracteur très performant. Utilisant les calculs de Le Verrier, Galle, après quelques recherches infructueuses menées à l'aide de l'astronome allemand Heinrich Louis d'Arrest, découvrit effectivement le 23 septembre 1846, en collaboration avec ce dernier, un astre inconnu assez proche de la localisation calculée par le français. Cet astre, qui correspondait assez bien à celui défini à partir des calculs théoriques de Le Verrier et d'Adams, fut appelé « Neptune ».

La découverte de la planète Neptune apparut comme étant une éclatante confirmation de la mécanique newtonienne. Cette dernière avait en effet permis de découvrir une nouvelle planète uniquement par le calcul. Cette constatation fit d'ailleurs dire à l'astronome français François Arago que Le Verrier avait vu Neptune avec la pointe de sa plume...

La mécanique céleste

En France

Le Verrier, nommé directeur de l'Observatoire de Paris en 1854 quelques années après la découverte de Neptune, fut également l'auteur de plusieurs théories cohérentes aptes à rendre compte des mouvements planétaires. Il organisa les observations méridiennes à l'Observatoire de Paris, ainsi que le service météorologique tant en France qu'en Europe, et créa les *Annales de l'Observatoire de Paris*. Son successeur à la fonction de directeur de l'Observatoire de Paris en 1870, l'astronome Charles-Eugène Delaunay, fervent lecteur des œuvres de Laplace, fut un calculateur de talent et étudia les mouvements de la Lune durant toute la deuxième moitié de sa vie. Il élabora ainsi une théorie très complète de l'ensemble de ces mouvements, encore utilisée actuellement dans le cas des satellites artificiels.

Félix Tisserand (CC).

L'astronome Félix Tisserand travailla principalement sur des problèmes de mécanique céleste, en particulier sur la théorie de la Lune et sur la théorie des perturbations planétaires. Il fut l'auteur d'un *Traité de mécanique céleste* qui fut publié entre 1889 et 1896, lequel constituait une totale remise à jour et un rajeunissement de l'œuvre de Laplace. Il fut nommé directeur de l'Observatoire de Paris en 1892. À ce titre, il continua l'œuvre de son prédécesseur, l'amiral Ernest Barthélemy Mouchez, directeur de 1878 à 1892 et promoteur en 1887 de l'opération internationale de la Carte du Ciel, programme de photographie de l'ensemble du ciel profond à partir de dix-huit observatoires judicieusement répartis en latitude.

Maurice Loewy, d'origine autrichienne et naturalisé français, fut nommé directeur de l'Observatoire de Paris en 1897, en tant que successeur de Tisserand. Il occupa ce poste jusqu'à sa mort, survenue en 1907. Appelé en France par Le Verrier dès 1860, il effectua des recherches sur la détermination d'orbites de comètes et d'astéroïdes, puis se spécialisa en astrométrie. Entre 1896 et 1910, en collaboration avec le français Pierre-Henri Puiseux, Loewy fut l'un des pionniers de l'utilisation de la photographie appliquée à la cartographie lunaire, à l'aide de clichés obtenus avec le grand équatorial coudé (60 centimètres d'ouverture) de l'Observatoire de Paris, instrument qu'il avait lui-même conçu. Ces travaux photographiques débouchèrent sur l'*Atlas photographique de la Lune*, largement utilisé jusqu'au milieu du XXe siècle.

Vocabulaire

Astrométrie ou **astronomie de position** : Détermination des positions et des mouvements des astres. Création de catalogues d'étoiles (positions, mouvements propres, parallaxes, doubles).

Aux États-Unis

Aux États-Unis, le mathématicien et astronome Simon Newcomb travailla tout d'abord comme calculateur au Nautical Almanac Office entre 1857 et 1877, puis ensuite, entre 1877 et 1897, comme surintendant de l'*American Ephemeris* et du *Nautical Almanac*. Il étudia tout particulièrement les mouvements de la Lune et des planètes et fut l'auteur de théories très élaborées et très précises de ces mouvements, théories qui furent utilisées jusque vers 1980. Son compatriote, l'astronome Seth Carlo Chandler, travailla principalement sur la forme et les mouvements de la Terre, en particulier sa rotation. Il découvrit une période de 427 jours, appelée ultérieurement « période de Chandler », dans les mouvements de l'axe de rotation terrestre par rapport à la Terre et, donc, dans la trajectoire décrite par le pôle Nord terrestre dans un référentiel lié à la Terre, trajectoire appelée « polhodie ». La cause de cette oscillation de Chandler et de cette période associée fut ensuite reliée à l'élasticité de la Terre.

Simon Newcomb (CC).

L'ère des grands catalogues

Les catalogues d'étoiles doubles

Entre 1824 et son départ pour Pulkovo en 1835, Wilhelm Struve observa très régulièrement depuis l'Observatoire de Dorpat à l'aide d'un réfracteur de 24 centimètres d'ouverture équipé d'une monture équatoriale à mouvement d'horlogerie, à l'époque le plus grand au monde et dont l'objectif avait été calculé par l'opticien Fraunhofer. Il examina ainsi environ 120 000 étoiles comprises entre les déclinaisons + 90 degrés et – 15 degrés et mesura plus de 3 000 étoiles doubles ou multiples, la plupart étant inconnues auparavant. Il publia un catalogue d'étoiles doubles à partir de ses résultats. Son fils, Otto Struve, qui lui succéda en tant que directeur de l'Observatoire de Pulkovo entre 1862 et 1890, fut également un observateur d'étoiles doubles et multiples. Il en découvrit un grand nombre et publia son propre catalogue.

Le Durchmusterung

Le XIXe siècle vit également la création de plusieurs catalogues d'étoiles beaucoup plus importants et plus précis que tout ce qui avait pu être fait auparavant. Le catalogue *Bonner Durchmusterung* (BD) fut publié entre 1857 et 1863 sous la direction de l'astronome allemand Friedrich Argelander. Ce catalogue couvrait essentiellement le ciel boréal et comprenait 324 188 étoiles jusqu'à la magnitude 9, entre les déclinaisons + 90 degrés et – 2 degrés. Il était composé du catalogue proprement dit pour l'équinoxe 1855 et d'un atlas, ensemble de cartes où les étoiles étaient toutes représentées pour ce même équinoxe. Il fut prolongé jusqu'à la déclinaison – 26 degrés par la publication en 1886 d'une extension, le *Southern Durchmusterung* (BD), qui donnait la position de 133 659 étoiles, toujours pour l'équinoxe 1855.

En 1892, un autre catalogue, le *Cordoba Durchmusterung* (CoD), était publié à Buenos Aires par John M. Thome pour le ciel austral. Il comprenait 613 953 étoiles entre les déclinaisons – 22 degrés et – 90 degrés, dont 454 877 étoiles entre les déclinaisons – 22 degrés et – 52 degrés, et était édité avec un atlas associé pour l'équinoxe 1875. Enfin, en 1896, le *Cape Photographic Durchmusterung* (CPD) a été publié à Londres par Sir David Gill à partir de documents photographiques toujours pour l'équinoxe 1875, mais sans atlas associé. Ce dernier catalogue comprenait 454 875 étoiles australes, entre les déclinaisons – 18 degrés et – 90 degrés. L'ensemble de ces catalogues comprenait donc plus d'un million et demi d'étoiles et couvrait tout le ciel.

Le New General Catalogue

L'astronome danois Johan Ludwig Emil Dreyer révisa et compléta le catalogue de nébulosités de John Herschel. En 1888, il publia le *New General Catalogue of Nebulae and Clusters of Stars* (NGC) qui donnait les positions de 7 840 nébuleuses, amas stellaires et autres objets non stellaires, en particulier beaucoup d'objets d'apparence diffuse qui furent reconnus comme étant des galaxies après 1924. Deux suppléments à ce catalogue, les *Index Catalogue I* et *II* (IC), furent successivement ajoutés en 1895 et en 1908, avec un total de 5 386 objets.

Les nouveaux observatoires

Durant le XIXe siècle, et spécialement durant sa seconde moitié, plusieurs grands observatoires professionnels furent construits en Europe et aux États-Unis, leurs sites étant souvent choisis selon de nouveaux critères. Quelques observatoires privés financés par des astronomes amateurs furent également mis en service, en Europe comme aux États-Unis.

En France

L'Observatoire de Meudon fut fondé en 1876 par Jules Janssen non loin de Paris, à l'emplacement de l'ancien château de Meudon. Autour de 1880, un laboratoire de spectroscopie expérimentale pour l'étude des spectres de différents gaz fut installé, de manière à pouvoir facilement obtenir des spectres de comparaison pour l'analyse des spectres solaires et stellaires. Puis la grande lunette de l'Observatoire de Meudon fut mise en service en 1891. Elle consistait en un réfracteur double de 16,3 mètres de distance focale, équipée d'un objectif visuel de 83 centimètres d'ouverture, et d'un objectif photographique de 62 centimètres de diamètre. De par son ouverture, la grande lunette est restée jusqu'à nos jours le troisième réfracteur au niveau mondial. Un télescope à miroir parabolique de 1 mètre d'ouverture et de 3 mètres de distance focale a également été mis en service à la même époque.

L'Observatoire du pic du Midi fut construit entre 1878 et 1881 sur l'initiative du général Charles de Nansouty, avec l'aide de l'ingénieur Vaussenat, au sommet du pic du Midi de Bigorre, à une altitude de 2 870 mètres. Le choix du site fut déterminé par la grande pureté du ciel et la très faible turbulence atmosphérique, ce qui y permit un grand nombre d'observations solaires et planétaires de qualité. Au cours du XXe siècle, plusieurs instruments y furent installés, en particulier des coronographes et plusieurs télescopes.

L'Observatoire de Nice fut édifié entre 1881 et 1887 sur le mont Gros, au-dessus de la ville de Nice, grâce au financement de l'opération par le mécène Raphaël Bischoffsheim. Un réfracteur de 76 centimètres d'ouverture et de 18 mètres de distance focale (en fait la cinquième lunette au niveau mondial) y fut mis en service sous une coupole réalisée par Gustave Eiffel.

Les observatoires de Strasbourg, de Marseille et de Toulouse, fondés respectivement en 1690, en 1702 et en 1718, furent modernisés et équipés d'une nouvelle instrumentation vers la fin du XIXe siècle. L'Observatoire de Strasbourg fut ainsi équipé d'une lunette de 50 centimètres et d'un télescope de 60 centimètres par l'administration impériale, l'Alsace étant à l'époque sous domination allemande, alors que ceux de Marseille et de Toulouse reçurent comme nouvel équipement des réflecteurs de 80 et 82 centimètres, respectivement.

Les frères Prosper-Mathieu Henry et Paul-Pierre Henry, astronomes à l'Observatoire de Paris, avaient résolu les problèmes générés par l'astrométrie photographique. Leur astrographe, achevé en 1885, était un équatorial formé de deux lunettes accolées et de même longueur focale, l'objectif principal de 33 centimètres d'ouverture et corrigé pour la lumière violette étant photographique et l'autre objectif servant au contrôle visuel de l'entraînement. Les performances de cet appareil engagèrent l'amiral Mouchez à convoquer, sous le couvert de l'Académie des sciences, un *Congrès international* en vue de l'établissement d'une carte générale du ciel. Ce congrès, réuni en 1887 à l'Observatoire de Paris, décida que la carte comprendrait toutes les étoiles jusqu'à la magnitude 14, et que lui serait adjoint un catalogue des positions des étoiles jusqu'à la magnitude 11. Le travail fut réparti entre dix-huit observatoires, chacun étant équipé d'un instrument identique à celui qu'avaient construit les frères Henry.

Camille Flammarion (CC).

L'astronome amateur et vulgarisateur Camille Flammarion fonda en 1883 l'Observatoire de Juvisy où il se livra jusqu'à sa mort à des recherches très diverses en astronomie, en météorologie et en climatologie. L'Observatoire de Juvisy servit notamment pour de nombreuses observations des planètes. L'astronome français d'origine grecque Eugène Michel Antoniadi y fit ses premières observations planétaires de qualité, avant d'aller travailler avec la grande lunette de l'Observatoire de Meudon avec laquelle il obtint des résultats remarquables au niveau de l'observation des surfaces planétaires et, en particulier, au niveau de la confirmation de la non-existence des hypothétiques canaux martiens.

Ailleurs en Europe

L'Observatoire de Pulkovo, situé près de Saint-Pétersbourg, en Russie, fut construit sous l'impulsion de Friedrich Georg Wilhelm Struve qui supervisa les travaux entre 1835 et 1839 et qui en devint, en 1839, le premier directeur. Cet observatoire eut dès l'origine une forte orientation vers l'étude des étoiles doubles, en particulier celle des couples physiques dans l'espoir d'obtenir des orbites et, donc, les masses des composants.

En 1844 et 1845, avec l'aide de l'ingénieur et constructeur de télescopes James Nasmyth, l'astronome anglais William Lassell construisit une machine à polir les miroirs en spéculum (alliage métallique proche du laiton), ainsi qu'un télescope réflecteur de 61 centimètres d'ouverture (24 pouces) équipé d'une monture équatoriale à entraînement mécanique qu'il installa dans un observatoire moderne en banlieue de Liverpool. Ce fut avec ce télescope qu'il découvrit Triton, principal satellite de Neptune début octobre 1846, soit seulement deux semaines après sa première observation. Afin de bénéficier d'une latitude plus australe et d'une meilleure météorologie, il décida d'installer ce télescope sur l'île de Malte où il déménagea avec toute sa famille et ses domestiques en 1851 pour deux ans. Il découvrit là-bas l'an-

William Lassell (CC).

neau de Crêpe de Saturne. quelques mois après et indépendamment de George Bond. En 1858, Lassell débuta un projet encore plus ambitieux, en l'occurrence la construction d'un télescope réflecteur de 122 centimètres (48 pouces) monté sur une monture équatoriale à mouvement d'horlogerie, spécialement conçu pour les observations planétaires, en particulier celles de Saturne. Ce télescope fut installé en 1861 sur l'île de Malte et donna d'excellents résultats, mais, après quelques années, fut démonté et transporté à Liverpool, le tout jeune Observatoire de Melbourne, Australie, l'ayant poliment refusé alors que Lassell l'offrait gratuitement. Suite à des problèmes financiers temporaires, le télescope fut ensuite envoyé à la ferraille. Le choix de l'Observatoire de Melbourne fut d'ailleurs une lamentable erreur, car le télescope réflecteur à miroir métallique qui sera finalement installé se révélera être inutilisable, pour cause d'humidité très élevée et de variation rapide de température. Cet échec va influencer les trente années suivantes, ouvrant temporairement la voie aux réfracteurs au détriment des réflecteurs.

Aux États-Unis

En Californie, à l'ouest des États-Unis, la construction de l'Observatoire Lick sur le mont Hamilton, non loin de San Francisco et à 1 280 mètres d'altitude, fut achevée en 1888. Cette construction fut entièrement financée par le mécène américain James Lick. Cet observatoire, propriété de l'Université de Californie, fut équipé dès l'origine d'un grand réfracteur Clark de 91 centimètres d'ouverture et de 17,6 m de distance focale qui resta la seconde lunette au monde en taille, supplantée seulement par celle de l'Observatoire Yerkes. Ironie de l'histoire, la tombe de James Lick se situe juste en dessous de ce réfracteur.

L'Observatoire Yerkes, propriété de l'Université de Chicago, fut construit entre 1892 et 1897 sous l'impulsion de l'astronome américain George Ellery Hale (cofondateur avec James Edward Keeler de la revue *The Astrophysical Journal* en 1895), à 140 kilomètres au nord de la ville de Chicago. Cet observatoire, dont la construction fut totalement financée par le richissime homme d'affaires américain Charles T. Yerkes, fut dès l'origine équipé d'un réfracteur Clark de 101,6 cm d'ouverture et de 19,3 m de distance focale. Toujours en fonction, cette lunette reste à l'heure actuelle le plus grand réfracteur sur Terre en raison de son diamètre, même si, durant l'Exposition universelle de Paris en l'année 1900, une grande lunette réfracteur de 1,25 mètre d'ouverture et de 57 mètres de distance focale fut présentée au public de manière temporaire. L'Observatoire Yerkes fut également équipé de deux autres instruments.

Achevé en 1894, l'Observatoire de Flagstaff, Arizona, fut construit sous l'impulsion de l'astronome amateur Percival Lowell spécialement pour l'étude de la planète Mars, Lowell voulant confirmer l'hypothèse en vogue à l'époque de l'existence de canaux d'origine artificielle à la surface de cet astre. Cet observatoire, situé sur un plateau à 2 210 mètres d'altitude, fut équipé de deux réfracteurs Clark de 60 et 33 centimètres d'ouverture. Outre l'étude de Mars, l'Observatoire Lowell servit entre 1915 et 1930 à la recherche d'une planète transneptunienne envisagée par Lowell en 1909. La planète naine Pluton y fut découverte en 1930 par l'astronome américain Clyde William Tombaugh.

Les découvertes observationnelles

John Herschel

L'astronome anglais John Herschel, fils unique de William Herschel, le célèbre découvreur de la planète Uranus, reprit et diffusa largement les idées cosmogoniques de son père, en particulier sa vision stoïcienne de l'Univers. En 1833, John Herschel s'installa au cap de Bonne-Espérance, colonie anglaise à l'époque, et actuellement en Afrique du Sud, et y passa plus de quatre années afin de pouvoir y observer les nébuleuses et les étoiles de l'hémisphère sud. Il étudia tout particulièrement les Nuages de Magellan et compléta le catalogue

Photographie de John Herschel tirée de *The Year-book of Facts in Science and Art*, de John Timbs, Simpkin, Marshall, and Co, 1846 (CC).

de nébuleuses de son père William pour la partie australe du ciel, toujours invisible d'Angleterre. John Herschel passa ensuite le reste de sa vie à mettre à jour ses découvertes et à se perfectionner, principalement par passion, dans le domaine de la photographie.

Lord Rosse

William Parsons, Lord Rosse (CC).

Depuis son manoir de Birr Castle, au cœur de l'Irlande alors province anglaise, William Parsons, Lord Rosse (troisième du nom), construisit entre 1842 et 1845 un télescope géant de 1,80 mètre d'ouverture. Ce télescope lui permit d'observer certains objets célestes avec une précision jamais atteinte avant lui, même par William Herschel avec son télescope de 1,20 mètre d'ouverture. Lord Rosse put ainsi mettre en évidence en 1845 la nature spiralée de certaines nébuleuses, en particulier la galaxie du Tourbillon (M51) dans la constellation des Chiens de chasse. Cependant, il n'en déduisit aucun argument sur la nature de l'Univers.

Le cycle solaire et le nombre de Wolf

À partir de 1826, l'astronome amateur allemand Heinrich Schwabe effectua un recensement journalier du nombre de taches visibles sur le disque solaire. Dès 1843, il remarqua que ce nombre variait de façon à peu près régulière et paraissait présenter une période de l'ordre de 10 ans. Parallèlement, en s'appuyant sur un certain nombre d'observations antérieures, l'astronome suisse Rudolf Wolf établit vers 1845 une courbe de variation de l'activité solaire depuis les premières observations à la lunette, au début du XVIIᵉ siècle. Il établit ainsi une période de 11,1 ans pour le cycle d'activité solaire et introduisit un indice normalisé, dit « nombre de Wolf ». Ce nombre, toujours utilisé à l'heure actuelle, exprimait l'importance et la durée des cycles d'activité solaire à partir du nombre de taches et de groupes de taches observés sur le disque solaire. Il s'efforça également, sans beaucoup de succès, de mettre en évidence les corrélations entre l'activité solaire et divers phénomènes terrestres.

L'étude des taches fut poursuivie par Richard Ch. Carrington et Gustav Spörer. Carrington établit en 1859 qu'après un minimum d'activité solaire, les taches réapparaissent loin de l'équateur, dont elles se rapprochent graduellement et qu'elles atteignent au minimum suivant. Spörer précisa ces résultats et donna son nom à cette évolution temporelle qui fut appelée ultérieurement « loi de Spörer ». Carrington montra également que la période de rotation des points de la surface du Soleil augmentait avec la latitude. Il donna en 1863 la loi de cette variation et fixa la période sidérale de la rotation équatoriale à 25,4 jours.

L'astronome anglais Edward Walter Maunder installa à l'Observatoire de Greenwich, en 1873, un service spécialisé dans la photographie journalière du Soleil et dans le comptage des taches. Son intérêt pour les taches solaires le mena à analyser les observations antérieures et lui permit d'établir que le Soleil avait été totalement dépourvu de taches entre 1645 et 1715. Le nom de « minimum de Maunder » a été donné ultérieurement à cette période.

En 1891, l'américain George Ellery Hale et le français Henri Deslandres inventèrent indépendamment un nouvel appareil appelé « spectrohéliographe » qui permettait d'obtenir une image du disque solaire entier en lumière monochromatique. Il devenait ainsi possible d'observer le Soleil dans n'importe quelle longueur d'onde à l'aide de cet appareil dérivé du spectrographe qui utilisait une fente d'entrée et

Vocabulaire

Spectrographe : Système optique dérivé du spectroscope et composé au minimum d'une fente d'entrée (souvent placée au foyer image d'un télescope), d'un système dispersif (prisme ou réseau), éventuellement d'une fente de sortie mobile et d'un détecteur, soit un plan film, soit un capteur CCD.

Spectrohéliographe : Système optique dérivé du spectrographe et équipé d'une fente de sortie mobile qui est spécialement utilisé pour observer le Soleil en lumière monochromatique.

une fente de sortie. L'évolution des taches, des facules ou des protubérances pouvait être suivie ainsi durant tout le cycle solaire.

Les compagnons de Sirius et de Procyon

Au cours du XIXe siècle, plusieurs découvertes observationnelles de grande importance furent faites, parfois par simple hasard. En particulier, en 1862, le célèbre opticien américain Alvan Graham Clark, bien connu pour les excellentes lentilles de grand diamètre qu'il réalisa, découvrit tout à fait par hasard le compagnon de Sirius lors de l'essai d'une nouvelle lunette. L'existence de ce compagnon, appelé « Sirius B » ou « Pup », avait en fait été prévue par Bessel dès 1842 à cause d'irrégularités à caractère sinusoïdal dans le mouvement propre de Sirius. Bessel avait d'ailleurs également prévu en 1840 pour la même raison l'existence du compagnon de Procyon, appelé « Procyon B », qui ne fut cependant découvert qu'en 1896.

Le Système solaire

La planète Mars et l'affaire des canaux

Par une étude systématique de la planète Mars lors de son opposition périhélique de 1877, l'astronome américain Asaph Hall découvrit ses deux petits satellites qui furent ensuite appelés « Phobos » et « Deïmos », noms des deux chevaux qui tiraient le char du dieu de la guerre, Arès, selon la mythologie grecque. Ces deux satellites avaient en fait des caractéristiques orbitales étranges. En particulier, Phobos, avec une période de révolution sidérale de 7 heures 39 minutes, tournait autour de Mars plus vite que la planète sur elle-même (période de rotation de 24 heures 37 minutes 23 secondes). Ainsi, pour un observateur martien, Phobos se levait à l'ouest et se couchait à l'est...

> **Vocabulaire**
>
> **Révolution sidérale** : Mouvement périodique d'un astre autour d'un centre de mouvement le long d'une trajectoire elliptique ou circulaire par rapport à la sphère céleste et aux étoiles lointaines..

En 1878, l'astronome italien Giovanni Schiaparelli observa le premier des formations ramifiées sur la planète Mars. Un certain nombre d'astronomes, dont Schiaparelli lui-même et l'américain Percival Lowell, pensèrent que ces formations ramifiées étaient des canaux martiens artificiels, ce qui engendra une polémique sur l'existence de vie intelligente sur Mars. Cette polémique prit définitivement fin lorsque les premières sondes spatiales observèrent le sol de cette planète et révélèrent son aspect désertique. Les excellentes observations de Mars à la grande lunette de Meudon par Antoniadi avaient cependant levé le doute dès 1925.

Photographie de Giovanni Schiaparelli par William Larkin Webb (CC).

Vocabulaire

Sonde : Véhicule spatial envoyé par un lanceur en direction d'une cible extérieure (Lune, planète, astéroïde, comète, orbite solaire, etc.).

Les découvertes faites au cours du XIXe siècle

Asaph Hall étudia également les mouvements et les caractéristiques des comètes et des astéroïdes, et détermina la période de rotation de la planète Saturne. Il étudia les mouvements d'Hypérion, satellite de Saturne découvert en 1848 par son compatriote George Phillips Bond à qui on doit également la notion d'albédo et la découverte de l'anneau de crêpe en 1850. Par ailleurs, William Cranch Bond, père de George Phillips, fut l'un des promoteurs de la photographie astronomique aux États-Unis vers le milieu du XIXe siècle.

L'astronome anglais William Lassell découvrit plusieurs satellites autour des planètes géantes. En 1846, l'année même de la découverte de la planète mère, il découvrit Triton, plus gros satellite de Neptune. En 1848, il observa Hypérion, deux jours après G. P. Bond et indépendamment de lui. Enfin, en 1851, il identifia deux satellites d'Uranus, Ariel et Umbriel.

William Henry Pickering (CC).

Pour sa part, l'astronome italien Schiaparelli découvrit l'astéroïde Hesperia en 1861. En 1866, il montra que les orbites de plusieurs essaims de météorites coïncidaient avec celles de certaines comètes. Il en conclut que ces essaims étaient composés de débris cométaires.

William Henry Pickering, frère cadet d'Edward Charles Pickering, fut l'un des premiers à obtenir des photographies de Mars en 1888. Il découvrit également un satellite de Saturne, Phoebé, et fut à l'origine de l'atlas photographique de Harvard. Il effectua de nombreuses observations visuelles des planètes, Mars en particulier. Enfin, il suggéra, comme le fit indépendamment Lowell en 1909, l'existence d'une planète inconnue au-delà de Neptune.

La nature des anneaux de Saturne

Cassini I, qui avait déjà découvert en 1675 la division des anneaux à laquelle il fut donné ultérieurement son nom, suggéra en 1705 l'hypothèse selon laquelle les anneaux de Saturne devaient être composés d'un amas de très petits satellites impossibles à discerner individuellement. Il fallut cependant attendre 1785 pour que Laplace puisse démontrer qu'un anneau de type disque rigide en rotation serait instable et se désagrégerait sous l'influence combinée de son mouvement de rotation et des forces de gravitation exercées par sa planète mère. Laplace suggéra alors que les anneaux pourraient être composés de fins annelets concentriques animés d'un mouvement de rotation différentiel et suffisamment étroits pour supporter le long de leur épaisseur radiale les tensions induites par le mouvement et les forces de gravitation. En 1857, Maxwell put établir par le calcul que ces fins annelets devaient être constitués d'une multitude de petits corps parcourant des orbites indépendantes, comme autant de satellites de Saturne. Cette étude théorique fut complétée expérimentalement par des mesures spectrographiques effectuées parallèlement en 1895 en France et aux États-Unis par les astronomes Henri Deslandres et James Edward Keeler. Ils établirent que les anneaux ne tournaient pas d'un bloc, la vitesse de rotation des anneaux les plus internes étant supérieure à celle des anneaux les plus externes, en accord avec ce que laissaient prévoir les lois de la physique pour des particules décrivant des orbites indépendantes.

Les deux passages de Vénus devant le Soleil

À l'aide d'une meilleure instrumentation mieux corrigée des diverses aberrations optiques et grâce à la photographie, de nombreux astronomes observèrent les deux passages de la planète Vénus devant le Soleil de décembre 1874 et de décembre 1882. Depuis ceux de 1761 et de 1769, les passages de Vénus devant le Soleil servaient à mesurer le plus précisément possible la valeur de la parallaxe solaire et, ainsi, la distance moyenne entre le Soleil et la Terre. Ceci permettait d'obtenir une valeur correcte de l'unité astronomique, définie comme étant la longueur du demi-grand axe de l'orbite terrestre. Les deux passages du XIXe siècle permirent ainsi d'obtenir une meilleure valeur pour la parallaxe solaire. Cependant, l'excessive rareté de ce phénomène en faisait une méthode assez peu reproductible, cet événement ne se reproduisant en moyenne que deux fois, à huit ans d'intervalle, après plus d'un siècle.

Edward Emerson Barnard

L'astronome américain Edward Emerson Barnard découvrit une vingtaine de comètes durant sa carrière. En 1892, il fut le premier à en découvrir une à l'aide de la photographie. Il fut astronome à l'Observatoire Lick, puis à l'Observatoire Yerkes dont il devint le directeur en 1895. Depuis Lick, il découvrit en 1892 le cinquième satellite de Jupiter, Amalthée. Il prit des milliers de photographies de la Voie lactée vers la fin du XIXe siècle. Il fut par ailleurs l'auteur d'un catalogue de nébulosités galactiques et de

Edward Emerson Barnard (CC).

nébuleuses obscures (absorbantes) et donna son nom à la boucle de Barnard qui ceinture les trois quarts de la constellation d'Orion.

En 1916, il découvrit une étoile particulière dans la constellation d'Ophiucus, qui fut ultérieurement appelée « étoile de Barnard ». Cette étoile, située à 6 années lumières du Soleil, s'est révélée être la plus proche de nous, à l'exception du système triple α Centauri (Toliman), et être animée du mouvement propre le plus rapide connu, avec un déplacement annuel sur la sphère céleste de 10,31 secondes d'arc, couplé avec une vitesse radiale d'approche de 108 km/s. Une étude ultérieure des perturbations de son mouvement, effectuée entre 1937 et 1983 par l'astronome américain d'origine hollandaise Peter van de Kamp, a semblé indiquer que cette étoile naine rouge pourrait être accompagnée par deux planètes de masses voisines de celle de Jupiter et, ainsi, posséder un système planétaire. Ce résultat reste très controversé : les planètes découvertes par van de Kamp n'ont jamais pu être observées par d'autres observateurs. De plus, il semblerait que les techniques observationnelles de son époque ne lui permettaient pas de pouvoir faire cette détection (il s'en fallait de beaucoup). Ce n'est qu'au début des annéees 1990 qu'il est devenu possible de mesurer de telles variations

Vocabulaire

Boucle de Barnard : gigantesque nébuleuse diffuse émissive qui ceinture la constellation d'Orion.

Vitesse radiale : Composante v_r de la vitesse instantanée d'un corps céleste projetée sur la ligne de visée (ligne virtuelle tracée entre l'observateur et l'objet en question). L'effet Doppler-Fizeau permet sa mesure à partir de l'analyse spectrale, selon la formule $\Delta\lambda/\lambda = v_r/c$.

et donc de pouvoir détecter de nouvelles planètes extrasolaires... On a ici affaire à un phénomène d'autosuggestion mâtiné d'orgueil démesuré, van de Kamp n'ayant jamais accepté son échec et ayant affirmé jusqu'à sa mort l'existence de ces deux planètes...

La notion de magnitude

Les Anciens, en particulier Hipparque et Ptolémée, avaient empiriquement réparti les étoiles en six classes de grandeur. Dès l'invention de la lunette, les astronomes se rendirent compte que le minimum d'éclat perceptible n'était plus limité de façon absolue. Il fallut alors convenir d'une méthode permettant d'étendre progressivement la classification. Cette méthode restant très imprécise, William Herschel établit en 1796 une méthode bien meilleure, à l'aide de comparaisons multiples, qui fut utilisée de mieux en mieux par ses successeurs, en particulier par son fils John Herschel, lors de son séjour au Cap, qui effectua des mesures d'éclats de grande précision. Les premières mesures d'Argelander, faites depuis l'Observatoire de Bonn et publiées dans son ouvrage l'*Uranometria Nova* en 1843, portèrent sur toutes les étoiles visibles à l'œil nu à la latitude de Bonn et servirent de références pour l'étalonnage de l'échelle photométrique. Suivant une idée émise par d'autres scientifiques à partir des travaux précédents, l'astronome anglais Norman R. Pogson proposa en 1856 de quantifier l'échelle photométrique des grandeurs à l'aide d'une formule devenue classique. Ses successeurs introduisirent la notion de magnitude à partir de la formule de Pogson. Il fallut cependant attendre 1910 pour que Karl Schwarzschild introduise l'indice de couleur, différence entre la magnitude photographique et la magnitude visuelle.

Vocabulaire

Indice de couleur : Pour un astre, différence de deux magnitudes mesurées à l'aide de différents filtres centrés sur différentes longueurs d'onde dans le même système photométrique.

L'origine du Système solaire

De nombreuses théories cosmogoniques concernant l'origine du Système solaire furent conçues à partir du XVIIe siècle. Elles se divisèrent rapidement en deux groupes distincts qui s'affrontèrent depuis lors, en l'occurrence les théories évolutionnistes et les théories catastrophistes. Les premières considéraient la formation du Système solaire comme étant un processus normal aisément reproductible, alors que les secondes la donnaient pour être un accident rarissime résultant d'une collision entre le Soleil et un autre objet de grande taille. Le premier groupe fut cependant beaucoup plus en vogue durant tout le XIXe siècle.

Les théories évolutionnistes

La première théorie cosmogonique évolutionniste fut imaginée par René Descartes vers 1630 dans son *Traité du Monde*, publié seulement en 1664, soit quatorze ans après sa mort. Selon cet auteur, le vide n'avait jamais pu exister dans l'Univers. Ce dernier n'était composé que de trois éléments, le feu, l'air et la terre, lesquels l'emplissaient totalement dans le plus grand chaos. Les lois d'essence divine avaient ensuite permis à la matière de s'organiser et de se regrouper selon des formes liées aux trois éléments : étoiles et Soleil pour le feu, cieux pour l'air, planètes et Terre pour la terre. Bien qu'imprégnée d'éléments aristotéliciens et antérieure à la découverte de la gravitation universelle, cette théorie avait le mérite d'être la première théorie mécaniste de l'Univers. Selon Descartes, c'était en effet les mouvements et les rencontres de grands tourbillons de matière qui façonnèrent l'Univers.

En 1755, le philosophe Emmanuel Kant proposa dans son ouvrage *Histoire Générale de la Nature et Théorie du Ciel* une nouvelle théorie évolutionniste. Cette théorie donnait une explication de la naissance de l'Univers, en particulier du Système solaire, à partir d'un chaos originel parfait qui contenait toute la matière du Monde. De manière tout à fait naturelle, cette matière s'organisa d'après les lois de la gravitation universelle par des contractions et des arrangements internes, passant progressivement d'une nébuleuse primitive composée principalement de gaz et de poussières à un univers bien ordonné composé d'étoiles, de planètes, de comètes, voire d'autres objets. Même si le modèle kantien ressemble singulièrement aux différents modèles épicuriens, en particulier à celui de Lucrèce, Kant se défendit d'avoir été influencé par les idées des atomistes. En effet, selon lui, les lois générales d'action de la matière pouvaient également être une conséquence du projet suprême de la divinité créatrice et, ainsi, ne pouvaient avoir d'autres déterminations que celles qui tendent à remplir le dessein que la sagesse divine s'était proposée au commencement des temps.

En 1796, Pierre Simon de Laplace proposa à son tour une théorie similaire dans son ouvrage de vulgarisation *Exposition du Système du Monde*. Cette théorie, totalement indépendante de celle de Kant qui resta toujours ignorée de Laplace, fut modifiée et perfectionnée durant les trente dernières années de sa vie. Les nouvelles découvertes y furent également incluses, en particulier celle des premiers astéroïdes au début du XIXe siècle. L'idée fondamentale de Laplace ne pouvait en effet qu'être confirmée par une telle découverte. Selon lui, l'arrangement actuel du Système solaire ne devait rien au hasard, étant au contraire la marque de son origine. D'après Laplace, il existait à son époque des nébuleuses en train de se transformer en étoiles entourées de planètes. D'autre part, la régularité des mouvements dans le Système solaire indiquait clairement une origine nébulaire pour celui-ci. Il bâtit alors un modèle cohérent où les transformations et les mouvements dans la nébuleuse primitive aboutissaient au Système solaire actuel par action de la gravitation, *via* un certain nombre d'anneaux concentriques temporaires. Le marquis de Laplace, par son autorité et son prestige, donna alors à la cosmogonie son statut d'objet scientifique. Cette théorie, qui faisait naître la diversité de l'uniformité, fut ultérieurement appelée « hypothèse de Kant-Laplace ».

La théorie de Laplace régna sans partage pendant la plus grande partie du XIXe siècle, alors que peu de travaux réellement importants virent le jour. Cette théorie fut ainsi reprise, critiquée et améliorée par quelques astronomes et physiciens. Alors que Charles Wolf la reprit sans la modifier, Hervé Faye construisit une théorie publiée en 1884 et dérivée de celle de Laplace. La théorie de Faye, qui utilisait une classification morphologique des différents objets célestes, en particulier les étoiles et les nébuleuses, rendait moins compte des grandes régularités du Système solaire, de façon à sauver le cas particulier des révolutions et rotations

Portrait d'Édouard Roche, artiste inconnu (CC).

rétrogrades et à comprendre le cas des autres étoiles. Cependant, la théorie de Laplace, même revue par Faye, restait essentiellement qualitative.

Autour de 1880, le physicien français Édouard Roche, célèbre pour ses travaux sur la gravitation, fut le premier à soumettre l'hypothèse de Kant-Laplace au calcul mathématique. Son travail montra que les mécanismes de formation du Système solaire pouvaient être expliqués dans la théorie de Laplace et justifia parallèlement la composition physique de la nébuleuse primitive selon la supposition de Kant. À la même époque, l'astronome et statisticien anglais George Howard Darwin, fils du naturaliste et biologiste Charles Darwin, étudia particulièrement l'histoire et l'évolution du système Terre-Lune dans le cadre de l'étude de l'influence du phénomène des marées sur les mouvements, et donc sur les distances, dans le Système solaire. Il déduisit de ses travaux que le processus de formation de la Lune n'était pas applicable à l'ensemble des planètes mais devait être bien spécifique au système Terre-Lune.

Vers la fin du siècle, l'hypothèse nébulaire de Kant-Laplace subit un net déclin. Plusieurs critiques pertinentes furent émises à cette époque, en particulier à la suite des travaux de Hervé Faye, Édouard Roche, George Darwin et Daniel Kirkwood (qui donna également son nom aux lacunes présentes au sein de la Ceinture principale d'astéroïdes). Certaines théories ultra-évolutionnistes outrancières précipitèrent ce déclin prévisible, alors que le problème du moment angulaire, alors insoluble, rendait l'hypothèse nébulaire de moins en moins crédible. Le moment angulaire d'un système de points est en

Vocabulaire

Moment angulaire (ou **moment cinétique**) : Le moment cinétique (ou angulaire) d'un point matériel M est le moment de sa quantité de mouvement par rapport à un point O, c'est-à-dire le produit vectoriel du vecteur OM et de cette quantité de mouvement.

effet indestructible et invariable au cours du temps, ce qui implique que la répartition et la valeur du moment angulaire dans le Système solaire résultent directement de la façon dont il s'est formé. En 1861, le physicien Jacques Babinet attira le premier l'attention sur ce grave problème, en remarquant que la rotation axiale très lente du Soleil ne pouvait être expliquée correctement. En supposant le diamètre du Soleil primitif égal à celui de l'orbite de Neptune, l'astre du jour aurait alors dû avoir initialement une période de rotation axiale d'environ 27 000 siècles, ce qui rendait impossible d'admettre une formation des planètes par la masse du Soleil en contraction. Cette difficulté majeure, couplée à l'irruption de sciences nouvelles, en particulier la géologie et la paléontologie, fut reprise et étayée par plusieurs scientifiques. L'hypothèse de Kant-Laplace perdit alors sa prépondérance au profit des théories catastrophistes.

Les théories catastrophistes

La première théorie catastrophiste fut historiquement proposée en 1745 par le naturaliste Georges Louis Leclerc, comte de Buffon (Bourgogne). Selon lui, la rencontre tangentielle d'une comète avec le Soleil pourrait avoir créé l'ensemble du système planétaire. Après cette catastrophe, le Système solaire put commencer son évolution soumise aux lois ordinaires de la mécanique. Cette théorie, qui ménageait les susceptibilités anthropocentriques d'origine religieuse en sauvant l'unicité de notre présence dans l'Univers, fut cependant très rapidement réfutée, les comètes étant des astres de très faible masse qui appartenaient à notre Système solaire et dont la naissance était contemporaine de la sienne...

Il fallut attendre la fin du XIXe siècle pour que d'autres théories catastrophistes voient le jour, parallèlement au déclin de l'hypothèse de Kant-Laplace et de la mise en évidence du problème du moment angulaire. Il y eut ainsi une floraison de théories catastrophistes qui invoquaient des chutes de météorites ou de comètes sur le Soleil, ces chutes étant également invoquées comme explication de la naissance des étoiles, en particulier par Norman Lockyer, à la suite de Julius Robert von Mayer qui fut le premier à proposer une telle hypothèse.

Abordant plus globalement le problème de la genèse de toutes les étoiles, de tous les amas d'étoiles et de toutes les nébuleuses, le physicien et chimiste suédois Svante Arrhenius proposa que les nébuleuses pouvaient naître du choc entre des étoiles mortes. Il fit intervenir dans son modèle plusieurs sciences, mais soutint, probablement pour des raisons religieuses, qu'il était impossible de connaître l'origine absolue du monde. Il proposa également que le mécanisme de capture puisse expliquer un certain nombre de choses, la présence des planètes Uranus et Neptune et de satellites rétrogrades en particulier. Thomas J. J. See reprit l'idée de capture, en l'élargissant à tous les objets du Système solaire.

Le français Émile Belot proposa à la fin du XIXe siècle une théorie catastrophiste originale dans un ouvrage appelé *Essai de Cosmogonie tourbillonnaire* où il développa une origine dualiste du monde. Selon lui, le Système solaire serait né du choc d'un tube-tourbillon et d'un nuage cosmique, c'est-à-dire qu'une nébuleuse animée de mouvements tourbillonnaires aurait rencontré une nébuleuse amorphe et s'y serait transformé en Système solaire. Cette idée féconde, issue plus ou moins des idées de Descartes, engendra une théorie un peu plus réaliste que les précédentes, utilisée au XXe siècle par von Weizsäcker et Ter Haar.

Les vulgarisateurs

Les vulgarisateurs anglais

Richard Anthony Proctor (CC).

John Herschel fut un vulgarisateur de l'astronomie en langue anglaise, en collaboration avec son concitoyen Richard A. Proctor. Ils proposèrent en particulier une vision hiérarchique de notre Univers comme explication de l'énigme de l'obscurité. Parallèlement, Richard Proctor reprit la vision stoïcienne de l'Univers proposée par William Herschel et en devint le zélé promoteur à partir de 1870. Il est à noter que cette idée s'imposa très généralement à cette époque et ne fut abandonnée qu'après 1920. John Herschel fut l'auteur de deux livres de vulgarisation astronomique, où il parlait des idées de son père et des siennes, tandis que Richard Proctor fit publier plusieurs ouvrages où il développait largement ses idées sur une vision stoïcienne du monde. L'anglaise Agnes Mary Clerke écrivit vers la fin du siècle plusieurs ouvrages de vulgarisation qui eurent une large audience dans l'Angleterre victorienne. De son côté, Maunder fit beaucoup pour le développement de l'astronomie populaire au Royaume-Uni et fut l'un des fondateurs de la British Astronomical Association en 1890.

Les vulgarisateurs français

François Arago (CC).

François Arago, astronome et professeur d'université, vulgarisa l'astronomie en France. Il fut l'auteur d'une *Astronomie populaire*, ouvrage publié à titre posthume entre 1854 et 1857 et qui inspira largement les vulgarisateurs de la seconde partie du XIXe siècle, dont Camille Flammarion qui fut le plus connu et le plus prolifique d'entre eux. Ce dernier eut une très large activité de vulgarisation de l'astronomie en France. Il fut l'auteur de nombreux ouvrages de vulgarisation, en particulier *L'Astronomie populaire*, ouvrage publié en 1880, et *Les Étoiles et les curiosités du Ciel*, ouvrage publié en 1882, ainsi que d'une *Astronomie des dames*, ouvrage publié en 1903. Il fut aussi le fondateur, en 1887, de la Société astronomique de France. Son œuvre eut une très large audience en France dès la fin du siècle.

7

– XXe SIÈCLE ET PREMIÈRE DÉCENNIE DU XXIe SIÈCLE –

Le XXe siècle permit enfin à l'astrophysique de s'épanouir dans toute sa plénitude et toutes ses possibilités. Jusqu'à la fin du XIXe siècle, il n'avait été possible que d'observer dans le domaine visible et, très partiellement, dans le proche ultraviolet et le proche infrarouge à l'aide de la photographie et du bolomètre. Le siècle suivant allait enfin permettre aux astronomes de pouvoir étudier les corps célestes sur toutes les longueurs d'onde du spectre électromagnétique avec des moyens inimaginables auparavant, comme les télescopes géants, les satellites artificiels et l'informatique. Les travaux des physiciens du XIXe siècle furent à cet égard fondamentaux pour aider à la compréhension de l'Univers. Ainsi, les travaux de James Clerk Maxwell, Joseph Stefan (loi de Stefan), Wilhelm Wien (loi de Wien), Hertz, Lord Rayleigh et Planck (loi de Planck) furent beaucoup utilisés durant tout le XXe siècle pour étudier l'émission et la propagation des ondes électromagnétiques et le transfert de l'énergie radiative émise par les différents corps célestes. À la fin du XIXe siècle, la connexion entre la physique et l'astronomie devint très importante et l'astrophysique fut définitivement consacrée en tant que discipline scientifique à part entière. Le rythme des découvertes se mit à s'accélérer au début du XXe siècle, débouchant en quelques décennies sur la vision actuelle de l'Univers.

Vocabulaire

Ultraviolet (UV) : Domaine du spectre électromagnétique comprenant les longueurs d'onde comprises entre 10 nanomètres et 0,4 micromètre (rayonnements plus énergétiques que le visible). Au contraire de l'ultraviolet lointain qui est bloqué par l'atmosphère terrestre, l'ultraviolet proche la traverse et induit les effets connus sous les noms de bronzage et de coups de soleil.

Le début du XXe siècle

L'instrumentation nouvelle

Au début du XXe siècle, les moyens d'observations devinrent nettement plus performants que ceux existant quelques décennies auparavant. En particulier, l'abandon de la construction de grands réfracteurs (à usage astronomique et spécialement en astronomie de position et pour la mesure du temps à partir des passages au méridien des astres) au profit de nouveaux télescopes équipés de miroirs argentés, puis aluminés, fabriqués avec des verres spéciaux (à usage astrophysique, en particulier pour la spectroscopie et la photographie) permit d'ouvrir une plus large fenêtre sur l'Univers lointain. À la fin du XIXe siècle, il s'était révélé impossible de réaliser industriellement des lentilles de diamètre supérieur au mètre pour des usages astronomiques. Il fallut donc s'orienter vers la construction de télescopes de grand diamètre. Pour cela, l'évolution des techniques à la fin du siècle était devenue suffisante. En effet, utilisée dès le milieu du XIXe siècle, la technique de l'argenture chimique des miroirs, associée à la généralisation des barillets compensateurs de flexion, était parfaitement maîtrisée au début du XXe siècle. De plus, l'usage de la monture équatoriale et du mécanisme d'entraînement permettant de compenser le mouvement diurne, tous deux introduits par Lassell en 1840, s'était généralisé durant la deuxième partie du XIXe siècle, en particulier avec l'apparition de l'électricité à usage domestique et industriel à la fin du siècle.

Ainsi, au début du XXe siècle, les plus grands télescopes en service étaient seulement de diamètre légèrement inférieur au mètre, à l'exception du grand télescope de Lord Rosse, équipé d'un miroir de spéculum (espèce d'alliage proche du bronze), qui ne donna jamais les résultats escomptés et qui fut définitivement abandonné et démantelé en 1908. La même année, sous l'impulsion de l'astronome américain George Ellery Hale (lequel fut déjà l'initiateur de la construction de l'Observatoire Yerkes, à la fin du XIXe siècle), un télescope de 152 centimètres d'ouverture fut mis en service à l'Observatoire du mont Wilson, en Californie. Ce télescope fut équipé d'un miroir en verre taillé par l'opticien américain George Willis Ritchey. En vue des magnifiques résultats obtenus avec cet instrument dès sa mise en service, il fut décidé de réaliser, toujours sous l'impulsion de Hale, un télescope encore plus gigantesque de 254 centimètres d'ouverture dans le même observatoire, dont le miroir fut également taillé par le même opticien. Ce nouveau télescope, appelé « Hooker » du nom du généreux mécène John D. Hooker, fut mis en service en 1917 et permit nombre de découvertes parmi les plus fondamentales de l'astrophysique actuelle. Au cours des années suivantes, plusieurs réflecteurs de diamètre voisin de 2 mètres furent installés aux États-Unis et au Canada, alors que de nouveaux types de télescopes aux meilleures performances apparaissaient.

Suivant une évolution parallèle à la même époque, les détecteurs devinrent lentement de plus en plus performants. En particulier, les techniques photographiques débouchèrent sur des plaques sensibles de plus grande taille, mieux adaptées aux besoins de l'astrophysique. Les sensibilités de ces plaques furent accrues, alors que la qualité des émulsions devenait meilleure. La plaque photographique remplaça ainsi petit à petit l'œil humain comme détecteur, induisant une diminution notable de la subjectivité dans l'analyse des observations. L'utilisation de systèmes dispersifs plus adaptés (les combinaisons de prismes et les réseaux par réflexion et par transmission) améliora également les techniques spectroscopiques.

Les découvertes observationnelles

La matière interstellaire

> **Vocabulaire**
>
> **Matière interstellaire :** Atomes, molécules, ions, électrons et grains de poussières qui se rencontrent entre les étoiles au sein de certaines galaxies. Cette matière se regroupe souvent en nébuleuses.

L'une des conséquences des divers progrès techniques enregistrés en photographie et en spectroscopie au début du xxe siècle fut la découverte de la matière interstellaire. En effet, pour les astronomes du siècle précédent, l'espace entre les étoiles était parfaitement vide de matière. Il fallut ainsi attendre le début du siècle pour découvrir enfin l'existence de la matière interstellaire. L'astronome Edward Emerson Barnard fut le premier à constater l'existence de nébuleuses obscures qu'il réunit en plusieurs catalogues durant les trente dernières années de sa vie. La nature de ces nébuleuses, qui prirent le nom de « nuages de Barnard », ne fit alors plus aucun doute. Elles ne pouvaient être en effet que des nuages obscurs de gaz ou de poussières qui masquaient les étoiles plus lointaines. En 1918, Herbert Doust Curtis obtint à l'Observatoire Lick d'excellents clichés de nébuleuses spirales. Sur certains de ces clichés, de grands nuages de matière sombre absorbante apparaissaient comme masquant les étoiles plus lointaines. Ces clichés levèrent les derniers doutes concernant l'existence de la matière interstellaire, déjà mise en évidence par les observations photographiques de Barnard.

Vocabulaire

Nuage de poussières : nébuleuse obscure ou par réflexion.

Amas ouvert : Amas stellaire localisé dans le disque jeune de la Voie Lactée, et donc proche du plan galactique, ou d'autres galaxies spirales ou irrégulières et composé d'étoiles relativement jeunes. Un amas ouvert peut parfois être associé à un nuage interstellaire de gaz ou de poussières.

L'étude des nébuleuses brillantes avait par ailleurs fait des progrès très importants. La nature gazeuse de la nébuleuse diffuse d'Orion, de couleur rouge, était connue depuis 1864 par les travaux de l'astronome William Huggins, le premier spectre de cette nébuleuse ayant clairement montré qu'elle était composée d'un gaz luminescent. En 1912, Vesto Melvin Slipher découvrit que la nébulosité qui entourait l'amas ouvert des Pléiades, de couleur bleue, était d'une autre nature et que sa lumière pouvait simplement résulter de la diffusion par des particules de type poussières de la lumière émise par les étoiles les plus brillantes de l'amas. Henry Norris Russell avait émis une théorie selon laquelle les étoiles les plus chaudes devaient être entourées par des nébuleuses diffuses à raies d'émission, comme la grande nébuleuse d'Orion, et les moins chaudes par des nébuleuses à diffusion simple, appelées « nébuleuses par réflexion ». Cette théorie fut rapidement confirmée par Edwin Powell Hubble.

Parallèlement, la matière interstellaire avait été mise en évidence indirectement lors de l'analyse spectroscopique de certaines étoiles à spectres variables. En 1904, Johannes F. Hartmann effectua des mesures très précises de la vitesse radiale de l'étoile δ Orionis (Mintaka), cette vitesse radiale étant connue, par l'analyse spectrale, pour être variable au cours du temps. Il confirma que cette étoile était une binaire spectroscopique dont le mouvement autour du centre de gravité se traduisait par une variation de grande amplitude de la vitesse radiale. Toutes les raies spectrales oscillaient ainsi autour de leurs positions moyennes, à l'exception d'une raie du calcium qui restait parfaitement stationnaire. Hartmann expliqua immédiatement cette raie très fine par l'absorption d'un nuage de calcium existant entre l'étoile et nous. Il fallut cependant attendre 1920 pour que le physicien anglais Sir Arthur S. Eddington puisse enfin réussir à expliquer clairement les observations et en déduise une densité spatiale moyenne en atomes de calcium, certes très faible, mais non nulle. D'autres atomes, radicaux et molécules furent ultérieurement découverts dans le milieu interstellaire.

En 1930, étudiant certains amas ouverts de notre Galaxie, Robert Trümpler effectua une recherche sur l'importance de l'absorption interstellaire et put confirmer qu'elle était très élevée au sein de la Voie lactée. Le taux moyen d'absorption dans le plan galactique fut estimé à une valeur de 0,67 magnitude par kiloparsec, ce qui, pour un rayonnement lumineux, amenait à une perte énergétique de 50 % pour un trajet de 1 123 parsecs. Trümpler dressa un catalogue d'amas ouverts galactiques pour mener à bien cette étude.

Vocabulaire

Parsec : Le parsec est défini comme étant la distance depuis laquelle le demi grand axe de l'orbite terrestre est vu sous un angle de une seconde d'arc. 1 parsec vaut 3,26 années lumière. 1 kiloparsec vaut 1 000 parsecs. On parle aussi de megaparsec et de giga parsec.

La classification spectrale de Harvard

À partir de 1886, l'Observatoire de Harvard, près de Boston, aux États-Unis, devint un grand centre d'analyse et de dépouillement des observations spectroscopiques stellaires, sous l'impulsion de son directeur, l'astronome Edward C. Pickering. Une intense activité d'analyse des spectres stellaires y eut lieu, donnant naissance à la classification spectrale de Harvard qui définissait les types spectraux encore utilisés actuellement. Ces types spectraux furent appelés O, B, A, F, G, K et M (avec des subdivisions de 0 à 9) pour les principaux et furent ordonnés selon la température superficielle de l'astre : O pour les étoiles les plus chaudes et M pour les plus froides. Par exemple, le Soleil y est classé de type spectral G2. Antonia C. Maury et Annie J. Cannon, toutes deux travaillant sous la direction d'Edward C. Pickering, fixèrent en 1901 la forme définitive de cette nomenclature toujours d'actualité. La classification spectrale fut cependant améliorée en 1943 par les astronomes américains William Wilson Morgan et Philip Childs Keenan, lesquels introduisirent la classe de luminosité déduite de la finesse des raies spectrales. Elle a été nommée « classification Morgan-Keenan » ou « classification MK ».

Antonia Maury, photographie prise à l'université de Vassar (CC).

Annie Jump Cannon, portrait de 1922, pour le *New York World-Telegram* et le *Sun Newspaper* (CC).

Vocabulaire

Type spectral : Représentation codée de la température superficielle d'une étoile par utilisation de la série O, B, A, F, G, K, M pour les types spectraux les plus courants, lesquels sont également subdivisés de 0 à 9, et de sa classe de luminosité, notée de I à VII (Soleil : G2V, G2 pour sa température superficielle et V pour sa classe de luminosité, l'astre du jour étant une étoile naine jaune)..

La relation période-luminosité des céphéides

Henrietta Swan Leavitt (CC).

D'autres astronomes de l'Observatoire de Harvard étudièrent l'évolution temporelle de la luminosité d'un certain nombre d'étoiles variables. Henrietta Swan Leavitt découvrit ainsi en 1908 la relation période-luminosité des céphéides, étoiles variables pulsantes de périodicité régulière, nommées ainsi par référence à l'étoile δ Cephei, à partir de l'étude d'un échantillon représentatif de céphéides appartenant toutes au Petit Nuage de Magellan. Il existait donc une relation simple entre la magnitude absolue moyenne d'une céphéide et sa période de pulsation. L'étude de Miss Leavitt ne fut cependant publiée qu'en 1912 par Edward C. Pickering, lorsque l'échantillonnage analysé devint suffisamment représentatif. La grande importance de la relation période-luminosité pour la détermination des distances à grande échelle devint évidente après 1920, lorsqu'il fut possible de relier les magnitudes apparentes et absolues des céphéides et d'en déduire la distance des amas stellaires et des objets extragalactiques proches.

Vocabulaire

Céphéide : étoile variable pulsante intrinsèquement très lumineuse de population I, dont le stéréotype est l'étoile δ Cephei. Sa période de pulsation est en relation avec sa luminosité absolue.

Le diagramme Hertzsprung-Russell

En 1905, l'astronome danois Ejnar Hertzsprung découvrit qu'il existait, dans les types spectraux K et M, deux types d'étoiles de luminosités absolues très différentes qu'il appela « géantes », pour les plus lumineuses, et « naines », pour les moins lumineuses. Bien que passée presque inaperçue durant quelques années, cette découverte fut confirmée en 1913 par l'astronome américain Henry Norris Russell qui

Ejnar Hertzsprung (CC).

Henry Norris, Russel, The University of Chicago Yerkes Observatory, courtesy AIP Emilio Segre Visual Archives, Tenn Collection.

eut l'idée de placer sur un diagramme plusieurs centaines d'étoiles, en portant en abscisse le type spectral et en ordonnée la magnitude absolue (l'éclat intrinsèque). Il constata alors que la plupart des étoiles (les naines définies par Hertzsprung et le Soleil) se plaçaient sensiblement sur une diagonale (la séquence principale), montrant qu'il existait pour elles une relation définie entre les deux grandeurs « type spectral » et « éclat absolu ». Par contre, il constata que les géantes selon Hertzsprung se plaçaient sur une ligne sensiblement horizontale correspondant à la magnitude absolue 0.

Ce diagramme, appelé « diagramme Hertzsprung-Russell » ou « diagramme H-R » par l'ensemble de la communauté astronomique, se révéla être l'une des plus importantes acquisitions de l'astrophysique au XXe siècle. Il fut rapidement complété par la découverte des propriétés exotiques des étoiles naines blanches, comme le compagnon de Sirius, et celles des étoiles supergéantes, extrêmement lumineuses, de tous types spectraux. D'autres perfectionnements amenèrent également l'introduction de sous-naines pour les étoiles d'amas globulaires déficientes en métaux et de sous-géantes, entre les naines et les géantes. Les astronomes W. W. Morgan et P. C. Keenan définirent alors la notion de classes de luminosité. La classe I, ultérieurement scindée en trois sous-classes Ia, Iab et Ib, fut ainsi attribuée aux supergéantes alors que les géantes brillantes se virent catégoriser en classe II, les géantes en classe III, les sous-géantes en classe IV, les naines en classe V, les sous-naines en classe VI et les naines blanches en classe VII. Les spectres stellaires furent alors écrits G2V (Soleil) ou B8Iae (Rigel).

L'avancée en physique et en astrophysique théorique

Albert Einstein,
photographie de Oren Jack Turner (CC).

Dans le domaine de la physique théorique, le début du XXe siècle fut très largement dominé par les recherches du physicien allemand Albert Einstein qui publia sa théorie de la relativité restreinte en 1905, laquelle s'inspirait beaucoup de publications antérieures de Jules Henri Poincaré et de Hendrik Antoon Lorentz, et sa théorie de la relativité générale en 1915. L'importance de ces travaux (en particulier de ceux sur la relativité générale) pour la compréhension de l'Univers et de son évolution devint fondamentale après la mise en service du télescope Hooker du mont Wilson et les découvertes qui s'ensuivirent. L'expérience effectuée en 1881 par le physicien Albert Michelson et reprise en 1887 en collaboration avec Edward Williams Morley avait déjà montré l'existence de failles insolubles dans le roc de la mécanique classique. Cette expérience, qui avait été expliquée correctement par Lorentz en 1895, impliquait en effet la constance de la vitesse de la lumière et l'absence d'un quelconque éther luminifère. Le principal mérite d'Einstein fut alors d'élaborer une théo-

Vocabulaire

Éther luminifère : Matière très ténue supposée permettre la propagation de la lumière dans le vide.

rie globale de la mécanique, la faisant ainsi sortir de l'impasse où elle se trouvait à la fin du XIXe siècle.

La théorie de la relativité donna en particulier une explication correcte à un phénomène mystérieux sur lequel butait la mécanique classique. En effet, les observations astrométriques montraient que les périhélies des planètes, en particulier celui de Mercure, étaient affectés d'avances séculaires résiduelles observées dès les dernières décennies du XIXe siècle, ce que la mécanique classique ne pouvait expliquer. À l'aide de la théorie de la relativité, le physicien Karl Schwarzschild calcula en 1916 ces avances séculaires résiduelles, montrant que celle de Mercure était la seule importante. Son calcul vint ainsi combler un résidu d'observation resté jusque-là inexpliqué, tant pour Mercure que pour les autres planètes. D'autre part, d'après Einstein, un autre effet astronomique relativiste devait pouvoir être mis en évidence. Au voisinage d'une très forte masse, les rayons lumineux issus de sources plus lointaines devaient être déviés légèrement. Le Soleil devait en particulier dévier les rayons lumineux issus d'étoiles lointaines. L'observation de plusieurs éclipses totales de Soleil, à partir de 1919, permit de confirmer cet effet relativiste, avec cependant quelques divergences entre les mesures.

Dès la deuxième partie du XIXe siècle, il devint évident qu'il fallait connaître la structure interne des étoiles, celle du Soleil en particulier, pour pouvoir étudier leur évolution. Les travaux de Jonathan Homer Lane en 1869 et d'August Ritter entre 1878 et 1883 eurent le mérite de poser le problème et d'essayer d'y répondre de manière mathématique. Ce fut cependant le physicien Robert Emden qui donna en 1907 une théorie mathématique des sphères gazeuses, reprenant l'idée de l'équilibre convectif déjà imaginé par Lord Kelvin of Largs en 1862. Karl Schwarzschild put construire parallèlement un modèle d'atmosphère en équilibre radiatif qui prenait en compte le rôle de la gravité et l'existence de zones convectives.

Le choix de l'Observatoire de Greenwich comme méridien d'origine

En 1884, la Conférence internationale de Washington avait défini le principe d'un méridien d'origine pour l'ensemble de la planète Terre. À la suite de ce congrès et après de longues et âpres discussions entre les différents États participant, le choix de la commission s'était finalement porté sur le méridien de l'Observatoire royal de Greenwich, près de Londres, en Angleterre. Il fallut cependant attendre 1911 et le Congrès international des éphémérides pour que les communautés scientifiques et astronomiques mondiales adoptent unanimement cette convention. Le gouvernement français accepta et ratifia officiellement ce choix deux années plus tard par un décret paru au *Journal Officiel* le 14 août 1913.

De 1917 à 1930

L'Union astronomique internationale

L'année 1919 vit la fondation de l'Union astronomique internationale dans le but d'homogénéiser les normes astronomiques en vigueur et d'offrir des relations durables et fructueuses entre les astronomes du monde entier. Les réunions à l'échelle mondiale de l'UAI eurent lieu dès le commencement à raison d'une assemblée générale tous les trois ans, chaque fois en un lieu différent. L'une des premières décisions de l'UAI fut de fixer la nomenclature des objets astronomiques anciens, en particulier celle des constellations, héritage de l'Antiquité. Il fallut trois conférences pour enfin pouvoir adopter la nomenclature actuellement en vigueur. En 1922, lors de l'assemblée générale de Rome, l'UAI décida que la dénomination des constellations se ferait désormais dans la langue latine. Puis, lors des assemblées générales de Cambridge, en 1925, et de Leyden, en 1928, l'UAI décida la mise au point de limites précises pour les quatre-vingt-huit constellations plus anciennes qui furent effectivement conservées par utilisation d'arcs de méridiens et de parallèles de la sphère céleste pour l'équinoxe 1950. Ce découpage du ciel favorisa grandement l'identification des étoiles et des différents objets célestes par utilisation des constellations. Il fut publié à Cambridge par Eugène Joseph Delporte en 1930 sous le titre *Délimitation scientifique des constellations*. L'UAI devint ensuite rapidement une institution majeure au niveau de la recherche mondiale en astrophysique.

Harlow Shapley

Harlow Shapley (CC).

Recherches et découvertes

L'astronome américain Harlow Shapley travailla à l'Observatoire du mont Wilson entre 1914 et 1921 et devint directeur de l'Observatoire de Harvard ensuite. Il eut une très grande activité de recherche en astrophysique et fut à l'origine de nombreuses découvertes. En collaboration avec Russell, il étudia en 1912 l'aspect théorique et la modélisation des variations photométriques des étoiles binaires à éclipses. Il appliqua cette méthode à 90 étoiles binaires à éclipses, toutes observées durant l'année 1915. L'année précédente, il avait déjà démontré que les céphéides, étoiles supergéantes, ne pouvaient être des binaires spectroscopiques, le compagnon orbitant alors à l'intérieur de l'étoile principale ! Entre 1895 et 1920, 12 novae, étoiles dont l'éclat augmentait très rapidement en quelques jours puis décroissait lentement en quelques mois, furent observées. En 1917, Shapley reconnut que ces novae étaient de deux natures distinctes, les novae ordinaires et les supernovae, beaucoup plus brillantes, la différence de magnitude absolue au maximum étant de l'ordre de 8 à 10.

Vocabulaire

Binaire à éclipses : Une étoile est dite binaire à éclipses lorsque le plan orbital des deux astres se trouve sensiblement dans le plan de vision de l'observateur, ce qui induit un phénomène d'occultation (d'éclipse) qui se reproduit de façon périodique.

À la suite des recherches de Miss Leavitt sur la relation période-luminosité des céphéides du Petit Nuage de Magellan et de ceux du danois Hertzsprung concernant la calibration statistique de la distance des céphéides proches, Shapley put enfin utiliser cette relation période-luminosité comme un étalon de mesure pour les distances des céphéides plus éloignées, qui servirent alors de repères pour arpenter la Galaxie. En 1918, Shapley estima la distance des amas globulaires en fonction de leurs dimensions angulaires, de leurs étoiles les plus brillantes, des périodes et des luminosités apparentes de leurs céphéides. Il découvrit alors qu'ils étaient distribués selon une symétrie sphérique autour d'un point éloigné, situé dans la direction de la constellation du Sagittaire. Il proposa ce point comme étant le centre de la Voie lactée, rejetant ainsi le Soleil loin du centre de l'Univers. Il donna, sans le vouloir, un coup de couteau au cœur de l'hypothèse stoïcienne héliocentrique, hypothèse largement admise à la fin du XIXe siècle et encore défendue vainement par l'astronome hollandais Jacobus Kapteyn en 1922. Shapley détermina une distance d'environ 70000 années lumières entre le Soleil et le centre galactique et un diamètre de l'ordre de 300000 années lumières pour la Galaxie, valeurs qui furent ramenées dès 1927 par Jan Oort à 30000 et 100000 années lumières, respectivement.

Confirmant une hypothèse émise par Bertil Lindblad, le hollandais Jan Hendrik Oort montra, toujours en 1927, que le disque de la Galaxie était animé d'une rotation différentielle autour du centre galactique déterminé par Shapley. Le Soleil était ainsi animé d'une vitesse de 215 kilomètres par seconde, à une distance de 8,2 kiloparsecs. Cette vitesse orbitale associée à un mouvement circulaire permit alors de déterminer la masse totale de la Galaxie par simple application des lois de Newton. Sa valeur fut établie à environ 200 milliards de fois la masse solaire, ce qui permit d'estimer le nombre d'étoiles de la Galaxie à 100 ou 200 milliards, selon les modèles.

En 1920, Shapley se rendit également compte que les étoiles d'amas globulaires n'étaient pas des astres ordinaires. En effet, les étoiles les plus brillantes des amas globulaires étaient des étoiles rouges, mais certes pas des géantes ou des supergéantes normales, car elles ne s'ordonnaient pas là où elles auraient dû se placer dans le diagramme H-R. Cette intrigante découverte ne fut cependant pas interprétée avant 1944, lorsque l'astronome américain Walter Baade introduisit la notion de population. Les étoiles de l'environnement solaire, ainsi que toutes celles du disque galactique, étaient des étoiles de population I, plus jeunes et plus riches en métaux, alors que les étoiles du bulbe galactique et du halo, en particulier les étoiles d'amas globulaires, étaient des étoiles de population II, étoiles âgées et déficientes en métaux.

La controverse sur la nature des nébuleuses spirales

Suite à des observations effectuées entre 1899 et 1919 par l'astronome Adriaan van Maanen, tout d'abord de la nébuleuse spirale M101 située dans la constellation de la Grande Ourse puis d'autres spirales vues de face, Shapley crut pouvoir affirmer en 1918 l'existence d'une rotation rapide des nébuleuses spirales et, donc, une relative proximité de celles-ci. En effet, les mesures de van Maanen étaient inconciliables avec une trop grande distance de ces objets, les vitesses linéaires périphériques devenant voisines de celle de la lumière dans le cas contraire. Cependant, les recherches effectuées par l'astronome Herbert Curtis sur les novae apparues dans les nébuleuses spirales montraient clairement, dès 1917, que la distance de la grande nébuleuse d'Andromède devait être voisine du million d'années lumières, ce que Shapley refusa d'admettre. En 1919, Knut Lundmark reprit les observations de van Maanen avec la même instrumentation, sans retrouver les résultats annoncés par ce dernier. Il parut alors impossible de sortir de l'impasse, van Maanen confirmant ses résultats.

En 1920, un débat fut alors organisé entre Shapley, tenant d'un univers limité en taille, et Curtis, tenant d'un univers beaucoup plus large. Ce débat acharné, qui fut nommé ensuite « le Grand Débat », opposa ainsi les partisans d'un univers stoïcien héliocentrique ou galactocentrique aux partisans d'un univers épicurien d'extension infinie. Ce débat fut en fait le dernier soubresaut de la vision stoïcienne de l'Univers, après plus de deux mille ans de rivalité entre ces systèmes philosophiques concurrents, tous deux issus de la féconde pensée grecque.

Il fallut en fait attendre quatre années supplémentaires et les remarquables travaux de l'astronome Edwin Hubble durant l'année 1924 pour connaître enfin la vraie nature et la distance des supposées « nébuleuses spirales » proches. Cette année-là, Hubble put résoudre en étoiles la grande galaxie d'Andromède à l'aide du télescope Hooker de l'Observatoire du mont Wilson, signant définitivement le glas de la vision stoïcienne de l'Univers.

Edwin Hubble

Portrait d'Edwin Hubble dans *Outposts of Science : A Journey to the Workshops of Our Leading Men of Research' by Bernard Jaffee*, Simon and Schuster, 1935 (AIP Emilio Segre Visual Archives, Brittle Books Collection).

Contemporain de Shapley, l'astronome américain Edwin Powell Hubble fut à l'origine de deux découvertes fondamentales, en fait parmi les plus importantes de tous les temps. Dans ses recherches, il fut grandement aidé par le nouveau télescope Hooker de l'Observatoire du mont Wilson, instrument dont le miroir primaire était d'un diamètre, alors inégalé, de 2,5 mètres. En 1924, il mit une fin définitive à la controverse entre Shapley et Curtis sur la nature des supposées « nébuleuses spirales » proches qui se révélèrent être d'autres systèmes stellaires auxquels on donna le nom de galaxies. Pour cela, il parvint à résoudre en étoiles la grande galaxie dans Andromède (M31) et la galaxie du Triangle (M33) à l'aide du télescope Hooker. Il découvrit en particulier 22 étoiles variables de type céphéide dans M33 et 12 étoiles de même type dans M31. L'analyse de leurs courbes de lumière, couplée avec les travaux de Miss Leavitt et les calibrations de Shapley, ne laissa alors aucun doute sur la distance de ces deux objets, les plaçant bien au-delà des confins de notre Voie lactée. Les travaux de Hubble montrèrent ainsi la nature semblable de notre Voie lactée et de ces deux galaxies proches, composées également d'un très grand nombre d'étoiles, de nuages de gaz et de poussière interstellaire. Ils amenèrent rapidement le rejet définitif de la vision stoïcienne de l'Univers.

En 1926, Hubble proposa une classification morphologique des galaxies qui fut adoptée par l'ensemble de la communauté astrono-

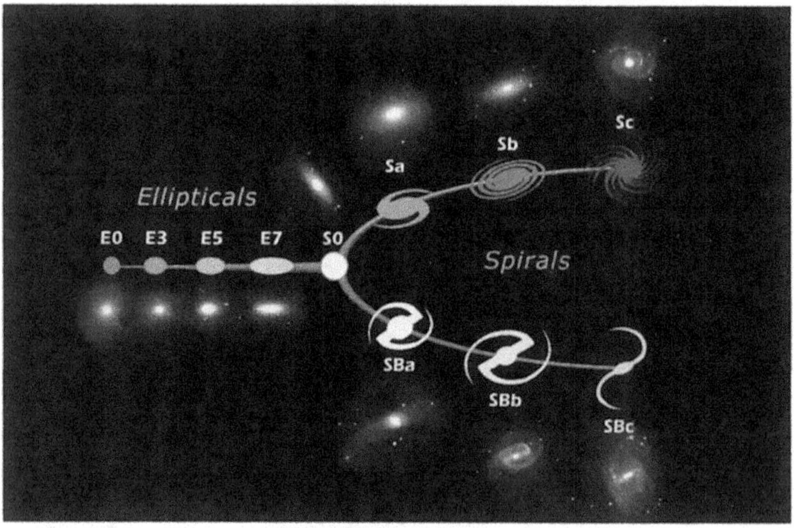

La classification de Hubble (CC).

mique mondiale. Il distinguait principalement cinq types de galaxies : les galaxies elliptiques (type E) ; les galaxies lenticulaires (type SO) ; les galaxies spirales normales (type S) ; les galaxies spirales barrées (type SB) ; les galaxies irrégulières (type Ir), en fait les galaxies inclassables. Suivant l'importance de l'ellipticité des objets de type E, il proposa une notation de E0 (objet sphérique) à E7 (objet très elliptique). De même, pour les types S et SB, il proposa d'ajouter les lettres a, b ou c selon l'importance relative des bras spiraux par rapport au bulbe ou à la barre, la lettre a désignant un gros bulbe ou une grosse barre et la lettre c désignant au contraire des bras prépondérants. Notre Voie lactée fut ultérieurement classée comme spirale normale de type Sb, puis barrée de type SBb.

En 1912, l'astronome américain Vesto Melvin Slipher avait effectué la première mesure de la vitesse radiale de la grande galaxie dans Andromède, encore appelée à l'époque « grande nébuleuse », lui trouvant une vitesse d'approche de 300 kilomètres par seconde. Durant les années suivantes, d'autres mesures de vitesses radiales d'objets extragalactiques furent effectuées par Slipher jusqu'en 1922, puis par Hubble à l'aide du télescope Hooker. En 1928, avec près de cinquante vitesses radiales mesurées pour des objets extragalactiques, Hubble, comme d'autres astronomes, fut frappé par la large surabondance de vitesses radiales d'éloignement, donc positives, par rapport aux vitesses radiales de rapprochement, donc négatives. Après une étude très soignée menée en collaboration avec Milton Lasell Humason, Hubble parvint à donner une explication cohérente à ce phénomène. Emporté par la rotation de la Voie lactée, l'observateur terrestre se déplaçait à la vitesse de 280 kilomètres par seconde vers un point du ciel dont il détermina la localisation. De plus, pour chaque objet extragalactique, il existait de manière intrinsèque une vitesse radiale d'éloignement proportionnelle à la distance, le coefficient de proportionnalité étant une constante qui fut ultérieurement appelée « constante de Hubble ». Entre 1928 et 1935, Humason mesura cent cinquante autres vitesses radiales de galaxies parfois très éloignées, confirmant clairement la loi de Hubble.

La découverte de ce phénomène par Hubble, suite aux travaux de Slipher, puis avec l'aide de Humason, permit de comprendre que toutes les galaxies composant l'Univers étaient animées d'un mouvement global d'expansion qui fut appelé « expansion de l'Univers ». En effet, Hubble et Humason avaient mis en évidence un décalage vers le rouge des raies spectrales des objets extragalactiques dont l'amplitude dépendait très clairement de l'éloignement de ces objets. Connaissant alors l'effet Doppler-Fizeau, il était facile d'en déduire les vitesses d'éloignement de ces objets et de se rendre compte que l'Univers était soumis à un mouvement global d'expansion qui affectait toutes les galaxies, indépendamment de leurs vitesses propres.

Vocabulaire

Effet Doppler-Fizeau : Lorsqu'une source sonore ou lumineuse s'approche ou s'éloigne de l'observateur avec une certaine vitesse radiale v_r, la longueur d'onde λ du faisceau sonore ou lumineux incident varie d'une valeur $\Delta\lambda$, avec $z = \Delta\lambda/\lambda = v_r/c$ (classique) ou $z = ((1+v_r/c)/(1-v_r/c))^{1/2}-1$ (relativiste).

Ces découvertes amenèrent très rapidement les astronomes à reconnaître définitivement trois principaux types d'objets non stellaires bien distincts : les amas d'étoiles, qui se décomposaient en deux groupes, les amas ouverts et les amas globulaires ; les nuages de gaz et de poussières interstellaires, qui se décomposaient en cinq groupes, les nébuleuses obscures, les nébuleuses diffuses à raies d'émission, les nébuleuses par réflexion, les nébuleuses planétaires et les rémanents de supernovae ; les galaxies, qui se décomposaient en cinq groupes principaux selon la classification morphologique de Hubble.

La cosmologie théorique

Le problème cosmologique

Suite à l'introduction de la physique relativiste par le physicien Albert Einstein, plusieurs théoriciens, dont Einstein lui-même, s'attaquèrent au problème de la forme d'ensemble de l'Univers et à celui de son évolution temporelle. En effet, le problème de la forme d'ensemble de l'Univers, et donc de sa structure géométrique, se posait en ce début de XXe siècle comme, à l'époque des philosophes grecs, s'était posé le problème de la forme géométrique de la Terre. L'espace physique devait certainement être perturbé par la présence de la matière, en particulier par les étoiles, les galaxies et autres objets célestes, comme la Terre était déformée par la présence du relief et des océans. Cependant, la structure d'ensemble de l'Univers devait posséder une certaine courbure à grande échelle qui ne devait que peu dépendre des accidents locaux dus à la concentration de la matière. L'Univers n'avait ainsi aucune raison d'être de type euclidien, ni même infini, alors que les observations montraient bien les accidents locaux autour des étoiles, lieux où l'espace ne pouvait être euclidien. Ainsi, une approche mathématique non euclidienne, décrivant correctement la forme géométrique de l'Univers et incluant l'ensemble des postulats de la théorie de la relativité générale d'Albert Einstein, apparaissait dès lors comme étant inéluctable.

Les solutions proposées entre 1917 et 1930

En 1917, Einstein proposa une solution statique, en postulant un certain nombre d'hypothèses simplificatrices. Il supposa que la matière stellaire était uniformément distribuée, c'est-à-dire qu'il y avait un brouillard gazeux de densité constante qui emplissait l'Univers, et appliqua sa théorie de la relativité générale à ce modèle. Supposant nulle l'agitation moyenne de son brouillard, il rechercha une solution statique à une époque où l'expansion de l'Univers était encore inconnue. Il montra tout d'abord, à l'aide des lois de la gravitation relativiste, que seuls trois espaces homogènes et isotropes étaient possibles : un espace euclidien ; un espace non-euclidien relativiste à courbure négative assez improbable ; un espace non-euclidien relativiste hypersphérique à courbure constante positive. Il montra ensuite que seul un espace non-euclidien hypersphérique convenait comme solution de son modèle. La seule inconnue restante était la densité du brouillard qui permettait facilement de connaître la masse totale de l'Univers et le rayon de l'hypersphère. Pour maintenir son modèle en équilibre, Einstein dut cependant imposer une nouvelle contrainte à sa théorie dynamique sous forme d'une force répulsive, la constante cosmologique, qui équilibrait la gravitation à l'échelle cosmologique.

Entre 1916 et 1917, l'astronome hollandais Willem de Sitter publia une série de trois articles sur la théorie de la gravitation d'Einstein et ses conséquences astronomiques. Il examina l'effet dynamique de la courbure de l'espace dans le cadre de la relativité générale et souleva le problème de l'énigme de l'obscurité dans un univers sphériquement fermé. Il montra également que le modèle d'univers déterminé par Einstein n'était pas unique lorsqu'on conservait la constante cosmologique. Cependant, l'Univers proposé par de Sitter ne contenait pas de matière. Il avait également une propriété étrange : lorsqu'un observateur et une particule y étaient introduits, l'observateur voyait la particule s'éloigner de lui. Ce comportement curieux fut appelé « effet de Sitter » et sembla donner une explication à l'expansion lorsqu'elle fut mise en évidence par Hubble et Humason, alors que le modèle d'Einstein perdait de son intérêt. Les travaux ultérieurs montrèrent que l'Univers proposé par de Sitter n'était pas statique, mais en expansion, sans même contenir de matière, ce qui était assez paradoxal.

Willem de Sitter. © DR.

En 1922, le physicien russe Alexandre A. Friedmann fut le premier à étudier délibérément les univers non statiques. Il détermina que le problème cosmologique possédait une infinité de solutions dès lors que l'on abandonnait l'hypothèse d'un univers statique. Des modèles dynamiques variés d'Univers étaient en fait compatibles avec les équations de la relativité générale et de la gravitation d'Einstein dès lors que leur métrique

Alexandre A. Friedmann (CC).

Abbé Geroges Henri Lemaître (CC).

variait au cours du temps. Il ressortait en particulier des travaux de Friedmann que les modèles d'univers fermés, hypersphériques ou elliptiques, pouvaient avoir un rayon, ou une courbure totale, variable avec le temps. Par ailleurs, les modèles d'univers ouverts, hyperboliques ou pseudo-euclidiens, s'étendaient à l'infini avec, cependant, des distances mutuelles entre galaxies variables au cours du temps. En 1927, l'abbé Georges Henri Lemaître, de nationalité belge, redécouvrit indépendamment les solutions de Friedmann et proposa un modèle où la théorie et les observations étaient simultanément examinées et accordées.

Sir Arthur S. Eddington
(George Grantham Bain Collection, CC).

En 1930, l'anglais Sir Arthur S. Eddington s'attaqua au problème de la cosmologie dynamique, tout en assurant une large diffusion aux idées de Friedmann et de Lemaître. Durant cette étude, Eddington démontra que l'Univers statique d'Einstein n'était susceptible que d'un équilibre instable. Il en découlait également que la théorie de la métrique variable permettait en fait de concevoir aussi bien une contraction qu'une expansion de l'Univers relativiste, alors que les observations de Hubble et de Humason orientaient clairement ces modèles dynamiques vers un mouvement d'expansion. Il devenait ainsi tout à fait clair que le mouvement d'expansion de l'Univers était une propriété de la métrique, et donc de l'espace, et non des galaxies dont la vitesse propre était en moyenne nulle par rapport à leurs voisines. D'autres physiciens se penchèrent également sur l'étude mathématique de la cosmologie dynamique et du mouvement d'expansion de l'Univers, en particulier Howard P. Robertson en 1928, Otto Heckmann en 1931, Einstein et de Sitter en 1932 et Richard Chase Tolman en 1934.

Le catalogue Henry Draper

Suite aux très importants travaux de spectroscopie stellaire effectués à l'Observatoire de Harvard durant plus de trente ans, le catalogue de Harvard, nommé *Henry Draper* ou HD en l'honneur du physicien du même nom, fut publié entre 1918 et 1924. Il contenait 243 000 spectres stellaires et concernait 225 300 étoiles des deux hémisphères célestes. Plusieurs suppléments furent ensuite publiés à partir de 1925, identifiant 133 782 étoiles. Cette extension fut appelée « catalogue HDE ». Les deux catalogues HD et HDE totalisaient ainsi 359 082 étoiles, soit la majeure partie des étoiles plus brillantes que la magnitude 9.

Une convention, appelée « convention du HD », fut ultérieurement proposée afin de pouvoir identifier sans aucune ambiguïté les 1 087 385 étoiles cataloguées dans au moins un des catalogues *Henry Draper* (HD), *Bonner Durchmusterung* (BD), *Cordoba Durchmusterung* (CoD) et *Cape Photographic Durchmusterung* (CPD). Cette convention, encore utilisée à l'heure actuelle, stipulait que le numéro HD, s'il existait, devait être utilisé en priorité. Dans le cas contraire, les numéros des trois catalogues *Durchmusterung* pouvaient être utilisés selon un choix dans les zones de déclinaison (pour l'époque 1855, avec le BD, et l'époque 1875, avec le CoD et le CPD) de ces catalogues, donc le numéro BD pour les zones comprises entre + 90 degrés et – 22 degrés, le numéro CoD entre - 22 degrés et – 52 degrés et le numéro CPD entre – 52 degrés et – 90 degrés.

De 1930 à 1945

La naissance de la radioastronomie

Quelques années après la découverte des ondes radio par Hertz en 1886, le physicien anglais Sir Oliver Lodge fut le premier à émettre l'idée que le Soleil pouvait également être un émetteur d'ondes hertziennes. Cette idée fut reprise et développée au début du xxe siècle par le français Henri Deslandres. La première tentative de détection de l'émission radioélectrique du Soleil fut effectuée sans succès peu après la fin de la Première Guerre mondiale par le français Charles Nordmann. Ce fut cependant tout à fait fortuitement que, courant 1932, le physicien américain d'origine tchèque Karl Guthe Jansky découvrit la première émission radioélectrique d'origine clairement céleste. Jansky étudiait une liaison hertzienne entre l'Angleterre et l'Amérique du Nord. Utilisant une grande antenne et travaillant à 15 mètres de longueur d'onde, il remarqua que le bruit de fond augmentait faiblement de manière périodique. La mesure de cette période donna une valeur voisine de 23 heures 56 minutes 4 secondes, ce qui permit à Jansky de déduire l'origine sidérale de ce bruit de fond. Il avait en fait observé pour la première fois le rayonnement hertzien provenant de la région centrale de notre Galaxie.

Les astronomes de l'époque ne prêtèrent pas beaucoup d'attention à cette découverte publiée dans une revue de physique. Les rares astronomes qui se penchèrent sur ce problème durant les années 1930 jugèrent que ce rayonnement était d'origine thermique et, donc, peu intéressant. Il fallut attendre la Seconde Guerre mondiale pour que la situation puisse évoluer. Durant ce conflit, le physicien Grote Reber développa pour des raisons militaires (détection des avions ennemis !) les observations de Jansky à l'aide d'une antenne de 8 mètres de diamètre et traça la première carte galactique dans le domaine des ondes hertziennes, ce qui convainquit enfin l'ensemble de la communauté astronomique. En 1942, le rayonnement radioélectrique du Soleil fut mis en évidence simultanément en Angleterre et aux États-Unis par l'officier anglais James Stanley Hey, par Frederick J. M. Stratton et par George S. Southworth. Cette découverte fut en fait une conséquence du développement des nouvelles techniques à usage militaire, le rayonnement radioélectrique solaire induisant des perturbations dans les faisceaux radars, dès lors que le Soleil était trop proche angulairement de la ligne de visée. L'après-guerre amena un nouvel essor de la radioastronomie, grâce à l'utilisation des surplus militaires, en particulier les radars, laissés à l'abandon, tant par les vaincus que par les vainqueurs.

Vocabulaire

Radioastronomie : Astronomie du domaine radio du spectre électromagnétique, depuis les ondes millimétriques jusqu'aux ondes kilométriques, de la transition hyperfine à 21 centimètres de l'atome d'hydrogène et du domaine millimétrique. Étude de la répartition des grands nuages de gaz interstellaires, contenant des atomes, ions, radicaux libres, molécules, etc.

Kelvins : Échelle de température absolue, mesurée en degré Kelvin (0K = zéro absolu de température où le mouvement n'existe plus ; 273,16 K = 0 °C ; 373,16 K = 100 °C).

La naissance de la coronographie

En 1930, l'astronome français Bernard Lyot mit au point un nouvel instrument capable d'observer la couronne solaire et les protubérances indépendamment des éclipses totales de Soleil. Cet instrument, baptisé « coronographe » par son inventeur et équipé de filtres interférentiels quasi monochromatiques (H_α, H_β, etc.), fut installé à l'Observatoire du pic du Midi, c'est-à-dire à une altitude suffisante pour limiter la diffusion atmosphérique. Cet instrument permit alors l'étude spectrographique de l'atmosphère solaire étendue, amenant une augmentation importante du nombre de raies observables. En 1941, l'étude de ces raies, de leurs profils et de leurs variations relatives, couplée aux progrès de la spectroscopie théorique, conduisit Bengt Edlén à les identifier à des raies spectrales issues d'atomes très fortement ionisés, notamment de fer. La très intense raie coronale verte du fer XIV (fer ionisé treize fois ou ion Fe^{13+}) fut, en particulier, explicitée à cette époque. Cet afflux de données permit ainsi d'étudier le milieu coronal qui présentait un intérêt considérable, aussi bien pour l'étude du transfert du rayonnement solaire que pour celle de cette matière évoluant dans des conditions exceptionnelles. La température de la couronne solaire fut également correctement estimée à cette époque. Sa valeur excessivement élevée, de l'ordre du million de kelvins, fournit alors une explication simple à l'existence d'atomes très fortement ionisés dans le milieu coronal.

La source énergétique des étoiles

Le grand âge de la Terre imposait sûrement un âge au moins égal pour le Soleil. Les solutions proposées au XIXe siècle et au début du XXe siècle induisaient toujours une durée de vie bien trop courte pour notre étoile. Il fallut attendre 1920, avec, entre autres, les travaux d'Eddington, pour que l'idée de la transmutation nucléaire puisse émerger clairement des travaux d'Einstein concernant l'équivalence entre la masse et l'énergie, selon la célèbre formule $\Delta E = mc^2$. En effet, il devenait possible de transformer quatre protons en un noyau d'hélium, avec une perte de masse et une production d'énergie correspondante. Les progrès de la physique permirent des développements plus détaillés durant les années 1930. Remarquant que les étoiles étaient composées d'hydrogène à peu près pur, le physicien allemand Carl Friedrich von Weizsäcker établit en 1937 une théorie des transmutations nucléaires où les éléments chimiques plus lourds tiraient leur origine des conditions régnant au cœur des étoiles.

Les physiciens Hans Albrecht Bethe et Charles-Louis Critchfield proposèrent en 1938 le cycle du carbone comme explication du processus de fusion thermonucléaire au cœur des étoiles. Ce cycle, nommé « cycle de Bethe », fut proposé indépendamment par George Gamow et Edward Teller en 1939. En 1951, William Alfred Fowler proposa une seconde solution, le cycle du proton (ou chaîne proton-proton), comme source énergétique des étoiles de séquence principale. Il apparut que les deux cycles coexistaient dans le cœur des étoiles naines, avec une prépondérance du cycle du carbone dans les étoiles chaudes. La même année, Ernst J. Öpik et Edwin E. Salpeter établirent l'existence du processus triple alpha (réactions de fusion de l'hélium) qui donnait naissance au noyau de carbone. Enfin, dès 1955, Martin Schwarzschild et Fred Hoyle introdui-

Vocabulaire

Fusion thermonucléaire : Source énergétique des étoiles basée sur la transformation d'éléments légers en éléments plus lourds, à très haute température et à très haute pression. Par exemple, le cœur du Soleil et de nombreuses autres étoiles, dites « de séquence principale », est le siège de réactions de fusion thermonucléaire qui transforment de manière très exo-énergétique l'élément hydrogène en élément hélium.

sirent les premiers modèles compilés de la structure des étoiles et de l'évolution stellaire. La source énergétique des étoiles devenait enfin compréhensible...

Les progrès en optique instrumentale

Au cours des premières décennies du xxe siècle, il était apparu que les télescopes classiques, à miroirs principaux de forme paraboloïdale, étaient entachés d'un grave défaut inhérent à leur mode de conception. Ces télescopes ne permettaient pas, en effet, la prise de clichés photographiques nets sur un grand champ, quel que soit le type de foyer instrumental utilisé (foyer principal, foyer Newton, foyer Cassegrain, du nom du physicien français Laurent Cassegrain qui inventa en 1672 ce nouveau type de télescope, foyer Nasmyth, inventé par James Nasmyth et situé sur un côté d'un télescope altazimutal, ou foyer Coudé), l'image devenant très médiocre, voire floue, loin de l'axe principal du faisceau lumineux reçu par la plaque photographique. Les opticiens comprirent assez vite que les optiques instrumentales classiques induisaient plusieurs aberrations, lesquelles détérioraient les images loin de l'axe.

Depuis longtemps, de nombreux astronomes et ingénieurs avaient tenté de remédier à ce grave défaut. En 1905, Karl Schwarzschild avait indiqué les conditions que devaient remplir les télescopes aplanétiques à grand champ. Durant les années 1920, les opticiens George Ritchey, aux États-Unis, et Henri Chrétien, en France, proposèrent un nouveau type de télescope, appelé « télescope Ritchey-Chrétien », qui devait pouvoir pallier à ce problème. Ce nouveau type de télescope ne fut mis en œuvre qu'au cours des années 1960, avec, cependant, un champ utilisable de l'ordre du degré, au mieux, ce qui restait toujours trop limitatif. Par ailleurs, Henri Chrétien a été l'un des fondateurs de l'École supérieure d'optique de Paris juste après la Première Guerre mondiale, école où il a enseigné entre 1920 et 1940. En 1937, il a également fait partie des fondateurs de la célèbre société REOSC (Recherche et étude en optique et sciences connexes), société qui, entre autres projets remarquables, polira bien plus tard les miroirs des quatre télescopes principaux de l'Observatoire Cerro Paranal.

En 1931, l'opticien allemand Bernhard Schmidt apporta une solution tout à fait remarquable au problème des télescopes à grand champ. Il introduisit une lame correctrice, dite « lame de Schmidt », destinée à corriger l'aberration de sphéricité induite par le miroir primaire de forme sphérique. Ce dispositif permit d'obtenir des images excellentes sur des champs très étendus, 10 degrés au moins. Depuis lors, de nombreux télescopes de Schmidt ont été installés dans le monde, le plus grand de tous ayant été construit vers 1950 à l'Observatoire du mont Palomar, avec une lame de Schmidt de diamètre égal à 120 centimètres pour un miroir principal sphérique de 180 centimètres d'ouverture. Ces télescopes ont été principalement utilisés pour la réalisation d'atlas photographiques très détaillés, tant pour l'hémisphère boréal avec le Palomar Sky Survey durant les années 1950, que pour l'hémisphère austral, avec l'ESO Sky Survey de 1972 à 1978. Ils ont été utilisés pour la recherche et le suivi d'astéroïdes et de comètes, et pour l'imagerie couleur des amas stellaires, des grandes structures gazeuses et poussiéreuses de notre Voie lactée et des galaxies voisines, en particulier les deux Nuages de Magellan, la grande galaxie dans Andromède (M31) et la galaxie du Triangle (M33). Il faut cependant noter ici que la combinaison de Schmidt donnait une surface focale image non plane, affectée d'une certaine courbure, ce qui imposait l'existence d'un détecteur d'une forme géométrique adéquate. Ainsi, cette combinaison optique fonctionnait bien avec des plans films de grande taille que l'on pouvait courber, mais nettement moins bien avec les détecteurs modernes de type CCD, essentiellement plans, ce qui a entraîné l'abandon progressif de ces instruments.

Le développement de la recherche française en astrophysique

Le 30 octobre de l'année 1936 vit la création par Jean Zay, alors ministre de l'Éducation nationale, d'une station d'observation en Haute-Provence et d'un laboratoire parisien pour le dépouillement et l'étude des documents d'observation, le futur Institut d'astrophysique de Paris. L'Observatoire de Haute-Provence fut alors fondé dans une région de France connue pour ses cieux cléments et exempts de tout éclairage nuisible, au moins à l'époque. Un premier télescope de 80 centimètres d'ouverture y fut très rapidement implanté, suivi, quelques années plus tard, par un télescope de 120 centimètres d'ouverture.

Il fallut attendre janvier 1938 pour que l'Institut d'astrophysique de Paris soit fondé par Daniel Barbier, Daniel Chalonge et Henri Mineur sur un terrain voisin de l'Observatoire de Paris, sous la houlette de Jean Perrin, à l'époque sous-secrétaire d'État à la recherche scientifique. Ce laboratoire parisien fut ensuite rattaché au Centre national de la recherche scientifique (CNRS), dès la création de ce dernier en 1939.

De 1945 à 1957

Le retour des théories nébulaires

Le début du xxe siècle avait vu le retour en force des hypothèses catastrophistes. Suivant les spéculations de Belot à la fin du xixe siècle et au début du xxe siècle, Harold Jeffreys résuma en 1916 les critiques contre la théorie nébulaire de Laplace et contre les théories catastrophistes trop extrêmes. Il proposa alors une théorie qui cumulait les avantages des deux hypothèses et qui tenait compte du problème de la répartition du moment angulaire. Peu de temps après, en 1917, Sir James Hopwood Jeans proposa une nouvelle théorie catastrophiste dans laquelle, par action des forces de marées et lors d'un passage rapproché, une étoile aurait arraché au Soleil un immense filament de matière qui aurait ensuite donné naissance aux planètes. Jeffreys reprit cette idée et la développa en collaboration avec Jeans. Ce dernier publia en 1919 un ouvrage de vulgarisation sur ce thème qui connut un très large succès de librairie. Ce fut cependant le problème de la conservation du moment angulaire qui amena l'abandon définitif des théories catastrophistes. En 1935, Henry Norris Russell publia un ouvrage très documenté sur le Système solaire et son origine, livre où il faisait une critique des cosmogonies antérieures, en particulier de celle de Jeans et de Jeffreys. Il montra en effet l'impossibilité de la formation d'un tel filament par application de la loi de la conservation du moment angulaire. D'autres auteurs proposèrent encore quelques améliorations à l'hypothèse de Jeans, mais ils butèrent également sur le même problème.

L'abandon complet des théories catastrophistes remit alors l'hypothèse nébulaire à l'honneur juste après la fin de la Seconde Guerre mondiale. Dès 1944, von Weizsäcker proposa une théorie nébulaire qui incluait l'existence d'un système de tourbillons stables internes à la nébuleuse primitive plane qui entourait le Soleil déjà formé, les planètes prenant naissance entre ces tourbillons. Von Weizsäcker montra cependant en 1948 qu'un tel système de tourbillons ne posséderait pas une stabilité suffisante pour générer les planètes. Cette dernière démonstration fut faite rigoureusement la même année par Dirk Ter Haar qui entreprit par ailleurs une amorce d'étude physico-chimique des processus de condensation au sein de la nébuleuse protoplanétaire, toujours en 1948. En 1952, le chimiste Harold Clayton Urey compléta cette étude physico-chimique et précisa les conditions de température, de densité et d'abondance chimique dans la nébuleuse primitive, selon l'époque et selon la distance au Soleil. Vers la même période, l'astronome américain Gerard Peter Kuiper reprit les idées de von Weizsäcker et de Ter Haar en insistant sur les points faibles de la théorie nébulaire, en particulier sur le problème de la répartition du moment angulaire, et en réintroduisant l'action des forces de marées dans la nébuleuse primitive. Cependant, il ne fut pas capable d'expliquer correctement la raison de la rotation lente du Soleil, problème que Ter Haar ne put pas mieux résoudre. Il fallut en fait attendre un peu moins de trente années supplémentaires pour enfin avoir une théorie cohérente de la formation du Système solaire, qui expliquait correctement les derniers problèmes en suspens, en particulier celui de la répartition du moment angulaire.

La nature des comètes

Le début des années 1950 vit l'élaboration de nouvelles hypothèses sur la nature et l'origine des comètes. En 1950, l'astronome américain Fred Lawrence Whipple proposa le modèle de la boule de neige sale pour décrire le noyau cométaire. Ce noyau était ainsi, selon Whipple, composé d'un conglomérat de glaces, de gaz gelés et de poussières. Les glaces et les gaz gelés se sublimaient lors des passages au voisinage du Soleil, donnant naissance à la chevelure cométaire et libérant les poussières prisonnières du noyau qui pouvaient générer la queue de poussières, à cause de l'existence de la pression de radiation, phénomène déjà mis en évidence par Kepler. Cette sublimation s'accompagnait d'une ionisation partielle en présence du vent solaire, laquelle générait la queue de plasma cométaire. La même année, le hollandais Jan Oort proposa le modèle d'un réservoir cométaire à symétrie sphérique. Ce réservoir, nommé « nuage de Oort », avait un rayon de l'ordre de l'année-lumière et une épaisseur voisine. Il devait contenir environ cent à mille milliards de noyaux cométaires gelés. L'astronome Ludwig Biermann montra en 1951 que le Soleil émettait vers l'extérieur un flux ininterrompu de particules ionisées, flux qui fut appelé « vent solaire ». Celui-ci expliquait en effet l'existence des aurores boréales et australes, et donnait une explication élégante à la nature des queues cométaires de plasma. Les particules à haute énergie contenues dans le vent solaire ionisaient une partie des molécules cométaires arrachées par la sublimation à l'approche du Soleil...

L'Observatoire du mont Palomar

Observatoire du Mont Palomar, Coupole du télescope Hale, juin 2007 (Licence GNU, Denys).

Ce fut dès 1928 que George Ellery Hale relança une nouvelle fois l'idée d'un télescope encore plus grand que le télescope Hooker du mont Wilson. Il établit cette année-là les plans d'un télescope géant de 5 mètres d'ouverture. Il fallut alors cinq années de recherche et de prospection pour trouver le site idéal, en l'occurrence le sommet du mont

Palomar en Californie du Sud. Commencés avant guerre et financés par la Fondation Rockfeller avec l'appui de l'Institut Carnegie, les travaux furent interrompus à plusieurs reprises, d'abord à cause d'ennuis dans la réalisation du miroir primaire géant, puis du fait de la Seconde Guerre mondiale. Il fallut en fait attendre 1948, vingt ans après le lancement du projet et dix ans après la mort de Hale, pour que le télescope de 200 pouces du mont Palomar puisse enfin recevoir sa première lumière. Il fut alors baptisé « télescope Hale » en l'honneur de son promoteur.

Ce télescope était révolutionnaire à plus d'un titre. En particulier, sa coupole est longtemps restée la plus grande au niveau mondial et n'a été surpassée que récemment. Sa monture en fer à cheval, d'une grande rigidité et d'une flexibilité exceptionnelle, a été conservée en parfait état depuis son installation il y a plus de soixante ans et est restée à ce jour la plus grande monture équatoriale jamais construite. Pour maintenir la rigidité du tube du télescope, l'ingénieur Mark Serrurier proposa en 1938 d'utiliser des structures métalliques triangulaires pour compenser les flexions lors des mouvements du télescope et introduisit ainsi le tube à flexions compensé bien connu des astronomes. L'opticien Frank Ross étudia et calcula différentes solutions de correcteurs de champ, à deux, puis trois lentilles, pour le foyer primaire de ce télescope, afin de corriger diverses aberrations.

Telescope Hale, Caltech/Palomar Observatory, Nasa.

Utilisant les immenses possibilités du télescope Hale, Hubble et Humason reprirent le programme de mesure des décalages vers le rouge de nombreuses galaxies bien plus lointaines, confirmant ainsi une nouvelle fois la relation entre distance et vitesse de fuite des galaxies, découverte au cours des années 1920. Hubble ne prit cependant pas part au débat théorique sur l'explication sous-jacente du mouvement d'expansion de l'Univers, malgré les découvertes de Baade sur les deux types de populations stellaires en fonction de la métallicité des étoiles. L'introduction de la notion de population stellaire amena une révision de l'échelle de distance.

Le développement de la radioastronomie

Dès la fin de la Seconde Guerre mondiale, la radioastronomie devint une science à part entière. En 1944, l'astronome hollandais Hendrik C. van de Hulst montra que les atomes d'hydrogène du milieu interstellaire devaient émettre un rayonnement à une longueur d'onde de 21 centimètres. Il fallut cependant attendre l'année 1951 pour qu'un groupe d'astronomes de l'Observatoire de Harvard puisse enfin détecter une émission en provenance de grands nuages interstellaires d'hydrogène neutre et à la longueur d'onde prévue par van de Hulst.

Deux centres de radioastronomie virent le jour dès 1945, en l'occurrence Cambridge en Angleterre, avec John Ashworth Ratcliffe et Martin Ryle, et l'Université de Sydney en Australie, avec John Gatenby Bolton et Gordon J. Stanley. En 1946, il devint possible d'observer des radiosources individuelles dans la Voie lactée, l'efficacité du matériel d'observation s'étant beaucoup améliorée. Cygnus A et Cassiopeia A furent alors découvertes par les Anglais et les Australiens. Il fallut ensuite attendre 1949 pour que trois nouvelles sources, Taurus A, Virgo A et Centaurus A, soient identifiées par Bolton et Stanley à la nébuleuse du Crabe (rémanent de la supernova de 1054), respectivement aux galaxies NGC 4486 et à NGC 5128. En 1951,

Vocabulaire

Radiosource : Objet céleste émettant fortement ou assez fortement dans le domaine radio.

Rémanent de supernova : vestiges gazeux et poussiéreux de l'explosion d'une supernova.

Walter Baade et Rudolph Minkowski, ce dernier ayant reconnu dès 1940 qu'il existait deux types de supernovae, découvrirent que la radiosource Cassiopeia A correspondait également aux restes d'une supernova. En 1953, ils découvrirent que la composante visible de la radiosource Cygnus A était une paire de galaxies en interaction, montrant ainsi que les émissions pouvaient être engendrées lors de collisions de galaxies. En 1960, Minkowski identifia la principale radiosource du Bouvier avec un amas de galaxies.

Plusieurs radiotélescopes de grande taille furent construits à partir de 1950. En Angleterre, l'antenne de 75 mètres de Jodrell Bank fut ainsi réalisée entre 1952 et 1957, sous l'impulsion du physicien Sir Bernard Lovell, et fut mise en service en 1958. En France, la station de radioastronomie de Nançay fut inaugurée en 1955. D'autres instruments virent également le jour à cette époque, en particulier aux États-Unis (Green Bank, à la fin des années 1950) et en Australie, ce qui permit d'obtenir une cartographie précise de l'émission radio du ciel, ainsi que de nouvelles découvertes, comme les différents types de sursauts éruptifs et d'orages magnétiques solaires en 1952, l'émission radio de Jupiter en 1955 ou le halo galactique la même année. L'introduction de l'observation interférométrique permit également des progrès substantiels, en particulier sur la connaissance de l'atmosphère du Soleil.

> **Vocabulaire**
>
> **Radiotélescope** : Système adapté à l'observation des ondes radio, composé d'un miroir principal (le plus souvent un treillis métallique à mailles fines) de forme paraboloïdale, d'un miroir secondaire convexe et d'un détecteur radio..

La recherche française durant les années 1950

En 1951, André Danjon, alors directeur de l'Observatoire de Paris, conçut le prototype de l'astrolabe impersonnel. Exempt d'erreur systématique perceptible, cet instrument pouvait matérialiser par lui-même le système de référence local. Il était équipé d'un système optique complexe combinant une surface horizontale de merçure, un grand prisme d'angle au sommet de 60 degrés et un système de type réfracto-réflecteur équipé d'un ensemble optique appelé « prisme de Wollaston », d'après l'opticien anglais du même nom. L'astrolabe impersonnel permettait la mesure à l'oculaire de l'instant du passage d'une étoile à la hauteur de 60 degrés avec une précision intrinsèque d'un dixième de seconde d'arc pour des étoiles de magnitude 6. Cet instrument de mesure astrométrique fut construit en série à partir de 1956 et diffusé dans le monde entier.

Déjà coauteur avec André Couder d'une œuvre magistrale de référence sur l'optique astronomique, publiée en 1935 et intitulée *Lunettes et télescopes*, Danjon fut le distingué auteur d'un ouvrage fondamental de mécanique céleste, publié en 1952 et intitulé *Astronomie générale*. Danjon fut, par ailleurs, directeur de l'Observatoire de Strasbourg avant guerre. Ce n'est qu'après la fin du conflit mondial qu'il devint directeur de celui de Paris.

Durant les années 1930, les amplificateurs de lumière avaient été beaucoup perfectionnés, ce qui permettait d'utiliser les cellules photoélectriques de manière bien plus efficace. En 1936, l'astronome français André Lallemand avait développé un photomultiplicateur associé à une caméra de prise de vue, l'ensemble ayant été appelé « caméra électronique ». Cette caméra fut régulièrement utilisée à partir de 1955 dans les observatoires français du pic du Midi et de Haute-Provence. Les résultats obtenus furent à la hauteur des espérances mises dans cette nouvelle caméra électronique.

En collaboration avec Evry Schatzman, l'astrophysicien Jean-Claude Pecker publia en 1959 une *Astrophysique générale* qui donnait l'état des connaissances de l'époque pour l'ensemble de la discipline. Cet ouvrage fut ensuite utilisé par des générations d'étudiants. Pecker devint à cette époque l'un des spécialistes mondiaux de la physique solaire.

> **Vocabulaire**
>
> **Astrophysicien** : Physicien spécialiste de l'un des domaines de l'astronomie ou de l'astrophysique (au cours du XXe siècle, ce mot est devenu à peu de chose près synonyme du mot « astronome »).

La controverse sur le mouvement d'expansion de l'Univers

En collaboration avec Ralph Alpher et Robert Herman, George Gamow s'attaqua en 1948 au problème de la formation des éléments chimiques légers dans l'Univers en expansion, par utilisation de la phy-

George Gamow. © DR.

sique nucléaire, toute nouvelle discipline issue de différents travaux de recherche effectués pendant et après la fin de la Seconde Guerre mondiale. Cette étude déboucha rapidement sur la théorie cosmologique de l'Univers primordial dite du « Big Bang ». Cette théorie stipulait que l'Univers avait dû être dans un état beaucoup plus dense et plus chaud loin dans le passé, ayant débuté dans un état condensé appelé « Big Bang » par l'un de ses principaux contradicteurs, l'anglais Sir Fred Hoyle.

Vocabulaire

Big Bang : Modèle théorique très complexe basé sur la théorie de la relativité générale d'Albert Einstein. Il donne une hypothèse assez vraisemblable en ce qui concerne l'origine de l'Univers et de son évolution ultérieure. Il a connu un grand succès au cours du xxᵉ siècle, jusqu'à nos jours.

Gamow et ses collaborateurs furent ainsi amenés à suggérer que les réactions thermonucléaires de fusion qui coexistaient dans ce milieu primordial très dense et très chaud devaient pouvoir expliquer quantitativement les abondances observées à l'heure actuelle, tant pour l'hydrogène que pour l'hélium, dans notre Univers.

La même année, Ralph Alpher et Robert Herman montrèrent que la théorie du Big Bang induisait l'existence d'un rayonnement émis par la matière chaude. Ce rayonnement, décalé vers le rouge par le mouvement d'expansion de l'Univers, devait en fait pouvoir être observé à l'époque actuelle comme un rayonnement fossile, lequel devait correspondre à une température de corps noir de 3 K (degrés Kelvin) et devait baigner de manière uniforme l'ensemble de l'Univers. D'autres physiciens et astronomes soulignèrent ensuite que le mouvement de récession n'était pas, en fait, composé de vitesses énormes propres aux galaxies, mais que l'expansion représentait une déformation intrin-

Hermann Bondi (CC).

sèque de la texture du continuum espace-temps qui supportait l'Univers.

Reprenant une idée émise en 1925 par William Duncan Mac Millan au sujet d'un univers stationnaire où les étoiles se dissolvaient lentement en rayonnements, lesquels finissaient par se transformer en atomes matériels qui pouvaient ensuite se regrouper en étoiles, Hermann Bondi et Thomas Gold proposèrent, toujours en 1948, un modèle stationnaire d'Univers en expansion qui raviva l'intérêt pour l'énigme de l'obscurité. Ce modèle postulait la création continue de matière aux dépens du rayonnement afin d'obtenir une conservation de la valeur de la densité moyenne de l'Univers au cours du temps, ce qui donnait une autre solution à l'énigme de l'obscurité, le trop-plein de rayonnement issu du fond de ciel étant soit utilisé pour la synthèse de la matière interstellaire, soit transformé en rayonnement de longueur d'onde très longue par l'action du décalage vers le rouge des raies spectrales au cours du temps. Ce modèle, bien que très ingénieux et vigoureusement défendu par Sir Fred Hoyle, fut définitivement abandonné en 1964, après la découverte du rayonnement fossile, malgré le fait qu'il donnait une explication correcte à l'énigme de l'obscurité du ciel nocturne.

La coexistence de ces deux modèles donna lieu au cours des années 1950 et au début des années 1960 à une controverse très active entre les partisans de chaque théorie. Gold et Hoyle, ainsi que Raymond Lyttleton, collègue et ami de Hoyle, furent toujours très sarcastiques avec la théorie du Big Bang durant toute cette période, alors que Gamow, Sandage et d'autres astrophysiciens défendirent la théorie orthodoxe avec beaucoup d'acharnement. Au cours des années 1950, de nouvelles découvertes observationnelles vinrent donner des arguments incisifs aux deux parties qui ne se privèrent pas de les utiliser et de tenter de ridiculiser le modèle adverse. Ce fut dans cet esprit de querelle que Hoyle donna le nom très évocateur de « Big Bang » au modèle d'Univers en expansion de Gamow...

En collaboration avec Halton C. Arp et William A. Baum, l'astrophysicien américain Allan Rex Sandage avait étudié en 1952 les diagrammes H-R de certains amas globulaires à l'aide de mesures photométriques très précises, se rendant compte que ces diagrammes H-R n'avaient qu'une lointaine analogie avec le diagramme H-R classique, ce qui confirmait les travaux de Baade sur la notion de population stellaire. Ancien assistant de Hubble entre 1950 et 1953, Sandage avait par ailleurs continué les études et les mesures des décalages spectraux vers le rouge pour des objets de plus en plus lointains à l'aide du télescope Hale du mont Palomar. Sandage avait toujours été un inconditionnel de l'explication cosmologique du mouvement de récession des galaxies et était toujours resté très hostile à la théorie développée par Hoyle.

L'essor de la photométrie stellaire

Indices de couleur et extinction interstellaire

En 1888, Seth Chandler proposa d'estimer les magnitudes stellaires par l'observation des étoiles à travers des verres colorés et d'établir une échelle de comparaison avec l'apparence visuelle, introduisant ainsi le concept d'indice de couleur. Reprenant l'idée de Chandler, Charles Nordmann créa entre 1907 et 1909 un prototype de photomètre visuel hétérochrome, ce qui lui permit de déterminer la température de couleur des étoiles mesurées, à l'aide d'une lampe étalon jouant le rôle d'un corps noir de référence. En 1910, Karl Schwarzschild introduisit l'indice de couleur dans sa forme actuelle comme étant la différence entre la magnitude photographique et la magnitude visuelle $m_{ph}-m_V$ (les émulsions photographiques étaient particulièrement sensibles dans le bleu, alors que l'œil humain l'était nettement plus dans le jaune). En 1915, Frederick Seares améliora la méthode de mesure de la magnitude visuelle, auparavant trop subjective, à l'aide d'une plaque photographique recouverte d'un filtre de verre dont la transparence imitait la réponse spectrale de l'œil humain.

En 1911, Hertzsprung constata que les indices de couleur les plus rouges dans un amas ouvert correspondaient aux étoiles les plus faibles, à quelques exceptions près, en l'occurrence celles des étoiles géantes très lumineuses. Il présenta ces résultats sous forme d'un diagramme H-R magnitude apparente en fonction de l'indice de couleur. Il observa également l'existence d'une dispersion des indices de couleur pour des étoiles de même type spectral présentes dans un même champ, ce qui l'amena en 1915 à poser la question de l'absorption interstellaire. À la suite des recherches de Barnard sur les nébuleuses obscures et de celles de Russell et de Hubble sur les nuages de poussières diffusantes, Trümpler étudia en 1930 les propriétés de l'extinction interstellaire et détermina l'effet de l'absorption en fonction de la distance.

Dès cette date, il apparut que les systèmes photométriques à deux, trois, quatre couleurs ou plus, de l'ultraviolet lointain à l'infrarouge, voire au submillimétrique, était la méthode privilégiée pour étudier l'extinction interstellaire dans toutes les régions de la Galaxie. La notion d'excès de couleur (différence entre l'indice donné par l'observation et l'indice déduit théoriquement du type spectral de l'étoile) fut introduite en 1933 par Wolfgang Gleissberg. En 1934, Wilhelm Becker introduisit une différence d'indices qui conduisait à un paramètre indépendant de l'extinction interstellaire et indicateur du type spectral. En 1937, Becker créa un système photométrique à trois filtres, la photométrie RGU. Le diagramme couleur-couleur fut, par ailleurs, introduit dès 1925 par les astronomes Ernst J. Öpik et Robert J. Livländer sous une forme très voisine du diagramme U-B versus B-V utilisé actuellement.

Vocabulaire

Submillimétrique : Domaine du spectre électromagnétique comprenant les longueurs d'onde comprises entre 100 micromètres et 1 millimètre, qui concerne particulièrement le rayonnement fossile.

Système photométrique : Ensemble d'au moins deux filtres judicieusement choisis pour leur domaine de longueur d'onde et pour leur bande passante, pour mener une analyse photométrique cohérente.

Les premières photométries photoélectriques

L'apparition des premiers tubes photomultiplicateurs fiables à partir de 1949 permit la naissance des premiers systèmes photométriques photoélectriques. Ces photométries photoélectriques, qui ne permettaient de mesurer qu'une étoile après l'autre, furent créées peu après 1950 afin de pouvoir atteindre la structure physique des étoiles par la mesure de la magnitude apparente à l'aide d'un certain nombre de filtres (à bandes larges ou étroites).

En collaboration avec William W. Morgan, l'américain Harold Lester Johnson proposa en 1953 le système photométrique photoélectrique UBV à bandes larges (U : ultraviolet ; B : bleu ; V : visible), lequel prit plus tard son nom. À partir des trois magnitudes U, B et V, il devint alors possible d'avoir un accès simple aux indices de couleur U-B et B-V. La photométrie UBV de Johnson devint rapidement la plus utilisée parmi l'ensemble de tous les systèmes photométriques existants à la fin du XXe siècle, plus de 100 000 étoiles ayant déjà été mesurées en photométrie de Johnson. Cette photométrie fut utilisée très rapidement pour l'élaboration de diagrammes couleur-couleur U-B versus B-V, ces diagrammes donnant un accès rapide à la valeur de l'extinction interstellaire. L'extension dans le rouge et dans l'infrarouge fut proposée en 1963 par l'astronome mexicain Eugenio E. Mendoza, lequel introduisit les systèmes photométriques photoélectriques, dits de Johnson, UBVRI (R : rouge ; I : infrarouge proche) et IJHKLMN (sept bandes dans l'infrarouge).

D'autres systèmes photométriques furent initialisés quelques années plus tard. En 1959, Marcel Golay, alors directeur de l'Observatoire de Genève, créa un nouveau système photométrique photoélectrique $UBVB_1B_2V_1G$ à sept filtres, système qui prit le nom de « photométrie de Genève ». Ce système photométrique permettait un accès intrinsèque à plusieurs paramètres physiques décrivant la structure des étoiles, contrairement à la photométrie de Johnson qui ne l'autorisait pas. En 1960, les astronomes néerlandais Theodore Walraven et Johanna Helena Walraven introduisirent le système photométrique photoélectrique VBLUW à cinq filtres, dit « de Walraven ». Par ailleurs, en 1965, le danois Bengt Georg Daniel Strömgren, en collaboration avec Charles Lewis Perry et David Crawford, tous deux astronomes à l'Observatoire National de Kitt Peak, États-Unis, initialisa une nouvelle photométrie photoélectrique, dite

Vocabulaire

Photométrie photoélectrique : Système photométrique qui utilise un tube photomultiplicateur pour amplifier l'intensité du faible signal reçu au niveau du foyer image d'un instrument astronomique.

« photométrie de Strömgren uvby H_β », à quatre filtres de bandes passantes intermédiaires accompagnés d'un filtre centré sur la raie H_β de la série de Balmer de l'hydrogène. Près de quatre-vingts systèmes photométriques furent en fait créés par différents astronomes entre 1937 et la fin du xxe siècle, mais leurs fortunes furent très diverses…

Environ 15 000 étoiles ont été mesurées en photométrie Walraven depuis 1960, tout d'abord à l'aide du télescope hollandais de 90 centimètres d'ouverture de l'Observatoire européen austral de La Silla, Chili (et ce, jusqu'en 1992), puis, à partir de 1980, par un groupe mené par l'astronome canadien Eugene Milone à l'aide d'un détecteur amélioré installé au foyer d'un télescope du Rothney Astrophysical Observatory. Par ailleurs, plus de 45 000 étoiles ont été mesurées jusqu'à ce jour en photométrie de Genève $UBVB_1B_2V_1G$, principalement depuis La Silla avec le télescope suisse de 70 centimètres d'ouverture et depuis l'Observatoire du Jungfraujoch, Suisse, avec le télescope de 76 centimètres d'ouverture, alors que plus de 55 000 l'ont été à l'aide de la photométrie uvby H_β de Strömgren, depuis Kitt Peak, puis depuis La Silla à l'aide du télescope danois de 50 centimètres d'ouverture.

La découverte des objets de Herbig-Haro

Une série de clichés de la nébuleuse diffuse NGC 1999, obtenus entre 1946 et 1947 avec le réflecteur de 92 centimètres d'ouverture de l'Observatoire Lick (Université de Californie), révélait deux objets nébulaires très particuliers. En 1950, lors d'une étude spectrale du champ à l'aide d'un prisme-objectif, Guillermo Haro avait découvert que ces deux objets montraient une raie H_α (série de Balmer) très intense. L'analyse spectrale de ces objets effectuée par George Herbig en 1951 avec un spectrographe nébulaire attaché au même instrument révélait un spectre composé de raies d'émission intenses associées à un continu faiblement émissif. Cette observation fut rapprochée de celle de l'étoile T Tauri, connue pour être très jeune. Les astronomes comprirent alors très rapidement qu'ils avaient affaire à des étoiles en cours de formation. Ces étoiles naissantes furent appelées « objets de Herbig-Haro »…

De 1957 à 1972

L'essor de la conquête spatiale

Le premier lancement réussi d'un satellite artificiel de la Terre, *Spoutnik 1*, eut lieu le 4 octobre 1957, à l'aide d'un lanceur équipé de moteurs-fusées à propergols liquides. Issu de la concurrence forcenée entre les deux blocs de l'époque de la guerre froide, ce lancement fut l'œuvre de l'Union soviétique (actuellement, la Russie). La mise en orbite de *Spoutnik 1* fut suivie par un grand nombre d'autres effectuées tant par les Russes que par les Américains, lesquels développèrent séparément différents lanceurs de plus en plus puissants. L'intérêt de la conquête spatiale devint tellement évident que les Français, les Canadiens, les Anglais, les Européens, les Japonais, les Chinois et les Indiens finirent par concevoir leurs propres lanceurs.

> **Vocabulaire**
>
> **Gamma** (ou γ) : Domaine du spectre électromagnétique comprenant les longueurs d'onde inférieures à 0,002 nanomètre (rayonnements les plus énergétiques connus).
>
> **Lanceur** : Assemblage composé d'un à quatre étages (réservoirs de carburant) superposés, tous équipés de moteurs-fusées, fonctionnant les uns après les autres, qui sert à satelliser une charge utile ou à l'expédier en direction d'une cible extérieure (Lune, planète, astéroïde, comète, orbite solaire, etc.).

La course à l'espace amena un très grand nombre de nouvelles découvertes dans le champ de l'astrophysique, tant dans le voisinage terrestre que loin de notre planète. La recherche spatiale en astrophysique devint ainsi, dès la fin des années 1950, l'un des enjeux de la conquête de l'espace. De nouvelles disciplines purement astronomiques virent alors le jour, par exemple l'astronomie gamma ou la planétologie *in situ*.

Les pionniers de l'astronautique

L'astronautique moderne fut fondée à la fin du XIXe siècle par le russe Constantin Edouardovich Tsiolkovsky qui proposa dès 1883 l'utilisation de la propulsion par réaction pour réaliser des engins volants destinés à l'exploration du cosmos et qui conçut dès 1897 la première soufflerie aérodynamique de Russie. Dès 1907, et de manière totalement indépendante, l'américain Robert Hutchings Goddard travailla sur les problèmes posés par la réalisation et l'utilisation des fusées. En 1926, il réussit pour la première fois le lancement d'une fusée à propergols liquides. À partir de 1912, le français Robert Esnault-Pelterie s'intéressa à la théorie de la propulsion par réaction, puis à l'utilisation des fusées pour l'exploration de la haute atmosphère, ainsi qu'à l'astronautique.

L'allemand Hermann Oberth travailla dès la fin de la Première Guerre mondiale sur la propulsion par réaction et l'usage des fusées pour l'exploration des planètes. Dès 1929, il se livra à des essais de moteurs-fusées à propergols liquides. Durant la Seconde Guerre mondiale, il participa, en collaboration avec Wernher von Braun et d'autres chercheurs allemands, au programme de construction des fusées militaires allemandes V1 et V2 depuis la base secrète de Peenemünde, programme initialisé par von Braun dès 1933. Après 1945, la plupart des chercheurs allemands de Peenemünde furent affectés au programme (militaire et top secret !) américain de construction de fusées à usage militaire dérivées de la V2. À partir de 1955, von Braun et Oberth travaillèrent au centre des missiles balistiques de l'armée américaine, à Huntsville, Alabama, centre où fut construite la fusée Jupiter C qui plaça le premier satellite artificiel américain, *Explorer 1*, sur orbite le 1er février 1958.

Vocabulaire

Fusée : Véhicule stratosphérique de forme aérodynamique lancé depuis un site terrestre, qui permet d'atteindre l'espace circumterrestre proche. Le principe de fonctionnement de ce véhicule consiste en l'utilisation d'un ou plusieurs moteurs à réaction (moteur-fusée) utilisant une combustion chimique d'un propergol composé d'un combustible, généralement un produit fortement réducteur, et d'un comburant, généralement un produit fortement oxydant.

Fusée-sonde : Lanceur à un seul étage, parfois deux, sans charge utile et dont la tête était équipée de détecteurs et de senseurs atmosphériques, ainsi que, éventuellement, d'une caméra, qui a été utilisé entre les années 1950 et 1970 pour l'étude de la haute atmosphère terrestre.

La découverte des ceintures de van Allen

En 1953, à l'aide de fusées sondes dérivées des V2 allemandes, le physicien américain James Alfred van Allen put mettre en évidence une augmentation imprévue de l'intensité du rayonnement cosmique à partir d'une centaine de kilomètres d'altitude. Les satellites américains de la série *Explorer*, mis en orbite terrestre à partir de 1958, permirent de montrer l'existence de deux ceintures de radiations situées au-dessus de l'équateur géomagnétique à des altitudes moyennes de 3600 kilomètres et de 16000 kilomètres et qui furent appelées « ceintures de van Allen ». Il fut rapidement montré que ces ceintures de radiations étaient constituées de particules, principalement des électrons d'assez haute énergie et des protons, avec également des deutérons et des hélions, en provenance du Soleil et piégées par le champ magnétique terrestre. Les analyses ultérieures montrèrent que de telles particules emplissaient en fait tout l'espace compris entre le sommet de la haute atmosphère et les limites de la magnétosphère.

La course à l'espace

Les lancements par les Russes des satellites artificiels *Spoutnik 1*, le 4 octobre 1957, et *Spoutnik 2*, le 3 novembre de la même année, infligèrent une blessure sévère à l'orgueil national américain. Les États-Unis étaient alors en période de guerre froide avec l'Union soviétique et se devaient de réagir très rapidement, se considérant alors comme le champion du monde libre contre le communisme. Le 1er février 1958 vit alors la mise sur orbite du premier satellite artificiel américain, *Explorer 1*, après plusieurs échecs cuisants. L'exploration de l'espace prit la forme d'une compétition entre les deux grandes puissances. L'année 1958 vit également la création de la National Aeronautics and Space Administration (NASA) par le président américain afin de faciliter l'essor de la recherche spatiale.

Le 12 avril 1961, l'Union soviétique devança encore une fois les États-Unis dans la course à l'espace. Ce jour-là, lancée de Baïkonour, une fusée porteuse russe plaça sur orbite la première capsule spatiale habitée, *Vostok*, et son passager, le cosmonaute Youri Alexeïevitch Gagarine, alors qu'une équipe d'astronautes américains s'entraînait dans le même but. À l'annonce de l'événement, le sentiment d'humiliation de la nation américaine fut tel que le président Kennedy annonça officiellement que, avant la fin de la décennie, un Américain aurait posé le pied sur la Lune. Le 20 février 1962, John Glenn fut le premier astronaute américain à effectuer un véritable vol orbital autour de la Terre à bord d'une capsule *Mercury*, l'astronaute Alan Shepard n'ayant effectué qu'un vol suborbital de 15 minutes le 5 mai 1961.

L'homme sur la Lune

Durant les années 1960, la course entre les deux grands s'intensifia, avec la Lune comme objectif avoué. À partir de l'année 1959, de nombreuses sondes spatiales automatiques furent envoyées en direction de notre satellite naturel afin de le survoler ou d'atteindre sa surface, d'abord de manière brutale, puis par un alunissage en douceur. Le premier impact d'un robot automatique, la sonde soviétique *Luna 2*, sur la surface lunaire eut lieu le 14 septembre 1959, suivi, le 7 octobre 1959, par le premier survol, par la sonde russe *Luna 3*, avec prise de photographies. Le 26 avril 1962, la sonde américaine *Ranger 4* percuta la surface lunaire à son tour, mais sans prendre de photographies. Il fallut attendre le 31 juillet 1964 pour que la sonde américaine *Ranger 7* puisse obtenir des photographies durant sa chute vers la surface de notre satellite. Le 3 février 1966, la sonde russe *Luna 9* se posa en douceur sur la surface lunaire et retransmit les premières images d'un paysage de notre satellite naturel. Puis, le 2 avril 1966, la sonde russe *Luna 10* devint le premier satellite artificiel de la Lune. Les Américains suivirent très vite, la sonde *Surveyor 1* se posant en douceur le 2 juin 1966, alunissage suivi de la prise de nombreuses photographies, et le robot automatique *Lunar Orbiter 1* étant placé le 14 août 1966 sur une orbite sélénocentrique. Six sondes *Surveyor* et quatre satellites *Lunar Orbiter* suivirent. D'autres sondes automatiques russes de

Vocabulaire

Orbiter : Partie d'une sonde interplanétaire dont la mission est de se placer en orbite autour d'un corps céleste et de le photographier et/ou de le cartographier, ainsi que d'effectuer de nombreuses mesures (densité de l'éventuelle atmosphère, étude de la magnétosphère si elle existe, etc.).

Robot automatique : Autre nom pour désigner une sonde spatiale, un lander, un rover.

plus en plus élaborées continuèrent également l'exploration lunaire au cours des mois et des années qui suivirent. En particulier, la sonde soviétique *Luna 16* se posa sur la surface lunaire le 20 septembre 1970, collecta des échantillons de roches lunaires, et repartit vers la Terre qu'elle atteignit le 24 septembre. Le 17 novembre 1970, la sonde *Luna 17* déposa le véhicule automatique tout-terrain *Lunokhod 1* qui explora la surface lunaire à l'aide d'un appareillage scientifique très sophistiqué et effectua des prises de vue à l'aide d'un système de télévision équipé d'une caméra mobile.

Les vols habités en orbite terrestre se multiplièrent, avec des sorties dans l'espace, la première ayant été effectuée le 18 mars 1965 par le cosmonaute russe Alexeï Arkhipovitch Léonov, et des rendez-vous spatiaux, sans ou avec jonction, entre deux vaisseaux spatiaux, puis entre trois vaisseaux spatiaux. Les Soviétiques développèrent les programmes de capsules habitées *Vostok* et *Voskhod*, puis *Soyouz* (les véhicules *Soyouz* sont toujours utilisés à ce jour par les Russes), alors que les Américains travaillèrent avec les capsules *Mercury*, puis *Gemini*, et enfin *Apollo*. La course à la Lune imposa, durant les années 1960, le développement de lanceurs de plus en plus performants qui permettaient d'envoyer plusieurs dizaines de tonnes en orbite lunaire. Les Soviétiques développèrent le lanceur *Proton* qui devint opérationnel en 1965 et qui pouvait mettre sur orbite des charges de 20 tonnes, ainsi que d'autres lanceurs encore plus performants dans le cadre du programme *Soyouz* et de la course à la Lune. De leur côté, les Américains développèrent, sous la direction de Wernher von Braun, les lanceurs de la série *Saturn* (lanceur *Saturn 1* : 9 tonnes en orbite basse ; lanceur *Saturn 1B* : 15 tonnes en orbite basse ; lanceur *Saturn 5* : 130 tonnes en orbite basse et près de 100 tonnes en direction de la Lune) dans le cadre de leur programme lunaire *Apollo*.

Il fallut cependant attendre 1968 pour que les Américains puissent réellement devancer les Soviétiques dans la course à la Lune. Malgré un grave accident qui coûta la vie à trois astronautes le 27 janvier 1967, le programme spatial *Apollo* vit le triomphe de la technologie spatiale américaine. Précédé par le programme *Gemini* qui fut effectué sur dix vols entre mars 1965 et novembre 1966, le programme *Apollo* débuta en mars 1967 par le lancement d'une capsule spatiale inhabitée, *Apollo 4*, par le nouveau lanceur *Saturn 5*, fusée à trois étages conçue par von Braun. Plusieurs lancements furent ensuite effectués soit par une *Saturn*

Neil Amstrong, Michael Collins et Edwin Aldrin (CC).

1B, soit par une *Saturn 5*, tout d'abord en orbite terrestre, puis en direction de la Lune (les vols lunaires furent toujours lancés par une *Saturn 5*). Les vols devinrent habités, avec trois astronautes à chaque fois, à partir d'*Apollo 7* (octobre 1968). Le 24 décembre 1968, *Apollo 8* fut injecté en orbite lunaire et effectua dix révolutions autour de notre satellite. Les deux vols suivants permirent de tester le module lunaire, le LEM, tout d'abord en orbite terrestre (*Apollo 9* en mars 1969), puis en orbite lunaire (*Apollo 10* en mai 1969).

Lancé par une *Saturn 5* le 16 juillet 1969, *Apollo 11*, avec, comme équipage, Neil A. Armstrong, Edwin Aldrin et Michael Collins, fut satellisé autour de la Lune le 19 juillet. Le 20 juillet à 15 h 18 (heure de Washington), les astronautes Armstrong et Aldrin furent les premiers êtres humains à se poser sur la surface de la Lune à l'aide du module lunaire *Eagle* (« *Eagle has landed* »). Le même jour, à 21 h 56 (heure de Washington), filmé en direct, Armstrong fut le premier homme à fouler le sol lunaire dans un scaphandre spatial. Il prononça à cette occasion une

L'astronaute Buzz Aldrin sur la Lune, 20 juillet 1969 (Nasa).

phrase restée célèbre : « C'est un petit pas pour l'homme, mais un bond de géant pour l'humanité » (*That's one small step for a man, one giant leap for mankind*). Il fut rejoint 19 minutes plus tard par Aldrin. Les deux astronautes installèrent un drapeau américain et diverses expériences scientifiques à la surface de la Lune et collectèrent des échantillons de roches lunaires. Après avoir décollé de la Lune et rejoint le module de commande et Collins en orbite lunaire, ils atteignirent la Terre le 24 juillet. Ayant pleinement accompli la promesse du président Kennedy, ils furent fêtés comme des héros nationaux par les États-Unis.

La mission *Apollo 11* fut suivie par six autres vols vers la Lune entre novembre 1969 et décembre 1972. Alors que le vol *Apollo 13* fut marqué par de gros problèmes techniques qui imposèrent un prompt retour vers la Terre, les vols *Apollo 12*, *Apollo 14*, *Apollo 15*, *Apollo 16* et *Apollo 17* furent tous de francs succès. Les trois dernières missions lunaires permirent l'expérimentation d'une Jeep lunaire équipée d'une caméra de télévision mobile, alors que, au total, plus de 300 kilogrammes de roches lunaires furent ramenés sur Terre. Douze hommes, de nationalité américaine, purent ainsi fouler le sol lunaire et travailler sur notre satellite. De nombreuses expériences purent être initiées grâce à des sismographes lunaires, des stations d'analyse géologique, des réflecteurs lasers et autres collecteurs de particules issues du vent cosmique solaire que les douze astronautes avaient successivement déposés sur le sol lunaire. Les conséquences scientifiques des vols lunaires furent incalculables. En particulier, l'analyse des roches lunaires à l'aide de méthodes de datation radioactives permit enfin de déterminer précisément l'âge du Système solaire, l'ensemble des mesures convergeant vers 4,56 milliards d'années. L'analyse des mesures obtenues par les diverses expériences scientifiques déposées à la surface de la Lune et celle des roches lunaires permirent également de mieux connaître la formation et l'évolution géologique de notre satellite...

Les premières découvertes in situ

Dans le cadre de la course à l'espace, les Soviétiques furent les premiers à lancer une sonde spatiale interplanétaire, *Venera 1*, qui survola la planète Vénus le 19 mai 1961. Les Américains suivirent en lançant la sonde interplanétaire *Mariner 2* qui survola Vénus le 14 décembre 1962. La surface de Vénus fut atteinte pour la première fois par une sonde soviétique, *Venera 3*, le 1er mars 1966. Les années suivantes virent plusieurs autres sondes interplanétaires atteindre la surface de Vénus ou survoler cette planète. Le module de descente de la sonde automatique russe *Venera 7* fut ainsi le premier objet d'origine terrestre à émettre un signal et à effectuer des mesures depuis le sol vénusien le 15 décembre 1970. Ces missions spatiales permirent une très importante moisson de découvertes sur l'atmosphère vénusienne (évolution des gradients de température et de pression en fonction de l'altitude, régime des vents et des courants atmosphériques, composition chimique, etc.) et sur la planète, en particulier sa masse précise et son diamètre exact, puis sur l'état de la surface de cet astre.

Après plusieurs échecs, le premier survol réussi de la planète Mars fut effectué le 15 juillet 1965 par la sonde automatique américaine *Mariner 4*. Les photographies obtenues lors de ce survol révélèrent la présence de cratères d'origine météoritique et la totale absence de canaux martiens, mettant un point final à presque un siècle de controverses sur cette question. Il n'y avait donc pas de supposée civilisation martienne censée avoir creusé de gigantesques canaux dans le sol de la planète à des fins d'irrigation ! L'histoire des canaux martiens rejoignit alors le domaine des mythes, laissant la place à l'étude scientifique de la planète rouge.

> **Vocabulaire**
>
> **Cratère** : Dépression de taille variable et de forme en général (quasi) circulaire, située à la surface d'un astre, le plus souvent entourée de remparts, voire possédant un piton central, et résultant de l'impact d'un (petit) astéroïde plus ou moins massif, voire d'une comète, sur cette surface.

Deux autres survols de la planète Mars eurent ensuite lieu le 31 juillet et le 5 août 1969, par les sondes américaines *Mariner 6* et *7*, qui apportèrent leur moisson de photographies, ainsi que les premières déterminations de la composition chimique de l'atmosphère. Le 13 novembre 1971, la sonde américaine *Mariner 9* se satellisa autour de la planète rouge, très vite suivie par les sondes soviétiques *Mars 2*, le 27 novembre, et *Mars 3*, le 2 décembre, chacune de ces deux dernières ayant également largué un compartiment d'atterrissage qui se posa en douceur à la surface de la planète rouge, le premier muet, le second émettant seulement 20 secondes. Les trois nouveaux satellites de Mars accumulèrent les mesures d'abondance chimique, tant au niveau de l'atmosphère et des nuages qu'au niveau du sol, et les photographies de Mars, ces dernières permettant enfin de pouvoir élaborer une cartographie précise de cette planète.

1962 : fondation de l'Observatoire européen austral

Au début des années 1960, l'essor de l'astrophysique restait un phénomène propre aux pays économiquement développés de l'hémisphère nord. Tous les grands observatoires avaient ainsi été construits soit aux États-Unis, soit en Europe, soit en Union Soviétique, c'est-à-dire loin au nord du cercle équateur, et ne pouvant alors observer toute la partie la plus australe du ciel. Il apparut alors que les quelques observatoires édifiés dans l'hémisphère sud ne suffisaient plus pour l'étude de cette partie du ciel. L'excellent contexte économique des années 1960, ainsi que les premières négociations dans le cadre du Marché commun, incita les instances nationales de la recherche scientifique en astrophysique de plusieurs pays d'Europe à se grouper en 1962 dans le cadre d'une nouvelle organisation baptisée Observatoire européen austral (European Southern Observatory ou ESO). L'ESO fut ainsi fondé pour promouvoir la collaboration scientifique en astronomie et en astrophysique à un niveau européen et pour fournir aux scientifiques des pays membres un observatoire moderne et bien équipé, spécialement destiné à l'étude des objets célestes de l'hémisphère sud, relativement peu traité auparavant. Le choix du site, selon des critères astronomiques très contraignants pour l'époque, se porta sur le sommet d'une montagne appelée « Cerro La Silla », au nord du Chili, après une longue étude sur diverses localisations possibles, en particulier en Afrique du Sud et en Namibie. Le gouvernement chilien donna alors à l'ESO 800 kilomètres carrés de désert centrés sur ce sommet, afin de proscrire toute implantation potentiellement gênante dans un proche voisinage, en particulier pour éviter la création de sources proches de pollution lumineuse, fléau de nombreux observatoires de l'hémisphère nord. Le site resta ainsi jusqu'à nos jours totalement indemne de cette forme insidieuse de pollution.

Équipé de 14 télescopes d'ouvertures comprises entre 0,5 et 3,6 mètres et d'une antenne millimétrique de 15 mètres d'ouverture, l'Observatoire européen austral de La Silla devint l'un des observatoires les mieux équipés de la fin du xxe siècle. Bénéficiant d'environ 260 nuits claires et 150 nuits photométriques par an, il a permis aux astronomes européens de contribuer de manière significative à l'avancement des connaissances en astronomie par l'étude de nombreux types d'objets différents, bien qu'ayant plutôt une vocation dans les domaines stellaires, galactiques et extragalactiques. La planétologie et la physique solaire ne furent en effet que peu développées à La Silla, malgré une recherche systématique d'astéroïdes qui fut maintenue au Grand Prisme Objectif, ainsi qu'au télescope de Schmidt, jusqu'à la fin 1993...

Vocabulaire

Millimétrique : Domaine du spectre électromagnétique comprenant les longueurs d'onde comprises entre 1 millimètre et 1 centimètre, utilisé pour l'étude de la répartition et de la concentration des molécules et radicaux (CH, OH, etc.) dans les grands nuages de gaz interstellaire.

1963 : découverte des quasars

Vers la fin des années 1950, le radiotélescope de Jodrell Bank fut utilisé intensivement afin d'obtenir une cartographie du ciel dans le domaine radio, principalement à la longueur d'onde de 21 centimètres correspondant à la transition hyperfine de l'atome d'hydrogène. Cette cartographie déboucha rapidement sur la recherche des composantes dans le domaine visible des radiosources les plus intenses du ciel. Alors que certaines radiosources correspondaient à des objets non stellaires de taille étendue, principalement des galaxies, d'autres paraissaient ne correspondre soit à rien, soit à des sources optiques ponctuelles de magnitude supérieure à 12 pour les plus brillantes d'entre elles. Une analyse spectrale de ces sources ponctuelles fut alors menée à l'aide du télescope Hale de l'Observatoire du mont Palomar, conduisant à des spectres totalement incompréhensibles. Il fallut attendre 1963 pour que Maarten Schmidt et Jesse Leonard Greenstein puissent enfin interpréter ces spectres comme étant issus d'objets animés d'une grande vitesse de récession. En effet, les raies spectrales de l'hydrogène et des autres éléments chimiques éventuellement présents étaient très fortement décalées vers le rouge, ce qui paraissait être la preuve d'une vitesse d'éloignement élevée, par simple utilisation de l'effet Doppler-Fizeau. Ces sources ponctuelles à fort redshift et à émission radio détectable furent appelées « quasi stellar astronomical radio-sources », « quasars » en abrégé, et furent identifiées à des noyaux très actifs de galaxies particulières.

1964 : découverte du rayonnement fossile

L'existence du rayonnement cosmologique fossile, envisagée théoriquement par Alpher et Herman en 1948, ne fut pas confirmée expérimentalement avant 1964. Cette année-là, lors du test d'un nouveau capteur sensible dans le domaine millimétrique, les physiciens américains Robert Woodrow Wilson et Arno Allan Penzias découvrirent tout à fait par hasard ce rayonnement fossile dans ce qu'ils prirent tout d'abord pour du bruit de fond instrumental. Cette découverte, rapidement confirmée par plusieurs autres laboratoires de recherche, amena une confirmation inattendue pour la théorie du Big Bang et sonna définitivement le glas des théories concurrentes, en particulier celle de la création continue défendue par Sir Fred Hoyle.

1967 : découverte des pulsars

À peine les nouvelles notions de quasars et de rayonnement fossile furent-elles expliquées correctement et assimilées par la communauté scientifique qu'une nouvelle découverte, tout d'abord incompréhensible, fut faite en août 1967, toujours à l'aide d'une instrumentation de pointe et encore dans le domaine de la radioastronomie. À l'aide d'un radiotélescope de nouvelle génération installé à Cambridge, Jocelyn Bell, alors étudiante du physicien anglais Antony Hewish, décela une radiosource à comportement étrange qui émettait des signaux très brefs et très réguliers à des intervalles de temps constants voisins de la seconde. Ainsi, alors que toutes les autres radiosources émettaient un bruit continu, cette nouvelle source, immédiatement identifiée comme étant en dehors du Système solaire, émettait une pulsation d'une extraordinaire régularité. D'autres objets du même type, appelés « pulsars », furent ensuite découverts, mais ils ne purent être identifiés dans le domaine visible. L'origine de la pulsation fut rapidement attribuée à un mouvement de rotation excessivement rapide.

La très courte période de rotation des pulsars amena rapidement un important problème théorique aux astrophysiciens. Comment se faisait-il qu'un astre forcément très petit, de diamètre inférieur à 700 kilomètres, pouvait tourner aussi vite et émettre un rayonnement si intense ? Ce comportement paraissait être si étrange qu'il induisit plusieurs théories toutes plus fausses les unes que les autres, voire des élucubrations parfaitement farfelues. Ce problème théorique fut toutefois résolu en 1968 par Thomas Gold, déjà fameux pour son engagement dans l'élaboration de la théorie de la création continue. Il suggéra une explication correcte pour ce phénomène, assimilant les pulsars à des étoiles à neutrons en rotation rapide et possédant des régions particulièrement actives et émissives dans le domaine radio. En effet, selon une théorie émise par Walter Baade et Fritz Zwicky en 1934, les étoiles à neutrons devaient être composées de matière dégénérée de type neutronique, suite à l'effondrement gravitationnel des régions centrales d'une étoile massive en fin de vie, et devaient être animées d'une vitesse angulaire de rotation très élevée. Il fallut cependant attendre l'année 1969 pour qu'une équipe américaine, observant à l'aide d'un télescope de 90 centimètres d'ouverture de l'Observatoire de Kitt Peak, en Arizona, puisse enfin identifier une étoile présente au sein de la nébuleuse du Crabe comme étant la composante visible de l'un de ces objets. En effet, un pulsar radio, observé peu de temps auparavant dans cette région du ciel, était animé de pulsations correspondant exactement à celles observées dans le domaine visible pour cette étoile. La théorie émise par Gold fut alors acceptée par l'ensemble de la communauté scientifique.

La nouvelle génération de radiotélescopes

Durant les années 1960, plusieurs radiotélescopes de grande taille furent mis en service les uns après les autres, tant en Australie qu'aux États-Unis et qu'en Europe. Ils furent grandement perfectionnés durant les décennies suivantes. En Australie, l'antenne parabolique de Parkes, de 64 mètres de diamètre, fut inaugurée en 1961. Ce collecteur de grande taille permit l'étude radio du ciel austral avec de bien meilleurs moyens que les anciens récepteurs peu sensibles utilisés par les pionniers australiens des années 1940 et 1950.

Le radiotélescope géant d'Arecibo, d'un diamètre de 300 mètres et situé au cœur de l'île américaine de Puerto Rico, fut, à son tour, mis en service en 1963. Utilisant une cuvette naturelle où fut placé le collecteur parabolique, cet instrument ne pouvait pointer des objets célestes qu'autour du zénith du lieu, à l'aide d'un récepteur mobile de grande taille situé au foyer de l'instrument et soutenu par trois énormes tours et un système complexe de câbles et de treuils. Une passerelle d'accès permettait les visites techniques au foyer de l'instrument.

Construit en Sologne (région de France au sud de Paris qui se caractérise par une absence totale de relief) à partir de 1960, le grand radiotélescope de Nançay fut mis en service en 1965. De très grande taille, il fut conçu selon un principe totalement différent de celui d'Arecibo, ne pouvant observer qu'au voisinage du méridien du lieu. Au sud de l'ensemble, le miroir fixe de forme sphérique, en treillis dense, permettait de collecter un signal radio réfléchi par le miroir plan, mobile autour d'un axe est-ouest et placé au nord. Entre les deux, le récepteur, également mobile dans le sens est-ouest sur un système de rails courbes, permettait le suivi et l'observation d'un objet durant environ une heure. Sa principale mission consistait en l'observation spectroscopique de la raie 21 centimètres de l'hydrogène monoatomique interstellaire, mais il pouvait également être utilisé à d'autres longueurs d'onde centimétriques et décimétriques, à des fins cartographiques ou spectroscopiques. Il fut par ailleurs utilisé dans le cadre du projet SETI de recherche d'intelligence extraterrestre après 1990.

Les catalogues stellaires de référence

Au cours du XXe siècle, de nombreux catalogues furent élaborés, tant pour les étoiles que pour les objets non stellaires. Il apparut en effet indispensable de remettre à jour les anciens catalogues, souvent devenus obsolètes face à l'amélioration des méthodes de mesure, afin de les rendre plus commodes d'emploi, plus précis, voire plus spécialisés. Ce très long travail d'observation et de compilation fut mené à partir des années 1930 par plusieurs instituts et groupes de recherche, souvent dans le cadre de collaborations internationales, dans le but de mieux connaître la structure de la Galaxie, ainsi que celle des environs immédiats du Soleil.

La connaissance de la structure de notre Voie lactée nécessitait des déterminations précises des positions et des mouvements des étoiles. Il fallait en effet fixer les systèmes de coordonnées de manière très précise par rapport à des étoiles de référence, du fait des différents mouvements de la Terre. Plusieurs catalogues fondamentaux furent créés dans ce but, en particulier le *General Catalogue* (GC) de Benjamin Boss, publié en 1937 et contenant 33 342 étoiles, le *Dritter Fundamental Katalog* (FK3) d'August Kopff, publié en 1938 et contenant 1 587 étoiles, et le *Fundamental Catalogue* (N_{30}) d'Herbert Rollo Morgan, publié en 1952 et contenant 5 268 étoiles. Le catalogue FK3 fut adopté par l'Union astronomique internationale comme étalon primaire de coordonnées. Il fut remplacé par une version révisée et encore plus précise, le FK4, publié en 1963. Ce catalogue fondamental fut refondu en une nouvelle version donnant des coordonnées toujours plus précises, le FK5, publié en 1988 et toujours en usage.

Ces catalogues fondamentaux servirent, entre autres, au rattachement de nombreux catalogues secondaires, par exemple les catalogues de position de l'Astronomische Gesellschaft (AGK1 en 1863,

AGK2 en 1930 et AGK3 durant les années 1960), catalogues comprenant plus de 100 000 étoiles. L'intérêt principal de ces catalogues de position, souvent réalisés à plusieurs dizaines d'années d'écart, résidait dans la mesure des mouvements propres des étoiles, c'est-à-dire leurs mouvements sur le fond de ciel. Par ailleurs, les catalogues spectroscopiques donnant accès aux mesures des vitesses radiales, c'est-à-dire sur la ligne de visée, des étoiles, il devenait possible de créer des catalogues complets d'étoiles.

En 1948, la première version du *Bright Star Catalogue* fut compilée et publiée par le Yale University Observatory. Ce catalogue donnait les positions des 9 000 étoiles les plus brillantes du ciel pour les époques 1900 et 2000, les mouvements propres, les vitesses radiales, les magnitudes, les indices de couleur et quelques autres informations. Trois nouvelles éditions, remises à jour par l'astronome américaine Dorrit Hoffleit et concernant 9 110 étoiles, furent publiées respectivement en 1964, en 1982 (avec l'aide de Carlos Jaschek) et en 1991. La dernière édition de 1991, accessible *via* Internet, est encore largement utilisée à l'heure actuelle.

Parallèlement, le *Smithsonian Astrophysical Observatory Star Catalogue* (SAO) fut publié en 1966 à Harvard, donnant les coordonnées de 258 997 étoiles pour l'époque 1950, leurs mouvements propres, leurs vitesses radiales, ainsi que quelques autres informations.

En 1969, l'astronome allemand Gliese publia le très important *Catalogue of Nearby Stars*, catalogue qui donnait les éléments de 1 049 étoiles proches du Soleil. Ce catalogue, déjà publié de manière préliminaire en 1957, fut remis à jour par Gliese et Jahreiss en 1990.

De 1973 à 1989

L'essor de l'informatique

À partir du milieu des années 1960, suivant en cela les laboratoires de recherche spatiale qui s'étaient équipés dès la fin des années 1950, tous les instituts de recherche en astrophysique et en mécanique céleste du monde s'équipèrent les uns après les autres de calculateurs électroniques de plus en plus perfectionnés et performants. L'essor de la recherche spatiale favorisa d'ailleurs grandement les développements de l'informatique. On passa ainsi de 1970 à 1990 des vieux calculateurs à cartes perforées aux machines individuelles très perfectionnées de type Sun utilisant le nouveau standard Unix et connectées en réseaux, après une transition de quelques années *via* des ordinateurs de type VAX VMS. Les langages de programmation devinrent également de plus en plus performants. Chaque astronome devint ainsi, par la force des choses, un spécialiste en programmation, expérimentant ses nouvelles théories ou confrontant ses observations à des modèles théoriques à l'aide de cet outil de travail révolutionnaire pendant des durées encore impensables vingt ans plus tôt. Il devint possible, en particulier, de calculer très rapidement et très précisément les positions et les mouvements des corps célestes, dans le cadre de la mécanique céleste, à l'aide de ces nouveaux ordinateurs.

La plaque photographique, jusqu'alors seulement concurrencée par la caméra électronique de Lallemand, connut son apogée entre 1950 et 1980 avec son utilisation, à l'aide des télescopes de Schmidt, pour la cartographie céleste à grande profondeur et à moyenne résolution du ciel, principalement, pour l'hémisphère nord, dans le cadre du Palomar Sky Survey mené à bien durant les années 1950 et, pour l'hémisphère sud, dans le cadre de l'ESO Southern Sky Survey réalisé durant les années 1970, et dans le cadre d'une utilisation pour l'imagerie et l'analyse spectroscopique, à l'aide des télescopes classiques. Cependant, la généralisation de l'outil informatique permit l'émergence d'une instrumentation tout à fait révolutionnaire totalement impensable avant 1970.

Des détecteurs électroniques, bien plus performants et ayant un rendement quantique élevé, firent alors leur apparition, en particulier la caméra à comptage de photons (Photon Counting Device), appareillage dérivé du photomultiplicateur nettement plus ancien, et le dispositif à transfert de charges (Charge-Coupled Device ou, plus simplement, CCD), qui fut inventé en 1969 par deux ingénieurs des laboratoires Bell et qui se répandit largement à partir de 1985. Les nouveaux détecteurs, principalement les CCD et les bolomètres, se généralisèrent à partir des années 1980, alors que le support film photographique perdait petit à petit de son importance pour être finalement abandonné au début du XXIe siècle.

La recherche spatiale entre 1973 et 1989

La recherche spatiale menée depuis l'environnement terrestre

Les observatoires automatiques

> **Vocabulaire**
>
> **X** : Domaine du spectre électromagnétique comprenant les longueurs d'onde comprises entre 0.002 et 10 nanomètres (rayonnements plus énergétiques que l'ultraviolet et moins que le gamma).

Du fait de l'absorption atmosphérique, l'instrumentation astronomique ne permettait toujours pas, au début des années 1960, d'avoir accès à l'ensemble du spectre électromagnétique, mais seulement à quelques régions de ce dernier, en l'occurrence l'ultraviolet proche, le domaine visible, quelques bandes du domaine infrarouge et le domaine radio. Il était clairement apparu dès la fin des années 1950 que l'exploration spatiale permettrait une investigation beaucoup plus large, voire totale, du spectre électromagnétique. En 1961, *Explorer 11*, premier satellite purement astronomique, fut lancé afin de permettre l'investigation céleste dans le domaine gamma. Il fut suivi, entre 1968 et 1970, par plusieurs autres satellites astronomiques assez primitifs observant dans les domaines gamma, X et ultraviolet, ainsi qu'au niveau de la détection des rayonnements cosmiques solaires et galactiques. En particulier, le satellite *Uhuru*, lancé en décembre 1970, a permis de localiser près de deux cents sources X, dont la nébuleuse du Crabe, déjà bien connue des astronomes, ainsi que d'autres objets inobservables dans le domaine visible et sujets à de brusques variations d'intensité.

À partir de 1972, les recherches spatiales eurent lieu à l'aide de satellites beaucoup plus élaborés et depuis certains vaisseaux habités. Le satellite *Copernicus*, lancé en août 1972, permit enfin d'obtenir des données spectrophotométriques et une cartographie céleste à peu près correcte dans l'ultraviolet moyen. Le satellite *COS-B*, construit par l'Agence spatiale européenne et lancé en août 1975, effectua le même type d'opérations dans le domaine gamma, avec cependant une résolution encore très médiocre. Le satellite *Ariel VI*, lancé en 1979, effectua un travail de détection du rayonnement cosmique galactique et de celui en provenance du Soleil. Ainsi, des satellites, de plus en plus perfectionnés, permirent l'acquisition de nouvelles données de plus en plus précises, tout d'abord dans le domaine spectral des hautes énergies et dans l'ultraviolet, puis en infrarouge, difficilement observable depuis le sol.

En 1978, le satellite *International Ultraviolet Explorer*, appelé IUE, débuta une carrière astronomique de dix-huit ans. Cette très longue durée de vie fut dévolue à l'observation du flux ultraviolet d'un grand nombre d'objets célestes. Il permit en particulier le suivi de nombreuses étoiles chaudes à éclat variable et d'objets non stellaires. Ce satellite, qui fut utilisé par les astronomes du monde entier, ne fut définitivement abandonné qu'en 1996.

Le satellite *Solar Maximum Mission* (SMM), lancé le 14 février 1980 et initialement destiné à l'étude du Soleil et des éruptions photosphériques durant le maximum d'activité de 1980-1981, eut des retombées tout à fait inattendues. Équipé de sept instruments qui pouvaient examiner le Soleil sur tout le spectre électromagnétique, il permit d'observer environ 10 000 éruptions solaires et de découvrir 10 comètes rasantes proches de la haute atmosphère solaire. L'intérêt scientifique de ce satellite astronomique parut être si évident que la NASA décida d'effectuer une mission spéciale de réparation, faite par la navette spatiale *Challenger* en avril 1984, la plupart des instruments embarqués donnant depuis 1982 des signes importants de faiblesse. Cette intervention prolongea de cinq ans la vie de SMM.

Il fallut attendre 1983 pour que le ciel profond puisse enfin être sondé dans le domaine infrarouge, la technique nécessaire étant bien plus complexe que pour les autres domaines de longueur d'onde. Cette année-là, le satellite *Infrared Astronomical Satellite* (IRAS) effectua une cartographie infrarouge proche et moyen du ciel en utilisant un jeu de quatre filtres. Malgré sa durée de vie de seulement dix mois, il apporta une moisson très importante de nouvelles données. L'ensemble du spectre électromagnétique fut alors ouvert à l'investigation spatiale.

L'apport des vols habités et des premières stations orbitales

Le lancement de la station orbitale *Skylab* par les Américains en mai 1973, seulement quelques mois après l'arrêt des vols lunaires, engendra l'avènement de la recherche scientifique dirigée directement par l'homme dans l'espace. Trois équipes d'astronautes se relayèrent dans cette station orbitale entre 1973 et 1974, menant à bien une étude de la photosphère, de la chromosphère et de la couronne solaire durant plusieurs mois dans les domaines X et ultraviolet, ce qui permit de mieux connaître l'atmosphère du Soleil et d'observer incidemment plusieurs comètes rasantes. Les stations orbitales russes de la série *Saliout* servirent également pour les recherches à caractère astrophysique, toujours dans les domaines X et ultraviolet. En juillet 1975, plusieurs expériences observationnelles sur les mêmes domaines de longueur d'onde furent par ailleurs réalisées durant le vol commun *Apollo-Soyouz*, lequel vit la première rencontre dans l'espace entre des astronautes américains et des cosmonautes soviétiques.

Le 12 avril 1981, soit vingt ans jour pour jour après le premier vol dans l'espace du Soviétique Youri Gagarine, le premier lancement de la navette spatiale américaine *Columbia* eut lieu, ouvrant ainsi une nouvelle ère pour la conquête spatiale. Son retour le 14 avril 1981 sans aucun problème montra qu'il était parfaitement envisageable de réutiliser les véhicules spatiaux, au moins en partie. La navette spatiale américaine étant conçue comme un cargo et équipée d'une soute, il devint possible de mettre des satellites en orbite par ce moyen, voire de récupérer ou de réparer d'autres satellites déjà en orbite. On put également utiliser des modules de laboratoire, comme le *Spacelab* européen, ou des plates-formes de recherche en orbite. Il devint spécialement possible d'effectuer des recherches en astronomie à l'aide de la navette spatiale en utilisant des plates-formes astronomiques (expériences *Astro 1* et *Astro 2* dans l'ultraviolet et en rayonnement X). Après les premiers vols de la navette spatiale, et malgré le dramatique accident survenu lors du lancement de la navette *Challenger* le 28 janvier 1986, plusieurs astronomes américains furent associés aux équipages et se rendirent dans l'espace afin d'y effectuer leurs recherches à l'aide d'une instrumentation embarquée.

De leur côté, les Russes ne restèrent pas inactifs. Entre 1971 et 1986, ils installèrent consécutivement sept stations spatiales en orbite terrestre, nommées *Saliout* et qui furent toutes visitées par des équipages pendant des durées de plus en plus longues. La recherche en astrophysique ne fut pas laissée de côté, les rayonnements infrarouge, ultraviolet, X et gamma issus du Soleil et du ciel profond y étant étudiés à l'aide de télescopes spécialement conçus et installés à bord de plusieurs de ces stations, nommément *Saliout 4*, *Saliout 6* et *Saliout 7*. Cette dernière station fut, par ailleurs, occupée fin juillet 1982, durant une semaine, par un équipage franco-soviétique comprenant le premier spationaute français, Jean-Loup Chrétien, qui y effectua un programme de recherche photographique du ciel nocturne en collaboration avec plusieurs laboratoires français. Avec le lancement de la station *Mir*, le 20 février 1986, et l'abandon à la fin de la même année de la dernière station de la série *Saliout* encore en orbite, les scientifiques russes débutèrent un programme de longue durée et de grande envergure consistant au maintien de plusieurs cosmonautes en permanence dans l'espace, en préfiguration d'un éventuel vol habité vers la planète Mars. Entre 1988 et 1999, la station *Mir* a ainsi été habitée quasiment en permanence, certains cosmonautes y demeurant plus d'une année d'affilée, alors que plusieurs spationautes français ont pu aller y travailler dans le cadre de programmes internationaux de recherche.

L'exploration spatiale in situ après 1972

Au cours des années 1970, après la fin de l'exploration lunaire, les deux grandes puissances continuèrent de se concurrencer au niveau de l'exploration des planètes du Système solaire, avec toutefois moins d'énergie que celle déployée de part et d'autre durant les années 1950 et 1960. Cette concurrence induisit l'envoi de plusieurs sondes en direction de diverses planètes, malgré une réduction des budgets spatiaux à partir de 1980, du fait de l'émergence de la crise économique mondiale et de la fin de la guerre froide.

La planète Mercure

La planète Mercure fut survolée trois fois consécutivement, le 29 mars 1974, le 21 septembre de la même année et le 16 mars 1975, par la sonde automatique américaine *Mariner 10*, laquelle survola tout d'abord Vénus, le 5 février 1974. Ces trois survols permirent l'obtention des premières photographies rapprochées du sol mercurien et révélèrent son aspect désertique et très cratérisé. Il fut également possible d'estimer les très grandes disparités entre les températures au sol de jour, de l'ordre de 430 °C, et de nuit, de l'ordre de - 170 °C. Ces disparités de températures étaient en fait attendues, corrélativement au lent mouvement de rotation de la planète sur elle-même, la planète Mercure étant piégée par le Soleil dans une résonance trois pour deux (trois rotations autour de son axe polaire pour deux révolutions autour du Soleil, ce qui implique une «journée» de 176 jours terrestres), et à sa quasi-absence d'atmosphère, ce qui fut confirmé lors de deux survols rapprochés de la surface.

La planète Vénus

L'exploration de la planète Vénus continua de plus belle durant les années 1970, toujours sous la forme d'une compétition entre les deux grandes puissances spatiales. Après le survol de *Mariner 10* en 1974 qui permit l'obtention de nombreux clichés, les capsules de descente des deux sondes russes *Venera 9* et *Venera 10* atteignirent la surface de cette planète, respectivement, les 22 et 25 octobre 1975. Équipées de manière à résister aux conditions infernales régnant à la surface vénusienne par les scientifiques russes qui avaient pu tirer les leçons des échecs précédents, ces capsules de descente purent effectuer une série de mesures de pression et d'abondance chimique de l'atmosphère jusqu'au sol, lequel fut, à chaque fois, atteint en douceur, et purent alors transmettre les premières images du sol vénusien durant près d'une heure pour chaque capsule, montrant l'aspect désertique et surchauffé (475 °C) de ce sol.

Il fallut ensuite attendre l'année 1978 pour que quatre sondes automatiques, deux d'origine américaine et deux d'origine russe, se dirigent de nouveau vers Vénus. La sonde spatiale *Pioneer-Venus 1* fut placée sur une orbite vénusienne basse le 4 décembre 1978 dans le but d'obtenir de nombreuses mesures scientifiques de la composition et de la température de l'atmosphère, ainsi qu'une cartographie radar d'une grande partie de la surface, toujours invisible du fait de l'épaisse couverture nuageuse présente dans l'atmosphère de Vénus. L'autre robot automatique américain, nommé *Pioneer-Venus 2*, était composé de quatre capsules vénusiennes qui effectuèrent des descentes en quatre lieux différents le 9 décembre 1978, tout en transmettant une grande quantité de données scientifiques. Les sondes russes *Venera 11* et *Venera 12* larguèrent deux capsules de descente qui atteignirent le sol vénusien respectivement le 25 et le 21 décembre 1978 et qui transmirent, chacune, des données scientifiques durant plus d'une heure et demie après s'être posées au sol.

En mars 1982, deux nouvelles capsules soviétiques de descente, *Venera 13* et *Venera 14*, atteignirent à leur tour le sol vénusien, obtenant une nouvelle fois des clichés du sol vénusien, cette fois-ci en couleurs.

Puis, l'année suivante, deux autres sondes automatiques russes, *Venera 15* et *Venera 16*, furent satellisées autour de Vénus sur des orbites polaires d'excentricité importante dont le périastre était voisin du pôle nord vénusien, ce qui permit une cartographie radar de la région polaire boréale avec une grande précision entre 1983 et 1984, cette région n'ayant pas été cartographiée par *Pioneer-Venus 1*. Des études géologiques et morphologiques de Vénus devinrent alors possibles, alors qu'un scénario d'évolution fut proposé pour expliquer l'origine et le pourquoi de l'effet de serre qui emprisonnait la planète sous une véritable chape de dioxyde de carbone, sous une pression de 90 atmosphères et sous une température très élevée de valeur voisine de 470 °C.

Deux nouvelles sondes spatiales, *Vega 1* et *Vega 2*, furent lancées par les Soviétiques respectivement le 15 et le 21 décembre 1984, tout d'abord en direction de Vénus, puis, par réaction de gravitation, vers la comète de Halley. La planète Vénus fut survolée par ces deux sondes respectivement le 11 et le 15 juin 1985. Lors de ces survols, deux plates-formes furent larguées dans l'atmosphère vénusienne et freinées par cette dernière, permettant de gonfler (avec du gaz hélium) deux ballons porteurs à une altitude de plusieurs dizaines de kilomètres. Les nacelles atmosphériques fonctionnèrent deux jours, transmettant de nouvelles données sur l'atmosphère dense de la planète et sur les nuages épais qui

Vocabulaire

Excentricité : Pour une ellipse, grandeur fondamentale définie comme étant le rapport $e = c/a = (1 - b^2/a^2)^{1/2}$, le paramètre *a* étant le demi-grand axe et le paramètre *b*, le demi-petit axe.

Passage au périastre : Passage d'un corps céleste au point le plus proche du centre de gravité d'un système complexe (étoile double ou multiple, système planétaire). Dans le cas d'une planète orbitant autour du Soleil, on parle de passage au périhélie, alors que la Lune passe au périgée.

Réaction de gravitation ou **réaction gravitationnelle** : Technique de navigation spatiale souvent utilisée pour envoyer à moindre coût une sonde interplanétaire vers une cible lointaine (Système solaire extérieur, Mercure). Cette technique consiste à survoler une ou plusieurs fois d'autres corps célestes plus proches, principalement Vénus, la Terre, Mars et Jupiter, afin d'acquérir suffisamment d'énergie pour atteindre sa destination finale. Elle permet aussi d'envoyer des sondes plus massives et donc mieux équipées (caméras, détecteurs, analyseurs de champs magnétiques, etc.).

voilaient sa surface en permanence. Deux capsules de descente furent également larguées vers le sol vénusien.

La planète Mars

Parallèlement aux missions d'exploration spatiale dirigées vers Vénus, de nouvelles investigations furent menées en direction de la planète rouge, dans la prolongation de la mission menée avec succès par la sonde américaine *Mariner 9*. Contrairement à l'exploration de la planète Vénus, celle de Mars ne fut cependant pas favorable aux Soviétiques qui eurent une longue série d'échecs consécutifs. Entre le 21 juillet et le 9 août 1973, non moins de quatre sondes martiennes russes, logiquement nommées *Mars 4*, *5*, *6* et *7*, prirent successivement la route de la planète rouge. Normalement, les deux premières sondes étaient supposées se satelliser en orbite martienne, et les deux dernières devaient larguer une capsule de descente. En réalité, *Mars 4* ne fit qu'un survol de cette planète le 10 février 1974, la mise en orbite ayant échoué, contrairement à *Mars 5* qui put être placée en orbite martienne le 12 février 1974 et qui obtint un certain nombre de résultats, dont plusieurs images en couleurs, durant une dizaine de jours. *Mars 6* et *Mars 7* larguèrent effectivement leurs capsules de descente, alors que les deux sondes spatiales continuaient leur voyage en orbite solaire après avoir survolé la planète rouge. La capsule de descente de la sonde *Mars 6* effectua une entrée correcte dans l'atmosphère martienne, transmettant une série de données barométriques et thermométriques durant toute la phase de descente, mais elle cessa d'émettre au moment du contact avec le sol martien, alors que la capsule de descente de la sonde *Mars 7* ne put effectuer sa mission.

Les Américains attendirent le 20 août et le 9 septembre 1975 pour lancer vers Mars deux sondes automatiques de nouvelle génération qui furent nommées *Viking 1* et *2*. Ces deux sondes étaient composées de deux parties appelées « orbiter » et « lander », qui devaient respectivement se mettre en

Vocabulaire

Lander : Partie d'une sonde interplanétaire dont la mission est de se poser à la surface d'un corps céleste à surface solide (planète tellurique, satellite, astéroïde, comète) et d'y émettre un signal radio le plus souvent accompagné de transmission de photographies et d'analyses *in situ*.

orbite martienne et se poser à la surface de la planète rouge. Les deux sondes martiennes *Viking 1* et *2* furent respectivement placées en orbite martienne le 19 juin et le 7 août 1976, alors que les séparations orbiter-lander eurent lieu respectivement le 20 juillet et le 3 septembre 1976. Les landers se posèrent respectivement les mêmes jours sur les sites Chryse et Utopia, sites choisis à l'aide d'images obtenues par les orbiters.

La double mission *Viking* fut un succès total, les deux orbiters et les deux landers ayant fonctionné bien plus longtemps que prévu initialement, dépassant deux années terrestres de vie active en moyenne. Les caméras embarquées à bord des deux orbiters totalisèrent plus de 51 500 images de la planète et de ses deux satellites, Phobos et Deïmos, permettant une cartographie complète et précise de ces trois objets célestes et ouvrant l'accès à une analyse géologique globale très détaillée de la planète Mars. Les orbiters obtinrent également de nombreuses données concernant l'atmosphère martienne, le régime des vents, le mécanisme des tempêtes de sable et l'évolution des nuages au cours des saisons. De leur côté, les landers permirent l'acquisition de nombreuses autres données très précieuses. Les caméras embarquées à bord de ces derniers totalisèrent plus de 4 650 images des environs immédiats des deux sites « d'atterrissage ». De même, les instruments de mesure présents à bord des landers obtinrent de nombreuses informations concernant les abondances chimiques de l'atmosphère et du sol et sur le climat martien, avec 3 millions de mesures météorologiques effectuées par les deux stations de mesure. Une étude sismologique fut également menée par une instrumentation adaptée installée à bord de chaque lander. Par ailleurs, les deux landers participèrent à une recherche d'une éventuelle vie martienne à l'aide d'un laboratoire d'analyse embarqué et de trois méthodes différentes de prospection (pyrolyse, marquage et échanges gazeux), recherche qui se solda par une réponse *a priori* négative, mais relativement ambiguë, lorsque les résultats obtenus par les laboratoires d'analyse embarqués furent comparés à ceux obtenus sur Terre avec le même matériel et avec des échantillons de terres désertiques.

L'immense succès des missions *Viking* et l'émergence de la crise économique mondiale mirent un frein aux études martiennes. Il fallut attendre plus de dix ans pour que de nouvelles sondes, russes cette fois, reprennent le chemin de la planète rouge. Les deux sondes *Phobos 1* et *Phobos 2* furent lancées de Baïkonour respectivement le 7 et le 12 juillet

1988 en direction de Mars. Le contact fut cependant perdu avec *Phobos 1* début septembre de la même année. *Phobos 2* put être satellisé autour de la planète rouge le 29 janvier 1989, obtenant plusieurs dizaines d'images de Mars et de sa principale lune, Phobos. Le contact fut malheureusement perdu le 27 mars 1989, peu avant le point fort de la mission qui devait être une très forte approche de Phobos et le tir d'un harpon vers la surface de ce petit corps céleste.

La planète Jupiter

L'exploration *in situ* des planètes géantes débuta le 3 mars 1972, malgré l'existence de projets bien antérieurs. Ce jour-là, la sonde automatique américaine *Pioneer 10* fut envoyée en direction de Jupiter, planète géante gazeuse la plus proche et la plus massive de toutes. Après un vol sans problème de près de deux ans, *Pioneer 10* survola Jupiter le 3 décembre 1973 à 130 000 kilomètres de distance minimale, transmettant des données scientifiques sur le milieu interplanétaire avant, pendant et après le survol, ainsi que sur l'environnement jovien, confirmant l'existence d'intenses ceintures de radiation autour de Jupiter. Elle obtint également quelques images peu précises de la couche supérieure des nuages de l'atmosphère jovienne, en particulier une première vue de Jupiter en croissant.

La sonde *Pioneer 10* fut suivie une année plus tard par sa copie conforme, *Pioneer 11*, qui effectua le même type de mesures et survola Jupiter à 42 000 kilomètres de distance le 2 décembre 1974, obtenant des images de Jupiter un peu meilleures que celles collectées un an plus tôt par *Pioneer 10*. Le survol de Jupiter fut, par ailleurs, calculé par les ingénieurs du Jet Propulsion Laboratory (JPL), laboratoire basé à Pasadena, Californie, de manière à ce que la sonde *Pioneer 11* soit injectée sur une nouvelle orbite de transfert, ce qui l'amena à rencontrer la planète Saturne le 1er septembre 1979. Cette utilisation très particulière des lois de la gravitation, qui avait déjà été pratiquée avec succès sur la sonde *Mariner 10* lors de son survol de Vénus effectué le 5 février 1974, fut appelée « réaction de gravitation », le survol d'une planète servait à expédier la sonde spatiale en direction d'une autre planète. Les réactions de gravitation furent utilisées de plus en plus dans les années qui suivirent, de manière de plus en plus judicieuse.

Les calculs théoriques effectués par les ingénieurs du JPL dès le début des années 1970 avaient en particulier montré qu'il serait possible d'utiliser ces réactions de gravitation durant les années 1980 pour pouvoir survoler successivement les quatre planètes géantes, voire la planète naine Pluton, découverte en 1930 par l'américain Clyde Tombaugh, du fait des positions particulières de ces planètes durant cette période. Après de longues négociations entre le JPL, la NASA et le gouvernement américain, le projet final déboucha sur le programme *Voyager*. Dans le cadre de ce programme, la sonde automatique *Voyager 1* devait survoler Jupiter et Saturne, s'approchant de plusieurs gros satellites, dont Titan, alors que *Voyager 2* devait survoler consécutivement Jupiter, Saturne, Uranus et Neptune, le survol de Pluton étant écarté pour des questions de budget et de priorité.

Les sondes *Voyager 1* et *2* furent respectivement lancées le 5 septembre et le 20 août 1977 en direction de Jupiter. Après plus d'une année et demie de vol interplanétaire, *Voyager 1* survola Jupiter à 280 000 kilomètres de distance le 5 mars 1979, obtenant un grand nombre d'images de bien meilleure définition que celles obtenues par les deux sondes précédentes. Les quatre principaux satellites de Jupiter, nommés Io, Europe, Ganymède et Callisto, furent également très étudiés lors du survol, ainsi qu'un cinquième beaucoup plus petit, nommé Amalthée et découvert par Barnard en 1892. Tant au niveau de l'imagerie qu'à celui des mesures de données magnétiques et radiatives, la moisson d'informations fut extraordinaire, révolutionnant totalement notre connaissance du système jovien. Il fut en particulier possible de découvrir un volcanisme actif et permanent à la surface de Io, une couverture glacière complète pour Europe, une surface moyennement cratérisée et composée de roches et de glaces pour Ganymède, une surface nettement plus cratérisée et également composée de roches et de glaces pour Callisto, ainsi qu'une forme oblongue, donc non sphérique, pour Amalthée. Un anneau entourant la planète et trois petits satellites assez proches de Jupiter furent également découverts durant l'analyse des images obtenues lors de ce survol, ce qui porta par ailleurs à 16 le nombre de satellites connus pour la planète Jupiter.

Par ailleurs, les images des couches nuageuses supérieures de l'atmosphère jovienne montrèrent une structure tourmentée en perpétuelle évolution, ce qui indiquait clairement que l'écoulement des fluides atmosphériques se faisait de manière turbulente. Il y avait également de grandes variations dans la gamme des couleurs, entre l'ocre et le rouge en passant par le beige et le blanc, ce qui confirmait l'existence d'une chimie atmosphérique très active. La tache rouge fut perçue comme étant animée d'un mouvement tourbillonnaire rapide. La sonde *Voyager 2* survola à son tour la planète Jupiter le 9 juillet 1979, à une distance de 640 000 kilomètres. Elle obtint de nouvelles images, souvent meilleures, de Jupiter, de ses anneaux et de ses principaux satellites, ainsi que de nouvelles données scientifiques. Les deux survols de Jupiter par *Voyager 1* et *2* ont ainsi permis aux scientifiques d'acquérir un ensemble de connaissances qui n'ont que peu évolué depuis lors.

La planète Saturne

À la suite de l'utilisation des réactions de gravitation au cours des années 1970 pour les sondes automatiques américaines *Pioneer 11*, *Voyager 1* et *2*, toutes trois furent amenées à survoler Saturne et à obtenir de nombreuses images et un grand nombre de données scientifiques de grande importance. Le survol de Saturne par *Pioneer 11* eut lieu le 1er septembre 1979, suite à cinq années de vol interplanétaire depuis Jupiter. Ce survol fut considéré par les ingénieurs du JPL comme une répétition générale avant l'arrivée des sondes *Voyager*, déjà en route pour Saturne, après leurs survols de Jupiter, la même année. Comme au niveau de Jupiter, les résultats en imagerie furent assez décevants, à l'exception notable des anneaux de Saturne, l'anneau F ayant été découvert lors de ce survol. Cependant, de nombreuses mesures furent effectuées durant le survol, en particulier au niveau du champ magnétique existant dans l'environnement de cette planète et au niveau des températures existantes au sommet de l'atmosphère de Saturne et de celle de son principal satellite, Titan. En effet, l'atmosphère de Titan avait été découverte bien antérieurement par l'analyse spectrale depuis la surface terrestre, cette analyse spectrale ayant révélé la présence de méthane gazeux.

Après avoir utilisé le mécanisme de réaction de gravitation lors de leurs survols respectifs de Jupiter, les deux sondes automatiques *Voyager 1* et *2* se dirigèrent vers Saturne qu'elles atteignirent respectivement le 12 novembre 1980 et le 26 août 1981. Comme pour Jupiter, la moisson de découvertes fut phénoménale, aussi bien au niveau de la planète elle-même que qu'à ceux des anneaux, du satellite Titan et de son atmosphère et des autres satellites, dont 6 furent découverts à l'issue du survol de *Voyager 1*. Il y eut les nombreuses images de Saturne, de ses anneaux et de ses satellites. Il y eut les mesures des flux radiatifs et magnétiques lors de la traversée de la magnétosphère, expérience qui avait déjà été effectuée près de Jupiter. Il y eut la découverte de structures radiales dans les anneaux, structures en fait déjà entr'aperçues depuis la Terre à l'aide de réfracteurs d'excellente qualité au début du siècle, en particulier par Eugène Antoniadi. Il y eut également la découverte de l'existence de satellites coorbitaux et de satellites gardiens de l'anneau F. Il y eut, par ailleurs, la confirmation de l'existence des anneaux D et E, difficilement observables depuis la Terre.

Il y eut, surtout, les observations de Titan et de son atmosphère, ainsi qu'une expérience d'occultation de la sonde *Voyager 1* par Titan, ce qui permit d'obtenir la structure verticale de l'atmosphère et les densités des différents composants de celle-ci. Les scientifiques se rendirent alors compte que deux des principaux composants de l'atmosphère de Titan, le méthane et l'éthane, suivaient leurs courbes de vapeur saturante dans cette atmosphère, ce qui indiquait que ces composants pouvaient exister à l'état liquide à la surface de Titan et qu'il pouvait donc y exister des mares, des lacs, voire des océans. Il fut possible de comprendre que la surface de Titan restait toujours, à l'instar de la planète Vénus, masquée par une brume et des nuages permanents. On put également préciser la nature des principaux composants de l'atmosphère (N_2, CH_4, C_2H_6, HCN, etc.) et comprendre la nature prébiotique des molécules présentes, ce qui fit de Titan un sérieux candidat pour la recherche de vie extraterrestre, ainsi que la cible du module de descente *Huygens* de la mission *Cassini-Huygens*.

Comme dans le cas de Jupiter, les survols de Saturne par les sondes *Voyager* permirent aux scientifiques d'acquérir de nombreuses connaissances, qui n'ont en fait qu'assez peu évolué entre 1982 et 2004, aucune sonde spatiale ne s'étant approchée de cette planète durant plus de vingt ans.

La planète Uranus

La planète Uranus, découverte par William Herschel en 1781, restait très mal connue au début des années 1970, son diamètre apparent n'excédant pas 4 secondes d'arc. Cinq satellites avaient déjà été découverts, Titania et Obéron par William Herschel en 1787, Ariel et Umbriel par William Lassell en 1851 et Miranda par Gerard Kuiper en 1948. Les quatre premiers satellites effectuaient leurs mouvements de révolution dans le sens rétrograde autour d'Uranus dans un même plan orbital qui se révéla être le plan équatorial de la planète et être incliné de presque 90° sur l'écliptique. Uranus montrait donc alternativement ses pôles au Soleil selon un cycle de 84 ans, avec des jours et des nuits polaires de 42 ans. Le mouvement de rotation s'y faisait aussi dans le sens rétrograde. Par ailleurs, l'analyse spectroscopique avait révélé la présence du méthane en grande quantité dans l'atmosphère de cette planète qui s'apparentait clairement à la classe des géantes gazeuses par sa taille et sa densité.

La situation n'évolua qu'en 1977, l'année où furent lancées les deux sondes *Voyager*. En effet, le 10 mars de cette année-là, un système d'anneaux minces concentriques fut découvert lors de l'observation de l'occultation d'une étoile brillante par Uranus. Cette observation avait été organisée dans le but d'améliorer la connaissance de la taille réelle de la planète, ainsi que la composition chimique et la structure verticale de son atmosphère. Occasionnant des courtes extinctions de la lumière de l'étoile, neuf anneaux minces furent ainsi découverts symétriquement de part et d'autre de la planète, le plus large étant le plus extérieur. D'autres occultations permirent de confirmer cette découverte.

Le survol de la planète Saturne par la sonde *Voyager 2* fut calculé par les ingénieurs du JPL de manière à donner lieu à une nouvelle réaction de gravitation, laquelle expédia la sonde sur une route croisant la planète Uranus, le 24 janvier 1986. Ainsi, le premier, et dernier à ce jour, survol d'Uranus par un robot automatique de construction humaine fut celui de *Voyager 2* en 1986. Comme pour Jupiter et pour Saturne, et suite à une reprogrammation de l'ordinateur de bord, la moisson de résultats fut très importante, tant pour la planète elle-même que pour ses anneaux, découverts en 1977, et ses satellites. Ainsi, il fut enfin possible de connaître précisément la valeur de la période de rotation (17,9 heures). Par ailleurs, la surface visible de l'astre se révéla être totalement uniforme et sans aucun détail, seul un traitement d'images intensif permettant de bien voir que la planète montrait alors son pôle sud pratiquement de face au Soleil. Le champ magnétique fut également largement étudié par le magnétomètre de la sonde. Les cinq satellites connus auparavant furent amplement photographiés, ainsi qu'un sixième, qui fut identifié suffisamment tôt et nommé Puck. Le petit satellite Miranda se révéla en particulier posséder une surface extrêmement tourmentée et d'un très haut intérêt. Neuf autres satellites furent également découverts autour d'Uranus, dont les deux satellites gardiens de l'anneau extérieur.

La planète Neptune

À la fin des années 1970, la planète Neptune, découverte par Johann Galle en septembre 1846 à l'aide des calculs d'Urbain Le Verrier, restait encore moins bien connue que ne l'était Uranus dix ans auparavant. Avec un diamètre apparent légèrement supérieur à 2 secondes d'arc, sa surface restait à peu près inconnue, à l'exception de sa couleur bleue prononcée. Sa période était connue pour valoir une quinzaine d'heures, sans valeur vraiment précise. Deux satellites avaient été découverts, Triton en 1846 par William Lassell et Nereid en 1949 par Gerard Kuiper. Le plus grand et le plus proche de Neptune, Triton, était connu pour décrire son orbite dans le sens rétrograde, et le plus petit et le plus éloigné, Nereid, était connu comme décrivant une orbite très elliptique, de période voisine de l'année.

La découverte fortuite des anneaux ceinturant la planète Uranus lors d'une occultation stellaire en 1977, puis celle, un peu moins fortuite, de ceux de Jupiter par *Voyager 1* en 1979, relancèrent l'intérêt pour la planète Neptune. Les astronomes furent en effet naturellement amenés à penser qu'un système d'anneaux situés dans le plan équatorial de la planète devait probablement entourer Neptune, les trois autres planètes géantes étant maintenant connues pour posséder un tel système équatorial d'anneaux concentriques plus ou moins importants. Plutôt que d'attendre le survol de la planète Neptune par *Voyager 2* en août 1989, plusieurs groupes menèrent des campagnes d'observation au début des années 1980 lors de plusieurs occultations ou quasi-occultations stellaires. La plupart de ces observations conduisirent à des résultats négatifs, ce qui poussa la plupart des spécialistes à estimer qu'il n'y avait pas d'anneaux autour de Neptune. Cependant, quelques observations, dont une effectuée simultanément par le télescope de 4 mètres d'ouverture de l'Observatoire de Cerro Tololo et par le télescope de 3,60 m d'ouverture de l'Observatoire de La Silla, instruments séparés par plus de 100 kilomètres, semblèrent indiquer le contraire, du fait de la détection de courtes extinctions de la lumière de l'étoile. Ces observations induisirent rapidement une polémique sur l'existence d'éventuels anneaux dès 1981, les mesures positives ne montrant pas deux occultations successives de part et d'autre de la planète. Au plus fort de cette polémique et suite aux quelques observations positives, André Brahic, Françoise Roques et Bruno Sicardy émirent en 1984 une hypothèse consistant en l'existence d'arcs d'anneaux.

L'approche de Neptune par la sonde *Voyager 2* le premier semestre 1989 permit l'obtention des premières images de la surface de la planète et de son satellite Triton. Il fallut cependant attendre les jours précédant le survol pour que les images reçues sur Terre deviennent tout à fait détaillées. Une reprogrammation à distance effectuée plusieurs mois auparavant sur l'ordinateur de bord de la sonde *Voyager 2* permit une optimisation du survol de Neptune qui eut lieu le 24 août 1989, ainsi que de celui de Triton qui eut lieu le lendemain. De nouveau, une moisson de découvertes fut récoltée en quelques jours. De couleur bleue, la surface de Neptune se révéla être bien plus diversifiée que celle d'Uranus, présentant des régions particulières, comme, par exemple, une grande tache noire comparable à la grande tache rouge de Jupiter. La période de rotation fut déterminée comme valant 19,2 heures. Le survol de Neptune permit la découverte de trois anneaux complets, l'un possédant trois arcs renforcés, confirmant *a posteriori* la théorie de Brahic, Roques et Sicardy et les rares observations positives d'occultation effectuées au cours des années 1980. Triton dévoila une surface glacée très contrastée avec une large gamme de couleurs et avec des phénomènes tout à fait étonnants de type geyser. Six autres satellites furent découverts, dont un plus grand que Nereid. Le champ magnétique de Neptune fut également largement étudié.

La comète de Halley

Les comètes, avec leur caractère éphémère, avaient toujours intrigué les philosophes et les astronomes, étant par ailleurs le plus souvent associées à des calamités réelles ou supposées. Les recherches menées par Edmund Halley avaient montré que certaines comètes pouvaient revenir après un certain laps de temps plus ou moins long. Et puis, au cours des XVIIIe, XIXe et XXe siècles, de nombreuses comètes périodiques et non périodiques avaient été observées, sans que leur nature fût connue. Ce ne fut cependant qu'en 1950 que l'astronome américain Fred Whipple émit l'hypothèse de la boule de neige sale, modèle qui se révéla être exact, à peu de chose près. Les premiers projets spatiaux d'exploration cométaire virent le jour dès le début des années 1960, mais furent reportés au profit de l'exploration lunaire et planétaire. Il fallut attendre la fin des années 1970 pour que ces projets resurgissent.

La comète de Halley restait la plus célèbre de toutes, malgré les apparitions bien plus spectaculaires d'autres comètes, comme celle de la comète West au printemps boréal de l'année 1976. Déjà observée de nombreuses fois en plus de vingt siècles, la comète de Halley devait repasser à son périhélie en février 1986, comme le confirmait l'analyse de ses précédents passages. Vers la fin des années 1970, plusieurs agences spatiales décidèrent l'envoi de sondes automatiques à sa rencontre peu après son passage au périhélie, les Américains restant pour une fois à l'écart pour des raisons budgétaires, le programme de navettes spatiales nécessitant tout l'effort financier de la NASA. Dans le cadre de l'Agence spatiale européenne (European Space Agency ou ESA), les Européens décidèrent l'envoi de *Giotto*, sonde de survol rapproché, alors que les Russes, dans le cadre de l'agence Intercosmos, utilisèrent les deux sondes *Vega 1* et *2* pour approcher la comète après un survol de la planète Vénus. Enfin, les Japonais, dans le cadre de leur agence spatiale Institute of Space and Astronautical Science (ISAS), construisirent deux sondes interplanétaires appelées *Suisei* et *Sakigake*.

Ce fut cependant les Américains qui eurent le privilège d'être les premiers à avoir l'une de leurs sondes automatiques effectuant un survol d'une comète. La sonde spatiale *International Cometary Explorer* (ICE), anciennement dévolue à l'observation du vent solaire et des relations Soleil-Terre sous le nom de ISEE 3 (*International Sun-Earth Explorer 3*) depuis 1978, fut détournée de sa mission primitive dans le but d'explorer une comète. Elle survola ainsi le 11 septembre 1985 le noyau de la comète à courte période Giacobini-Zinner à 7 800 kilomètres de distance, sans toutefois pouvoir obtenir une quelconque image, ne possédant pas de dispositif de prise de vue. Ce survol permit de mieux connaître l'environnement cométaire et les densités de poussières, en préfiguration des survols de la comète de Halley.

Ce fut au mois de mars 1986 que la comète de Halley fut enfin survolée par l'armada de sondes automatiques à des distances très différentes. Le bal fut ouvert par *Vega 1* qui survola le noyau à 8 890 kilomètres le 6 mars, obtenant les premières images de la région centrale de la comète, sans pouvoir, toutefois, observer le noyau qui apparut être masqué par un cocon de poussières, et mesurant durant plusieurs jours les densités de poussières et de gaz, en préfiguration des survols de *Vega 2* et de *Giotto*. *Vega 1* fut suivie le 8 mars par la sonde japonaise *Suisei* qui survola la comète de beaucoup plus loin, à 151 000 kilomètres. Le lendemain, ce fut au tour de *Vega 2* de survoler la comète à 8 030 kilomètres, obtenant de nouvelles images et des nouvelles mesures concernant les densités de poussières et de gaz en fonction de la distance au noyau. Le 11 mars, la sonde japonaise *Sakigake* s'approcha à distance respectueuse de la comète de Halley, à un peu moins de 7 millions de kilomètres.

Enfin, le 14 mars 1986, la sonde européenne *Giotto* effectua un survol rapproché du noyau de la comète de Halley, s'en approchant à 596 kilomètres et traversant une région très dense en poussières. La sonde automatique *Giotto* obtint alors un grand nombre de données fondamentales, concernant la composition chimique et la densité de poussières au voisinage du noyau. La caméra embarquée permit également d'obtenir de nombreuses images du noyau cométaire qui apparut être très sombre, de composition chimique carbonée et de forme allongée. Le modèle de la boule de neige sale de Fred Whipple fut ainsi incidemment confirmé par les images et les mesures effectuées *in situ* par la sonde *Giotto*. Comme pour les deux missions *Voyager* vers les planètes géantes, la moisson de données fut énorme, révolutionnant les connaissances antérieures sur la nature des comètes.

Malgré le traumatisme dû au tragique accident de la navette *Challenger* le 28 janvier 1986 et la non-participation officielle des États-Unis, le satellite ICE, utilisé pour explorer la comète Giacobini-Zinner en septembre 1985, put à son tour effectuer une approche lointaine à plus de 28 millions de kilomètres le 25 mars, obtenant également de nouvelles données et sauvant l'honneur américain face au succès des agences russe, japonaise et européenne.

Ce fut la première fois qu'il y eut une réelle coopération internationale entre Européens, Russes, Japonais et Américains. La détente amorcée au début des années 1980 entre les deux blocs commençait à faire son œuvre, en particulier au niveau scientifique. Les analyses des résultats obtenus par toutes les sondes spatiales furent rapidement diffusées, ce qui permit une bien meilleure connaissance de la structure, de la chimie et de l'évolution des comètes.

1984 : découverte du disque de poussières autour de ß Pictoris

Début 1984, le dépouillement des résultats obtenus à l'aide du satellite IRAS montra clairement l'existence d'une émission excessive dans l'infrarouge lointain pour plusieurs étoiles, en l'occurrence β Pictoris, Véga, Fomalhaut et quelques autres. Cet excès infrarouge fut rapidement interprété comme correspondant à une émission thermique engendrée par de la matière circumstellaire, de type poussières, présente au voisinage de ces étoiles. Il apparut, en particulier, que l'étoile β Pictoris possédait l'excès infrarouge le plus important avec un pic à 60 micromètres. Ces résultats incitèrent les astronomes américains Bradford Smith et Richard Terrile à observer la même année cette étoile dans le domaine visible à l'aide d'un coronographe stellaire installé au foyer du télescope de 2,5 mètres d'ouverture de l'Observatoire de Las Campanas, Chili. Cette expérience permit ainsi la mise en évidence d'un disque de poussières de très grande extension et vu par la tranche. Les clichés montrèrent également l'existence d'asymétries dans le disque de poussières. Cette découverte amena rapidement un grand nombre de recherches sur le disque de poussières de cette étoile, ainsi que sur quelques autres candidats. En 1987, suite à de nombreuses observations spectroscopiques convergentes, le modèle de chute d'objets en évaporation vers l'étoile fut proposé par Roger Ferlet, Lewis M. Hobbs et Alfred Vidal-Madjar. En 1995, une nouvelle analyse de données photométriques plus anciennes concernant β Pictoris et obtenues en photométrie de Genève à l'aide du télescope suisse de 70 centimètres d'ouverture de l'Observatoire de La Silla (ESO, Chili), permit à un groupe de chercheurs de l'Institut d'astrophysique de Paris, en l'occurrence Alain Lecavelier des Étangs, Alfred Vidal-Madjar, Roger Ferlet et Christian Nitschelm, de montrer qu'un phénomène d'occultation avait très certainement eu lieu le 10 novembre 1981, ce qui indiquait l'existence possible d'une planète ou d'une grosse comète…

1987 : la supernova SN 1987 A

Durant les années 1970, la théorie de l'évolution stellaire avait fini par atteindre sa plénitude et aboutir à un ensemble très cohérent, suite aux travaux théoriques de nombreux astrophysiciens, en particulier ceux de Subrahmanyan Chandrasekhar, physicien indien naturalisé américain, sur les naines blanches, et les nombreuses observations tant photométriques que spectroscopiques d'un très grand nombre d'étoiles. Les notions de classes de luminosité, de métallicité et de populations stellaires avaient été incluses dans cette théorie, ainsi que les différents types d'étoiles variables, lesquels correspondaient le plus généralement aux phases de naissance et de fin de vie des étoiles. Il avait été établi que les étoiles naissaient à l'intérieur des grands nuages interstellaires, composés de gaz et de poussières, et que leur vie et leur mort dépendaient étroitement de leur masse. Il avait également été établi que la masse d'une étoile était comprise entre deux limites de part et d'autre de la masse du Soleil ($M_{\odot}$), ces limites étant connues actuellement pour valoir 0,08 $M_{\odot}$ et 120 $M_{\odot}$.

Dans le cadre de l'évolution stellaire, le diagramme Hertzsprung-Russell avait rapidement trouvé une large application, permettant de visualiser les trajets évolutifs des étoiles et montrant les différentes étapes de cette évolution. Les différentes classes de luminosité y apparaissaient clairement séparées, alors que la position d'une étoile sur la séquence principale était apparue comme étant fortement dépendante de sa masse. Les étoiles en fin de vie, souvent d'éclat variable au cours du temps, étaient ainsi très facilement identifiables par leurs positions sur le diagramme H-R. Il était également apparu que les étoiles en fin de vie les plus massives, de masse supérieure à une dizaine de masses solaires, appartenaient à une autre classe de luminosité que celles moins massives, de masse de l'ordre de celle du Soleil.

La fin tragique des étoiles de masse élevée, supérieure à huit fois la masse du Soleil, était également connue. Ces étoiles consommaient leurs réserves énergétiques selon des réactions thermonucléaires de plus en plus rapides au fur et à mesure que leur température centrale augmentait, synthétisant de plus en plus rapidement des noyaux de numéros atomiques de plus en plus élevés et passant par une série de contractions internes et de dilatations externes de plus en plus rapprochées, jusqu'à atteindre la très rapide synthèse thermonucléaire du fer. À ce moment-là, ces étoiles supergéantes rouges passaient par un stade d'instabilité inéluctable qui amenait en quelques secondes une phase explosive pour ces astres. En quelques heures, la luminosité de ces étoiles devenait alors des millions de fois plus grande que précédemment, donnant là une élégante explication au phénomène appelé « supernova de type II », les supernovae de type Ia correspondant à un autre phénomène explosif encore plus violent ayant lieu dans un système double serré comprenant une naine blanche et une géante rouge. De nombreuses supernovae extragalactiques lointaines avaient déjà été observées, mais sans qu'il fût possible d'identifier une quelconque étoile progénitrice, les distances étant vraiment trop grandes.

Début 1987, la théorie de l'évolution stellaire des étoiles massives en fin de vie en était là, lorsqu'un événement vint une nouvelle fois ébranler l'édifice. En effet, en février de cette année-là et pour la première fois depuis l'année 1604, c'est-à-dire depuis plus de trois siècles et demi, une explosion de supernova put être observée à l'œil nu. La nuit du 24 au 25 février 1987, l'étudiant canadien Ian Shelton découvrit tout à fait fortuitement une étoile brillante, de magnitude 5 et absente des clichés trois jours plus tôt, dans le Grand Nuage de Magellan lors d'une campagne d'observation à l'Observatoire de Las Campanas.

Cette étoile apparut très vite comme étant une supernova atypique de type II et fut appelée SN 1987A, bien que son spectre montrât également par moments une allure de spectre de supernova de type I et que son éclat atteignît lentement la magnitude 3 en mai 1987. Une campagne internationale d'observation eut alors immédiatement lieu, menant rapidement à l'identification certaine de la supernova avec l'étoile progénitrice Sanduleak -69° 202, étoile de magnitude 12 nommée d'après un catalogue dressé par l'astronome Nicholas Sanduleak durant les années 1960. Cette identification fut effectuée par l'astronome amateur australien Mati Morel, lequel utilisa les déterminations préliminaires de position établies par l'astronome écossais Robert McNaught. Cette étoile progénitrice apparut alors comme étant une supergéante bleue, ce qui remettait en cause le scénario théorique d'évolution stellaire.

SN 1987A fut suivie par la plupart des instruments présents dans l'hémisphère sud durant plusieurs années, puis par le télescope spatial Hubble après son lancement en 1990. Cette supernova se révéla être très atypique, mais son observation permit de bien mieux comprendre la phase terminale de la vie des étoiles massives. Le modèle d'évolution stellaire fut corrigé d'un point de vue théorique afin d'inclure le cas de SN 1987A, montrant alors que les étoiles supergéantes bleues pouvaient également terminer leur carrière en apothéose...

Les perfectionnements instrumentaux

Le développement des nouvelles technologies issues, le plus souvent, des techniques spatiales amena l'essor d'une nouvelle instrumentation bien plus performante qu'auparavant, tant au niveau des télescopes qu'à celui des détecteurs. En 1972, le parc mondial des instruments d'observation n'était composé que de nombreux réflecteurs d'ouverture inférieure ou égale à 2,50 mètres, à l'exception de deux télescopes, ainsi que de nombreux réfracteurs nettement plus anciens de diamètre inférieur ou égal au mètre. Les deux seuls réflecteurs de grande taille dont pouvait disposer la communauté astronomique mondiale, le télescope de 5 mètres d'ouverture de l'Observatoire du mont Palomar mis en service en 1948 et le télescope de 3 mètres d'ouverture de l'Observatoire Lick mis en service en 1959, avaient été tous deux construits selon des principes optiques et mécaniques trop anciens pour être modifiables en profondeur, seuls les détecteurs associés pouvant y être améliorés.

Les télescopes de nouvelle génération

Durant la période comprise entre 1972 et 1990, plusieurs grands observatoires furent installés, tant aux États-Unis que dans d'autres pays, sur des sites minutieusement sélectionnés à une altitude suffisante, généralement supérieure à 2000 mètres. Ces sites furent sélectionnés selon des critères scientifiques et météorologiques très précis et très contraignants dans des zones désertiques ou semi-désertiques ou au sommet de haute montagnes, le plus loin possible de toute civilisation humaine, de manière à éviter le problème du suréclairage urbain et de la pollution lumineuse, grave problème qui rendit la plupart des anciens observatoires presque inutilisables dès les années 1950. Les rares observatoires plus anciens placés dans des sites convenables furent également équipés d'une instrumentation moderne durant ces deux décennies, de nouveaux télescopes de grande ouverture y étant construits. Parallèlement, de nouvelles antennes conçues pour la radioastronomie et pour l'étude du domaine millimétrique avec une technologie très améliorée furent également mises en service à cette époque.

L'effort technologique américain

Du côté américain, plusieurs nouveaux observatoires furent construits durant cette période. Implanté durant les années 1960 en Arizona à 2 500 mètres d'altitude et équipé primitivement de plusieurs petits télescopes, ainsi que d'un télescope solaire de grande taille, l'Observatoire de Kitt Peak, dirigé par une organisation américaine appelée « National Optical Astronomy Observatory » (NOAO), fut équipé en 1973 d'un grand télescope d'une ouverture de 3,80 mètres. Dans l'État voisin du Nouveau-Mexique et à une altitude de 2 800 mètres, l'Observatoire de Sacramento Peak, dévolu exclusivement à l'étude du Soleil, fut également mis en service par la même organisation vers le début des années 1970, ses équipements principaux étant un télescope vertical de grande focale fonctionnant sous vide, la Solar Tower, et un coronographe double très performant, le Big Dome. Parallèlement, l'Observatoire inter-américain de Cerro Tololo fut construit au début des années 1970, toujours par la même organisation américaine, à 2 200 mètres d'altitude dans les Andes chiliennes, non loin de l'Observatoire de La Silla. Cet observatoire fut équipé d'un télescope de 4 mètres d'ouverture mis en service en 1976.

Toujours en Arizona, plusieurs universités américaines se regroupèrent pour mettre en service en 1979 un télescope d'un type nouveau au sommet du mont Hopkins, à une altitude de 2 600 mètres, le Multiple Mirror Telescope (MMT), composé de six miroirs, chacun de 1,50 m d'ouverture, conçus pour fonctionner en phase et pour donner un instrument de diamètre équivalent égal à 4,50 m. Cet instrument ne fonctionna toutefois jamais très bien et fut démantelé durant les années 1990 pour céder la place à un instrument à miroir unique de 6,50 m d'ouverture...

L'Observatoire d'Hawaii, situé à l'altitude de 4 200 mètres au sommet du volcan éteint Mauna Kea (île principale de l'archipel d'Hawaii), fut construit durant les années 1970, dans le cadre d'une collaboration entre l'Université d'Hawaii, la NASA, qui y installa en 1979 un télescope infrarouge de 3 mètres d'ouverture, et plusieurs pays, en particulier le Canada et la France, qui y développèrent un télescope de 3,60 mètres d'ouverture mis en service en 1979, ainsi que le Royaume-Uni qui y implanta en 1978 un autre télescope infrarouge de 3,80 mètres d'ouverture. Ces instruments, placés à une telle altitude, obtinrent des résultats assez surprenants dès le début des années 1980.

Les nouveaux télescopes russes et européens

Les Russes et les Européens ne restèrent pas hors de la course aux grandes ouvertures. En 1975, les Russes mirent en service un télescope altazimutal (première monture de ce type à avoir jamais été construite), à miroir unique de 6 mètres d'ouverture au sommet du mont Pustukhov, en un lieu appelé « Zelentchuk ». Ce télescope, le premier équipé d'un miroir de diamètre supérieur à celui du télescope Hale du mont Palomar, ne fut pas cependant plus performant que ce dernier. Son utilisation, durant les années qui suivirent, fut émaillée de nombreux problèmes, tant optiques que mécaniques, ce qui imposa le remplacement de son miroir primaire en 1984 et l'amélioration de la mécanique associée.

Les Européens travaillèrent également au perfectionnement de leur instrumentation durant cette période. En 1977, l'organisation européenne ESO installa un télescope de 3,60 mètres d'ouverture à l'Observatoire de La Silla, Chili. Cet instrument, premier grand télescope purement européen, permit aux astronomes des pays membres de l'ESO de pouvoir enfin étudier les objets du ciel austral avec des moyens décents. En 1989, l'ESO mit en service à l'Observatoire de La Silla un instrument révolutionnaire de 3,50 mètres d'ouverture qui fut appelé le « New Technology Telescope » (NTT). Une centaine de vérins hydrauliques de précision permettaient en effet de compenser les déformations du miroir primaire mince de ce télescope lors de ses mouvements (optique active). En 1984, dans le cadre d'une collaboration hispano-allemande, un nouveau télescope de 3,50 m d'ouverture fut implanté à l'Observatoire de Calar Alto, observatoire allemand nouvellement installé dans une région semi-désertique d'Espagne. À cette époque, deux observatoires furent également construits non loin des sommets de hautes montagnes situées sur deux îles de l'archipel des Canaries, du fait des excellentes conditions météorologiques qui y avaient été observées. L'île de La Palma vit ainsi la construction d'un grand observatoire dévolu à l'observation du ciel profond (Pico de Roque de los Muchachos), alors qu'un observatoire solaire très bien équipé était construit proche du sommet du Pico de Teide de l'île de Tenerife.

Durant ces deux décennies, les astronomes anglais firent le plus souvent bande à part au niveau de la réalisation d'instruments astronomiques de grande ouverture, travaillant soit seuls, soit en collaboration avec des scientifiques des pays du Commonwealth, en particulier avec les Australiens. Un premier télescope de 3,90 mètres d'ouverture fut mis en service en 1975 à l'Observatoire de Siding Spring, en Australie, pour pouvoir couvrir l'hémisphère sud. Puis, en 1987, un autre télescope de 4,20 mètres fut mis en service à l'Observatoire Roque de los Muchachos de l'île La Palma de l'archipel des Canaries.

L'abandon partiel du mont Wilson

Les observatoires plus anciens, qui avaient été construits trop près des villes, devinrent pratiquement inutilisables à cette époque du fait de l'utilisation nocturne de plus en plus généralisée d'un éclairage urbain mal conçu et trop diffusant. En particulier, l'Observatoire du mont Wilson de la Fondation Carnegie, ainsi que le fameux télescope Hooker qui avait permis tant de découvertes les premières décennies du XXe siècle ne purent presque plus servir, du fait de la trop grande proximité de Los Angeles, ville dont le gigantesque halo lumineux rendit progressivement inutilisable le ciel de l'observatoire au milieu des années 1960. Il fallut se résoudre à utiliser au ralenti ce haut lieu de l'histoire de l'astronomie au début des années 1980, sa productivité scientifique ayant trop diminué.

Après une quasi-fermeture d'environ dix ans entrecoupée d'utilisations sporadiques, il apparut cependant que les instruments présents dans ce vénérable observatoire pouvaient être de nouveau utilisés couplés à des détecteurs de nouvelle génération, en particulier des caméras CCD et des filtres interférentiels, et que des expériences de synthèse d'ouverture pouvaient y être menées. Cette sous-utilisation de l'Observatoire du mont Wilson amena par voie de conséquence l'émergence du second observatoire de la Fondation Carnegie, l'Observatoire de Las Campanas, situé au Chili en un lieu très proche de l'Observatoire de La Silla. L'Observatoire de Las Campanas, fondé à la fin des années 1960, fut ainsi le théâtre de deux découvertes d'importance, celle du disque de poussières ceinturant l'étoile β Pictoris, à l'aide du télescope de 2,50 mètres d'ouverture, et celle de la supernova de 1987 dans le Grand Nuage de Magellan, à l'aide d'un petit instrument.

Le renouveau instrumental sur le sol français

En France, l'effort fut dirigé dans deux directions, la collaboration internationale avec le télescope du CFH à Hawaii et avec les instruments disponibles à l'Observatoire de La Silla au Chili, et le renforcement des moyens nationaux. Au niveau national, deux observatoires eurent droit à un perfectionnement de leur instrumentation entre 1972 et 1990. Ainsi, l'Observatoire du pic du Midi fut équipé en 1979 d'un télescope de 2 mètres d'ouverture, instrument qui fut baptisé « télescope Bernard Lyot » en l'honneur du concepteur du coronographe. L'instrumentation plus ancienne de l'Observatoire de Haute-Provence fut adaptée progressivement aux nouvelles technologies par l'utilisation de détecteurs modernes, de type CCD ou autres, et l'abandon graduel de la plaque photographique et de la caméra électronique de Lallemand, certains petits instruments y étant cependant purement et simplement fermés.

Par ailleurs, l'Observatoire du CERGA, le Centre d'études et de recherches géodynamiques et astronomiques, fut fondé par la communauté astronomique française en juin 1974 sur le plateau de Calern, à 1 300 mètres d'altitude et à environ 25 kilomètres au nord de la ville de Grasse dans le département du Var, dans le but de développer les nouvelles technologies appliquées à l'étude et à la recherche en astrophysique et en géophysique. Plusieurs instruments de nouvelle génération y furent ainsi installés, en particulier un télescope de Schmidt, une expérience laser-Lune, un instrument de poursuite des satellites artificiels, ainsi que, en 1976, le premier montage interférométrique dans le domaine visible.

Les autres perfectionnements instrumentaux

Les nouveaux radiotélescopes

Durant la période comprise entre 1972 et 1990, il y eut également de très importantes innovations technologiques, tant au niveau des récepteurs qu'à celui des détecteurs utilisés en radioastronomie, aussi bien aux États-Unis, qu'en Europe, en Russie et en Australie. Sous l'égide du National Radio Astronomy Observatory (NRAO), le plus grand observatoire radioastronomique mondial fut construit durant les années 1970 à plus de 2000 mètres d'altitude sur un haut plateau proche de la ville de Socorro, Nouveau-Mexique, et fut mis en service en 1980. Composé d'un réseau en Y de 27 antennes mobiles d'un diamètre de 25 mètres chacune, il fut baptisé Very Large Array (VLA). La disposition géométrique mobile sur les trois branches du Y donna à cet instrument un excellent pouvoir séparateur, comparable à celui d'un instrument fictif d'une ouverture de 27 kilomètres.

Au début des années 1980, une collaboration internationale vit le jour dans le cadre de l'utilisation de l'interférométrie à très longue base. Les spécialistes se rendirent compte à cette époque qu'il était possible d'utiliser conjointement plusieurs antennes radioastronomiques espacées de milliers de kilomètres pour l'observation d'un même objet par synthèse d'ouverture, comme il était déjà possible de le faire auparavant dans l'enceinte d'un observatoire. L'installation et la calibration de phase des différents faisceaux hertziens furent alors effectuées par un réseau d'ordinateurs interconnectés par satellite. La plupart des grands radiotélescopes mondiaux furent utilisés à temps partiel dans le cadre de ce programme qui fut appelé « Very Long Baseline Interferometry » ou, plus simplement, VLBI.

Avec un diamètre de 100 mètres, la plus grande antenne parabolique mobile au monde fut construite entre 1967 et 1971 à Effelsberg, village situé à 40 kilomètres au sud-ouest de Bonn, en Allemagne. La mise en service de ce radiotélescope en 1972 donna un puissant outil d'investigation aux chercheurs allemands du Max-Planck-Institut für Radioastronomie (MPIfR).

Vocabulaire

Interférométrie : Méthode de mesure qui exploite les interférences entre plusieurs ondes cohérentes entre elles. L'interférométrie est utilisée en astronomie aussi bien avec des télescopes optiques qu'avec des radiotélescopes. Elle permet une résolution comparable à celle d'un miroir (ou d'un récepteur pour un radiotélescope) de diamètre équivalent à l'écart entre les instruments combinés. Le contraste des franges permet ensuite d'obtenir une information sur la taille de l'objet observé ou sur la séparation angulaire entre deux objets proches (un système binaire serré, par exemple).

L'excellente précision du treillis métallique utilisé permit, de plus, l'étude de rayonnements électromagnétiques plus énergétiques, la plus courte longueur d'onde pratiquement observable y étant de 3 millimètres. Les observations dans le continu étudièrent les structures magnétiques dans les restes de supernovae et dans les galaxies. Comme bien d'autres sites, Effelsberg devint un important maillon du réseau VLBI.

L'astronomie millimétrique

Les astronomes n'oublièrent pas non plus l'étude du domaine millimétrique. L'analyse théorique des rayonnements moléculaires avait déjà prévu depuis longtemps l'existence de spectres dans ce domaine de longueur d'onde, les raies étant produites par les mouvements de rotation et de vibration des molécules et radicaux chimiques présents dans le milieu interstellaire. Les premiers récepteurs avaient été construits durant les années 1960, l'un d'entre eux ayant servi tout à fait par hasard à mettre en évidence le rayonnement fossile prédit par Alpher et Herman. Les années 1970 et 1980 furent alors le cadre de nombreux perfectionnements des antennes et récepteurs pour le domaine millimétrique.

Plusieurs instruments nouveaux furent construits et inaugurés durant cette période. L'Observatoire de La Silla de l'ESO fut équipé de l'un de ces nouveaux instruments en 1986. Celui-ci, construit par un groupe de recherche suédois, fut appelé SEST (Swedish-ESO Submillimeter Telescope). D'une ouverture de 15 mètres, il était spécialement destiné aux observations dans le domaine des longueurs d'onde millimétriques. Il fut équipé dès l'origine de récepteurs pour des longueurs d'onde de 1,3 mm et de 3 millimètres, ce qui lui permettait d'obtenir des cartes précises de divers objets célestes. Il fut spécialement dévolu à l'étude des grands nuages moléculaires interstellaires riches en radicaux OH et CO et demeura le seul instrument de ce type dans l'hémisphère sud jusqu'à son démantèlement fin 2002.

Par ailleurs, les Européens débutèrent un programme d'étude du rayonnement millimétrique dans l'hémisphère boréal. Un institut de recherche spécialisé dans le domaine millimétrique, l'IRAM, fut fondé par un consortium franco-allemand au début des années 1980. L'administration et les laboratoires de recherche furent placés dans l'enceinte du domaine universitaire de l'Université de Grenoble. Deux observatoires furent construits, l'un dans les Alpes françaises, près de la ville de Gap, en un site appelé « plateau de Bures », et l'autre au sommet du Pico Veleta dans la Sierra Nevada, au sud de l'Espagne. Situé à 2 000 mètres d'altitude, le site français fut équipé de quatre antennes paraboliques de 15 mètres d'ouverture, copies conformes du SEST installé à La Silla. À une altitude de 2 850 mètres, le site espagnol fut équipé d'une antenne unique de 25 mètres.

La speckle-interférométrie et l'interférométrie optique

Il apparut au cours des années 1970 qu'il était possible d'améliorer grandement la qualité des images par une nouvelle méthode basée sur l'analyse de Fourier. Cette méthode, appelée « speckle-interférométrie » ou « interférométrie des tavelures », consiste à appliquer une transformée de Fourier à plusieurs dizaines d'images d'un même objet prises avec des temps de pose très courts (de l'ordre du centième de seconde), à convoluer ces transformées dans l'espace de Fourier et à appliquer une transformée de Fourier inverse au résultat vers l'espace réel. Une telle méthode de traitement d'image, très mathématique dans son principe, permettait en fait de s'affranchir, au moins partiellement, de l'action destructrice de l'atmosphère au niveau des images astronomiques. Il devient alors tout à fait possible de séparer des étoiles doubles très serrées, voire d'observer quelques disques stellaires comme le fit l'astronome français Antoine Labeyrie sur Mira et Betelgeuse dès 1973.

À la même époque, l'interférométrie optique, idée nettement plus ancienne et déjà largement utilisée en radioastronomie depuis les années 1960, put enfin être appliquée avec succès dans le domaine visible. Les premiers interféromètres stellaires avaient été développés entre 1920 et 1937 par Albert Michelson et Francis Pease avec une excellente résolution de huit millièmes de seconde d'arc, mais sans grand résultat. Une autre réalisation avait vu le jour en Australie au milieu des années 1960 et avait permis entre 1966 et 1971 la mesure d'une trentaine de diamètres stellaires d'étoiles très brillantes, avec une résolution dix fois meilleure que celle de Michelson et Pease, mais avait également débouché sur une impasse, à cause de sa trop faible sensibilité. Ce fut cependant le français Antoine Labeyrie qui développa réellement à partir de 1974 le premier interféromètre stellaire, d'abord comme prototype à l'Observatoire de

Nice, puis, depuis 1976, comme instrument de mesure à l'Observatoire du CERGA. L'observation d'étoiles brillantes à l'aide d'un système de deux télescopes opérant de manière cohérente (en mode interférométrique) permit ainsi l'obtention de franges d'interférence avec une résolution de 3 millièmes de seconde d'arc, sur tout le spectre visible. Labeyrie et ses collaborateurs purent alors obtenir les premières images de disques stellaires, ceux de Mira et de Betelgeuse en particulier, et dédoubler des binaires spectroscopiques, comme Capella.

Les travaux de Labeyrie, couplés à l'utilisation de la speckle-interférométrie, permirent à l'observation astronomique de franchir une nouvelle étape, ouvrant la voie à la synthèse d'ouverture, toute nouvelle technique consistant à associer plusieurs télescopes en mode interférométrique. La fin des années 1970 et les années 1980 virent ainsi les premiers essais de synthèse d'ouverture, en l'occurrence le Multiple Mirror Telescope (MMT), au sommet du mont Hopkins en Arizona, et le Grand Interféromètre à deux télescopes (GI2T), à l'Observatoire du CERGA, sur le plateau de Calern. Le MMT fut inauguré en 1979. Il était constitué de six télescopes de 1,50 mètre d'ouverture montés en parallèle sur une seule monture altazimutale. Il ne donna cependant jamais de bons résultats en mode interférométrique, ce qui amena son abandon au début des années 1990. Le GI2T fut, par contre, un franc succès. Il fut construit pour fonctionner en mode interférométrique avec deux télescopes de 1,50 mètre d'ouverture, montés sur des montures de type boule et qui renvoyaient les faisceaux lumineux vers un laboratoire d'analyse proche. Conçu par Labeyrie, le GI2T devint opérationnel en 1985 et donna rapidement d'excellents résultats.

L'astronomie infrarouge

L'après-guerre avait déjà amené un grand renouveau au niveau des techniques de mesure et d'étude des différents domaines du spectre électromagnétique. Il avait cependant fallu attendre les années 1960 pour que le domaine infrarouge puisse être réellement étudié, du fait des retombées issues des programmes spatiaux et du contexte de guerre froide. Ainsi, les surplus de l'armée américaine furent utilisés pour concevoir les premiers détecteurs infrarouges dont les rendements restaient toutefois très mauvais. Il apparut alors qu'un refroidissement des détecteurs à une température suffisamment basse favorisait grandement la qualité des informations collectées. Cette constatation amena un très important perfectionnement des méthodes d'observation en astronomie infrarouge au cours des années 1970, le concept et les techniques de refroidissement à l'azote liquide se généralisant à la plupart des détecteurs dans les domaines infrarouge et visible. De nombreux chercheurs travaillèrent ainsi à l'amélioration des techniques d'observation infrarouge aux États-Unis, en Europe et en Russie. En France, James Lequeux, Pierre Connes et Pierre Léna développèrent l'étude de l'astronomie infrarouge et créèrent un premier laboratoire spécialisé à Meudon.

Les grandes découvertes faites entre 1972 et 1990

Un grand nombre de découvertes furent faites entre 1972 et 1990, principalement à l'aide d'une instrumentation très améliorée et plus spécifique. Le Soleil était déjà suspecté depuis longtemps d'être une étoile variable. Il fallut cependant attendre l'année 1980, lors d'une observation effectuée par un groupe français de l'Université de Nice depuis une station scientifique américaine située au pôle Sud géographique durant cinq jours de vingt-quatre heures, pour que les oscillations solaires soient enfin clairement mises en évidence après un traitement analytique des données. Une oscillation principale de 5 minutes de période fut ainsi indubitablement détectée, ainsi que plusieurs autres pulsations de plus faible fréquence. Quelques années plus tard, le projet GONG (Global Oscillation Network Group), réseau planétaire de six instruments, fut mis en place dans le cadre d'une collaboration internationale, afin de pouvoir suivre les oscillations solaires en permanence.

L'astronomie extragalactique profita également très largement de l'amélioration des techniques observationnelles. Grâce à l'augmentation de la taille des miroirs des télescopes et le perfectionnement des détecteurs, on découvrit plusieurs effets relativistes suspectés et attendus par les cosmologistes à partir des modèles d'univers relativistes élaborés au cours des années 1960 et 1970. L'un des plus grands télescopes de l'époque permit la découverte en 1979 des lentilles gravitationnelles et des arcs lumineux autour de certaines galaxies supermassives d'amas de galaxies. Ces effets relativistes furent rapidement appelés « mirages gravitationnels » et furent détectés en assez grand nombre. Cette découverte fondamentale amena donc une nouvelle méthode d'analyse de la structure de notre Univers, rendant possible la mesure de l'ensemble de sa masse, tant lumineuse qu'invisible. Quelques années plus tard, les jets superluminiques et les illusions relativistes furent également découverts et très rapidement expliqués dans le cadre de la relativité générale.

Les nouveaux catalogues

Le Centre de données stellaires (CDS) de l'Observatoire de Strasbourg fut fondé à la fin des années 1960 par Jean Delhaye, en collaboration avec Pierre Lacroute, dans un observatoire de province afin de promouvoir la décentralisation de l'astronomie en France. La mission du CDS fut dirigée vers la collecte de l'ensemble des connaissances concernant les étoiles de notre Voie lactée, voire celles des galaxies voisines, et la création d'un catalogue de catalogues, construit de la manière la plus conviviale possible. L'essor de l'informatique au cours des années 1970 et 1980 amena tout naturellement la création d'une base de données stellaires qui fut appelée SIMBAD, sous l'impulsion du professeur Carlos Jaschek.

Parallèlement, l'Institut d'astronomie de l'Université de Lausanne développa, sous l'impulsion de Bernard Hauck et de Jean-Claude Mermilliod, une base de données photométriques. L'orientation de la politique de recherche de l'Observatoire de Genève vers la photométrie stellaire, sous la direction de Marcel Golay, et la réunion de ces deux instituts sur le site de Sauverny en 1966, amena le développement de cette base de données photométriques durant les années 1970 et 1980. Jean-Claude Mermilliod développa également une base de données spécifique pour les étoiles membres d'amas galactiques (amas ouverts), tant photométrique que spectroscopique. Cette dernière base de données fut spécialement conçue pour permettre l'étude de l'état d'évolution des amas ouverts (âge, distance, métallicité, etc.), à l'aide des diagrammes Hertzsprung-Russell et des données spectroscopiques.

La construction du télescope spatial Hubble par l'agence américaine NASA au cours des années 1980 amena la réalisation d'un nouveau catalogue stellaire étendu jusqu'à la magnitude 16, le *Hubble Space Telescope Guide Star Catalogue.* Ce nouveau catalogue, élaboré à partir des observations photographiques du second Palomar Sky Survey menées au cours des années 1980 pour l'hémisphère nord et d'autres enquêtes photographiques pour l'hémisphère sud, comprenait 15 millions d'étoiles, nombre jamais atteint auparavant, ainsi que 3 millions d'objets non stellaires. Les clichés obtenus à l'aide de télescopes de Schmidt à grand champ furent scannés très minutieusement les uns après les autres avec un certain seuil, de manière à ce que les étoiles les plus faibles enregistrées soient celles de magnitude 16. Ce catalogue, disponible en 1989 et rapidement diffusé par CD-Rom, devint dès 1990 un standard international universellement utilisé, même par les astronomes amateurs.

Le renouveau de la mécanique céleste

À partir des années 1970, il apparut que les théories utilisées en mécanique céleste étaient devenues trop imprécises pour le calcul des trajectoires des vaisseaux spatiaux interplanétaires, les anciennes théories datant généralement de la fin du XIXe siècle et des travaux de Newcomb. Sous l'impulsion des astronomes français Bruno Morando, Pierre Bretagnon et Jean-Louis Simon, le Bureau des Longitudes, qui fut ultérieurement renommé Institut de mécanique céleste et de calcul des éphémérides (IMCCE), produisit alors de nouvelles théories très améliorées des mouvements lunaires et planétaires, théories qui furent rapidement adoptées par l'ensemble de la communauté scientifique internationale. Les catalogues fondamentaux furent également revus et leur précision améliorée. Des campagnes internationales furent initiées par Jean-Eudes Arlot et William Thuillot, tous deux chercheurs à l'IMCCE, pour coordonner l'observation des phénomènes mutuels des quatre satellites galiléens de Jupiter et des principaux satellites de Saturne, afin d'améliorer la connaissance de leurs mouvements orbitaux et de leurs perturbations réciproques.

Entre 1990 et 2005

Le télescope spatial Hubble

Après un certain nombre de reports dus à différentes contraintes, en particulier le tragique accident de la navette spatiale *Challenger* en janvier 1986, le télescope spatial Hubble (Hubble Space Telescope ou HST) fut finalement placé en avril 1990 sur une orbite circumterrestre circulaire d'altitude voisine de 600 kilomètres par la navette spatiale *Discovery*. Après quelques semaines d'euphorie, les premiers clichés montrèrent rapidement qu'un défaut optique important avait échappé aux constructeurs et à la NASA et entachait les images d'une grave aberration. L'analyse montra que ce sérieux problème était dû à une minuscule erreur de programmation lors du polissage du miroir principal. La déception passée, les techniciens du Hubble Space Telescope Science Institute de Baltimore imaginèrent un filtre informatique qui redonna aux images une allure correcte. Il fallut cependant abandonner une partie de la mission, en particulier la recherche d'objets faibles au voisinage des étoiles proches.

Vocabulaire

Objets faibles : Objets très peu brillants situés très proche (angulairement) d'une source brillante (par exemple des exoplanètes proches d'une étoile brillante), ce qui les rend difficilement détectables avec des moyens classiques.

Suite à l'identification de l'origine du grave problème optique subi par le télescope spatial Hubble, la NASA envisagea plusieurs cas de figure concernant la remise en état, pour finalement se rabattre sur une mission de maintenance avec mise en place d'un correcteur optique placé au niveau du foyer de l'instrument par des astronautes qui avaient subi un entraînement très intensif avant le vol. Cette mission, effectuée par la navette spatiale *Endeavour*, eut finalement lieu en décembre 1993 et connut un succès complet. Cette remise en état permit l'obtention d'images à peu près parfaites et des résultats vraiment révolutionnaires, en particulier au niveau de l'observation des galaxies qui peuplent l'Univers, malgré l'émergence de nouveaux télescopes de très grands diamètres à la surface terrestre et de détecteurs de plus en plus performants. Quatre autres missions de maintenance eurent lieu en février 1997, en décembre 1999, en mars 2002 et en mai 2009, suite à des pannes de gyroscopes et de matériel électronique, ce qui amena à chaque fois une amélioration des potentialités du télescope HST...

Les acquis de la recherche spatiale entre 1990 et 2005

La contribution européenne (1) : la mission Hipparcos

La mission *Hipparcos* fut la première expérience spatiale consacrée exclusivement à l'astrométrie. Conçue dans son essence durant les années 1970 par l'astronome français Pierre Lacroute, alors directeur de l'Observatoire de Strasbourg, elle fut incluse au sein du programme scientifique de l'Agence spatiale européenne (ESA) en 1980. L'objectif prioritaire de cette mission était la détermination, pour environ 100 000 étoiles, de données astrométriques très précises, positions, mouvements propres annuels et parallaxes trigonométriques absolues, avec une précision de 2 milliarcsecs, de manière à pouvoir réviser l'échelle de distance.

Le satellite astrométrique *Hipparcos* fut finalement lancé le 8 août 1989 par une fusée européenne *Ariane IV.* Malgré une défaillance du moteur d'apogée qui le laissa sur son orbite de transfert et non sur l'orbite géostationnaire initialement prévue, ce satellite eut une durée de vie de quatre ans, ce qui lui permit d'effectuer un travail remarquable et d'obtenir plus de données que ce qui avait été initialement prévu. En 1997, après quatre années de dépouillement, la communauté scientifique mondiale eut enfin accès à l'ensemble de ces données groupées en deux catalogues, le catalogue *Hipparcos*, qui contient 118 218 entrées avec une précision astrométrique moyenne d'environ 1 milliarcsec, tant pour les positions que pour les parallaxes trigonométriques et les mouvements propres annuels, et le catalogue *Tycho* qui contient un peu plus d'un million d'objets avec une précision moyenne de 7 milliarcsecs...

Plusieurs amas ouverts, dont les Hyades, les Pléiades et Praesepe, purent ainsi être étudiés en détail, la plupart de leurs étoiles ayant été mesurées par *Hipparcos*. Cela permit de connaître bien plus précisément les distances de tous les amas ouverts par les propriétés de la séquence principale du diagramme Hertzsprung-Russell. Quelques étoiles pulsantes de type céphéide furent également mesurées par *Hipparcos*, mais la faible précision obtenue pour ces étoiles lointaines n'amena pas de révolution. Il fallut cependant réviser l'échelle de distance à la hausse, la grande galaxie dans Andromède (M31) se retrouvant repoussée à plus de 2,5 millions d'années lumières de nous.

Avec un lancement prévu en octobre 2013 et des observations planifiées jusqu'en 2018, voire au-delà, l'ambitieuse mission *Gaia* devrait permettre de réaliser une carte tridimensionnelle de notre Voie lactée, afin de révéler la composition, la formation et l'évolution de la Galaxie. Le satellite *Gaia* fournira des mesures sans précédent, tant en ce qui concerne les positions de nombreuses étoiles que pour leurs mouvements propres et leurs vitesses radiales avec une haute précision nécessaire à la production d'un recensement stéréoscopique et cinématique d'à peu près 1 milliard d'étoiles dans notre Galaxie et à travers le Groupe local, ce qui devrait correspondre à un peu moins de 1 % de la population stellaire galactique. Combinées avec des informations astrophysiques pour chaque étoile qui seront données par un système embarqué de photométrie multicouleurs, ces données auront la précision nécessaire pour quantifier la formation primitive, ainsi que l'évolution ultérieure dynamique, chimique et de la formation stellaire au sein de la Voie lactée. Les produits scientifiques additionnels incluent la détection et la classification orbitale de plus de 10 000 systèmes planétaires extrasolaires, une investigation étendue des objets compris entre un nombre énorme d'astéroïdes au sein de notre Système solaire et beaucoup de galaxies dans l'Univers proche, voire environ 500 000 quasars distants. *Gaia* va également donner un certain nombre de nouveaux tests rigoureux pour la relativité générale et pour la cosmologie.

> **Vocabulaire**
>
> **Planète extrasolaire** : planète orbitant autour d'une autre étoile.

La contribution européenne (2) : Ulysses, ISO et SOHO

La sonde spatiale européenne *Ulysses* fut conçue et construite par l'Agence spatiale européenne (ESA), en collaboration avec la NASA. Elle fut couplée avec un module de propulsion de grande puissance construit par les Américains et lancée le 6 octobre 1990 lors d'une mission circumterrestre de la navette spatiale *Discovery*. Ce module la plaça sur une orbite solaire très excentrique, ce qui l'amena à s'approcher de Jupiter début 1992. Le survol de cette planète sur une orbite polaire parcourue du nord vers le sud à une altitude de 380 000 kilomètres eut lieu le 8 février 1992, ce qui permit l'injection sur une orbite solaire polaire par réaction de gravitation. La vraie mission put alors réellement débuter. Le premier survol lointain, à environ deux unités astronomiques, du pôle sud du Soleil eut lieu sur une durée comprise entre juin et novembre 1994. Le deuxième survol lointain, également à deux unités astronomiques, du pôle nord solaire eut lieu à son tour entre juin et octobre 1995. Ces deux survols permirent l'étude du vent solaire et des différents rayonnements issus de notre étoile, ainsi que des poussières interplanétaires et du rayonnement cosmique loin du plan de l'écliptique, au-dessus des régions polaires du Soleil. Les résultats furent très positifs...

Le 16 novembre 1995, le satellite européen *Infrared Space Observatory* (ISO) fut lancé par une fusée *Ariane IV* depuis la base spatiale de Kourou, en Guyane française et placé sur une orbite elliptique géosynchrone d'altitude très variable, entre 1 000 et 71 000 kilomètres. Entièrement conçue et réalisée par l'ESA, ISO fut dévolu à l'observation du ciel en infrarouge à l'aide d'un télescope de 60 centimètres d'ouverture refroidi à l'hélium liquide, pour une période d'au moins 18 mois. Comme son prédécesseur IRAS, il observa l'émission infrarouge des étoiles froides, des nébuleuses de poussières et des galaxies lointaines de spectres largement décalés vers le rouge, avec cependant une bien meilleure définition. La forme de son orbite permit à ISO d'observer loin du fond infrarouge d'origine terrestre durant 16 heures chaque jour (donc durant chaque orbite), l'instrumentation devant être mise en sommeil pendant les quelques heures que durait la traversée des ceintures de van Allen. Les résultats obtenus furent également à la hauteur des espoirs qui avaient été mis dans ce satellite.

Quelques jours après le satellite européen ISO, la NASA procéda au lancement de la sonde spatiale *Solar and Heliospheric Observatory* (SOHO) le 2 décembre 1995 depuis Cape Canaveral à l'aide d'une fusée *Atlas-Centaur*. Issu d'un programme conjoint ESA-NASA, le satellite SOHO fut dévolu à l'observation du Soleil depuis le point de Lagrange L_1 qu'il put atteindre au bout de quatre mois, après un certain nombre de manœuvres d'approche effectuées à l'aide de ses moteurs-fusées. L'intérêt du point de

Lagrange L_1 était multiple pour un tel satellite, permettant une observation continue du Soleil à une distance constante de la Terre en un point d'équilibre, certes instable, entre ces deux astres. SOHO fut placé sur une orbite dite en halo autour de ce point de Lagrange, d'où il put opérer de nombreuses mesures, en particulier au niveau de l'étude des oscillations solaires, et prises d'images du Soleil, principalement en mode coronographique et dans le domaine de l'extrême ultraviolet. Comme pour le satellite SMM, les images coronographiques amenèrent des découvertes de comètes rasantes ou en phase finale avant la collision avec notre étoile. L'étude de la couronne put se faire en permanence et ne plus dépendre de la visibilité d'éventuelles éclipses totales de Soleil.

Le satellite COBE et l'étude du fond de ciel cosmologique

Les années 1990 virent également de nombreux développements des technologies spatiales et de nouvelles investigations *in situ*. Le satellite *Cosmic Background Explorer*, baptisé COBE, fut placé sur une orbite circumterrestre quasi polaire le 18 novembre 1989 par la NASA. Il étudia le fond de ciel cosmologique dans l'infrarouge moyen (expérience Diffuse Infrared Background Experiment), dans l'infrarouge lointain (expérience Far Infrared Absolute Spectrophotometer), ainsi que dans plusieurs longueurs d'onde du domaine millimétrique (expérience Differential Microwave Radiometer), à 3,3 mm, 5,7 mm et 9,6 mm, avec une résolution spatiale assez médiocre. Les résultats obtenus durant l'année 1990 furent à la hauteur de ce qui avait été escompté. L'expérience FIRAS permit de montrer que le rayonnement fossile suivait de très près une loi de Planck pour un corps noir porté à la température de 2,735 K, montrant ainsi que les mesures sur le fond de ciel cosmologique étaient en excellent accord avec le modèle théorique du Big Bang. L'expérience DIRBE donna une très bonne cartographie infrarouge de notre Galaxie. Ce fut cependant l'expérience DMR qui donna le résultat le plus spectaculaire, en l'occurrence la mise en évidence des inhomogénéités en température de faible amplitude présentes dans le rayonnement fossile issu du fond de ciel cosmologique, donnant ainsi un plus grand poids à la théorie du Big Bang.

La cartographie radar et l'exploration de Vénus par Magellan

Lancée le 4 mai 1989 à l'aide de la navette spatiale *Atlantis*, la sonde spatiale américaine *Magellan* fut injectée le 10 août 1990 sur une orbite vénusienne quasi polaire. Le nouveau satellite artificiel de la planète Vénus débuta alors un travail de cartographie radar de grande précision qui révéla en quelques années et durant des milliers d'orbites le véritable visage du sol vénusien, qui apparut comme étant composé de structures géologiques encore insoupçonnées, comme, par exemple, une faille nommée Hildr de 6 800 kilomètres de long et de 2 kilomètres de large. Le volcanisme vénusien, actif par endroits, fut également clairement mis en évidence par les mesures obtenues par *Magellan*, en particulier des dômes volcaniques et des édifices de haute altitude. Plusieurs modifications d'orbite furent effectuées, de manière à couvrir l'intégralité de la surface, tant du point de vue des images de cartographie radar que de celui des mesures gravimétriques. La sonde termina sa carrière le 11 octobre 1994 par une rentrée dans l'atmosphère vénusienne, mesurant de nombreux paramètres avant sa destruction finale.

La mission Galileo et l'exploration du système jovien

Enfin lancée le 18 octobre 1989 en direction de Jupiter, toujours à l'aide de la navette spatiale *Atlantis* et suite à sept années d'attente et de retards, la sonde spatiale américaine *Galileo*, nommée ainsi en l'honneur de Galileo Galilei (Galilée), survola tout d'abord la planète Vénus le 10 février 1990, c'est-à-dire six mois avant l'arrivée de la sonde *Magellan*. La NASA utilisa ainsi une nouvelle fois la technique de la réaction gravitationnelle, déjà employée avec succès lors des missions *Voyager* en particulier. La sonde *Galileo* survola ensuite une première fois la Terre le 8 décembre 1990, toujours afin de pouvoir acquérir une plus grande énergie cinétique à partir d'une nouvelle réaction de gravitation. La sonde suivit alors une orbite de deux ans qui l'amena à survoler une nouvelle fois la Terre le 8 décembre 1992 avant de se diriger finalement vers Jupiter. Ce fut lors du parcours de cette trajectoire de transfert que la sonde *Galileo* survola

> **Vocabulaire**
>
> **Petite planète** : nom également donné à un astéroïde.

l'astéroïde Gaspra le 29 octobre 1991, transmettant les premières photographies dignes de ce nom d'une petite planète circulant entre Mars et Jupiter.

Ce fut également durant ce même parcours, peu avant le survol de Gaspra, que les techniciens du Jet Propulsion Laboratory se rendirent compte de l'existence d'un problème technique majeur au niveau de l'antenne à grand gain du vaisseau spatial. Malgré de nombreux essais, il ne fut pas possible d'ouvrir correctement cette antenne avant l'arrivée de *Galileo* autour de Jupiter, ce qui diminua considérablement le débit des informations entre la sonde et les stations réceptrices sur Terre, l'antenne à faible gain restant la seule opérationnelle. Les ingénieurs du Jet Propulsion Laboratory parvinrent cependant à optimiser le rendement de cette antenne, de manière à ne perdre qu'une faible fraction de la mission initialement prévue.

Après son second survol de la Terre, *Galileo* survola un deuxième astéroïde, Ida, le 20 août 1993, découvrant fortuitement la présence d'un petit satellite qui fut nommé Dactyl. Un certain nombre de photographies fut transmis à la Terre avec un débit de plus en plus lent au fur et à mesure que la sonde spatiale s'éloignait de nous. Fin juillet 1994, la sonde *Galileo* fut de nouveau utilisée pour observer les impacts des fragments de la comète Shoemaker-Levy 9 dans l'atmosphère de Jupiter. En effet, *Galileo* était placée en excellente position au moment des impacts, ce qui lui permit de les observer directement, alors que l'instrumentation basée sur ou autour de la Terre ne put observer que leurs conséquences. Les images arrivèrent sur Terre avec un très faible débit, après un délai de plusieurs semaines.

L'année 1995 permit la réalisation des différentes manœuvres d'approche de la planète Jupiter. Après un certain nombre de corrections de trajectoire, le probe se sépara de l'orbiter le 13 juillet 1995, à presque cinq mois de voyage de la planète géante. Les deux vaisseaux spatiaux s'éloignèrent petit à petit l'un de l'autre durant les semaines qui suivirent. À la suite des mesures magnétométriques, les prises de vue débutèrent plusieurs mois avant la mise en orbite, mais durent être réduites suite

Vocabulaire

Probe : Partie d'une sonde interplanétaire dont la mission est de rentrer dans l'atmosphère épaisse d'une planète (souvent géante) et d'analyser sa densité et sa composition chimique.

à un problème technique apparu au niveau d'un enregistreur. Il fallut même renoncer à l'obtention de clichés à haute résolution du satellite Io dont le survol rapproché se produisit quelques heures avant la satellisation de l'orbiter, le 7 décembre 1995.

Jugées fondamentales par l'ensemble de la communauté scientifique, les données collectées par le probe lors de son entrée dans l'atmosphère de Jupiter, pendant les 57 minutes qui précédèrent sa destruction, furent stockées dans l'orbiter et renvoyées par celui-ci vers la Terre entre mi-décembre 1995 et février 1996. Durant les deux années qui suivirent, l'orbiter effectua une douzaine d'orbites très excentriques autour de Jupiter, survolant à plusieurs reprises Europe, Ganymède et Callisto et obtenant de nombreuses images de très grande qualité qui furent petit à petit relayées vers la Terre.

Les acquis de la sonde *Galileo* furent jugés suffisamment importants pour que la mission soit prolongée de quatre années supplémentaires par la NASA. En particulier, le satellite Europe se révéla être un objet tout à fait unique. Sa surface entièrement composée de glace apparut comme recouvrant très probablement un océan très profond d'eau liquide, de la même manière que la banquise polaire nord de la Terre couvrait l'océan Glacial Arctique. De là à supposer que la vie puisse exister dans cet océan, il n'y eut qu'un pas que certains franchirent allègrement au cours de l'année 1997. Comme on pouvait s'y attendre, cette annonce relança largement l'intérêt des médias pour la conquête spatiale…

Le satellite Io, jugé trop proche de Jupiter par les ingénieurs du JPL, ne fut survolé en vol rapproché avec succès qu'entre 1999 et 2001, par crainte (crainte en fait non fondée) de l'action destructrice des puissantes ceintures de radiation joviennes. Les images rapprochées obtenues lors de ces trois survols rapprochés amenèrent des résultats stupéfiants sur le volcanisme permanent découvert vingt ans auparavant…

Pour éviter tout risque de contamination accidentel du satellite Europe par la sonde *Galileo*, il a été décidé de faire en sorte que celle-ci termine sa carrière par un plongeon spectaculaire dans la haute atmosphère jovienne, après une dernière orbite très elliptique autour de la planète géante, un peu comme l'avait fait neuf ans auparavant la comète Shoemaker-Levy 9 (voir page 265). La sonde spatiale *Galileo* termina ainsi son long labeur le 21 septembre 2003 en se consumant dans les couches denses de l'atmosphère de Jupiter…

L'exploration martienne

Lancée le 25 septembre 1992 par une fusée *Titan III*, la sonde *Mars Observer* effectua un vol nominal en direction de la planète rouge. Cependant, le contact fut perdu avec elle le 21 août 1993, trois jours avant sa mise en orbite martienne théorique. Il fut alors impossible de renouer un quelconque contact radio avec cette sonde qui survola Mars muette le 24 août. À la suite de l'échec des missions *Phobos*, la déception fut immense dans le monde scientifique, aucune mission martienne n'ayant réussi depuis les expériences *Viking*, quinze ans plus tôt.

L'intérêt pour la planète rouge renaît brusquement le 20 juillet 1996 lors de la célébration par la NASA du vingtième anniversaire de l'atterrissage de *Viking 1* sur Mars. Ce jour-là, une équipe américaine annonça la découverte possible d'une trace de vie fossile dans une météorite trouvée en Antarctique en 1984 et d'origine clairement martienne. Bien que controversée par les spécialistes, cette possible trace de vie fossile relança l'intérêt des médias pour l'exploration de la planète rouge, au moment où les premières images d'Europe prises par *Galileo* parvenaient sur Terre. Les analyses chimiques et les résultats de cette équipe de recherche de la NASA furent publiés dans plusieurs revues scientifiques, mais ne purent être réellement confirmés, engendrant une fascination sceptique des autorités scientifiques.

L'intérêt pour l'exploration de la planète Mars était donc bien relancé au moment où la NASA procédait aux lancements des sondes spatiales *Mars Pathfinder* et *Mars Global Surveyor*, alors que la Russie en faisait de même avec *Mars 96*. La sonde *Mars Global Surveyor* fut lancée le 7 novembre 1996 vers la planète rouge, précédant la sonde russe de quelques jours. Cependant, suite à une défaillance du dernier étage du lanceur *Proton* lors du lancement le 16 novembre 1996, *Mars 96* ne put correctement prendre la route martienne et retomba dans l'océan Pacifique au bout de quelques jours. La dernière sonde, *Mars Pathfinder*, fut finalement lancée le 4 décembre 1996, sans aucun ennui technique.

La sonde *Mars Pathfinder* atteignit la planète rouge en premier, le 4 juillet 1997, et se posa sans encombre près du centre de la zone sélectionnée dans Ares Vallis à l'aide d'un nouveau système d'amortissement de type airbags, système bien moins coûteux que ceux des sondes *Viking*, selon les préceptes de la nouvelle philosophie de la NASA : « *Faster, chea-*

per, better». Composée du lander qui fut rebaptisé Carl Sagan Memorial Station, en l'honneur de l'astrophysicien Carl Sagan décédé en décembre 1996, et d'un petit robot mobile à six roues, le rover *Sojourner*, elle fonctionna jusqu'au 4 octobre 1997, offrant aux États-Unis le premier grand succès martien depuis les missions *Viking*, vingt ans auparavant. La station filma les mouvements du rover, lequel explora les environs immédiats du site d'atterrissage et analysa différents rochers voisins durant trois mois, obtenant également des images du lander. Le bilan scientifique de cette mission fut très important, tant du point de vue de l'imagerie et des résultats que de celui de l'acquisition des données météorologiques. L'impact médiatique de la mission *Mars Pathfinder* fut immense, les images obtenues et les mesures météorologiques ayant été rendues accessibles sur le réseau informatique *via* Internet quasiment en temps réel. L'image de marque de la NASA en ressortit largement grandie. Cette mission prouva qu'il était parfaitement possible d'envoyer des robots automatiques vers les planètes à des coûts bien inférieurs à ce qui était communément pratiqué dans les décennies précédentes.

Vocabulaire

Ares Vallis : dénomination d'une région à la surface de la planète Mars.

Rover : Partie d'un lander composé d'un chariot mobile équipé de caméra(s) et d'appareils de mesure divers, dont la mission consiste à explorer les environs du lieu d'arrivée du lander.

La sonde spatiale *Mars Global Surveyor* atteignit à son tour la planète rouge le 12 septembre 1997. Elle fut alors placée sur une orbite excentrique inclinée autour de Mars, orbite qui fut petit à petit circularisée à une altitude de 400 kilomètres par utilisation de la technique d'aérofreinage, à l'aide de ses deux panneaux solaires spécialement conçus pour cela. Le blocage de l'un des deux dans une mauvaise position lors du lancement de la sonde compliqua la tâche des techniciens de la mission, sans la compromettre pour autant. La mission principale de *Mars Global Surveyor* était, par ailleurs, l'obtention d'une cartographie à haute résolution de l'ensemble de la surface planétaire, qui a été effectuée entre mars 1998 et novembre 2006.

L'année 1999 ne fut pas heureuse pour la NASA et le JPL au niveau de l'exploration martienne. La sonde *Mars Climate Orbiter* fut en effet perdue le 23 septembre 1999 lors de la tentative de mise en orbite martienne, à cause d'une erreur stupide de conversion d'unités entre deux laboratoires (confusion entre miles et kilomètres !). Deux mois plus tard, le 3 décembre 1999, la sonde *Mars Polar Lander* fut à son tour perdue lors de la phase finale d'atterrissage pour des raisons non encore élucidées à ce jour. Malgré les excellents résultats de *Mars Global Surveyor*, cette série d'échecs altéra l'image de marque de la NASA auprès du grand public.

Lancée le 7 avril 2001 à l'aide d'un lanceur *Delta II*, la sonde *2001 Mars Odyssey* a atteint la planète rouge le 24 octobre de la même année pour être placée sur une orbite elliptique de transfert dont la période dut être progressivement diminuée par aérofreinage pour atteindre une orbite basse circulaire de période 2 heures. L'orbiter emportait avec lui trois instruments scientifiques développés pour faire des observations globales de Mars afin d'améliorer notre compréhension du climat de la planète et son histoire géologique, y compris la recherche de l'eau liquide et une éventuelle évidence de l'existence d'une vie fossile (mais rien n'a été découvert en ce sens à ce jour). La mission a été prévue pour se dérouler sur au moins une année martienne entière, soit 29 mois terrestres, mais a été prolongée, en particulier pour relayer les communications entre la Terre et les nouveaux landers, depuis janvier 2004.

Les deux rovers *Spirit* et *Opportunity* ont été lancés respectivement le 10 juin et le 7 juillet 2003, à l'aide de lanceurs de type *Delta II*. Ils se sont posés sur la surface martienne les 4 et 25 janvier 2004 et travaillent depuis lors, principalement au niveau de l'analyse géologique du sol martien et des roches affleurantes, ainsi que de la recherche d'eau. Nettement plus mobiles et plus robustes que ne l'était le rover *Sojourner*, les deux rovers ont envoyé très régulièrement de nombreuses photographies du sol martien tout en se déplaçant assez lentement. *Spirit* a cessé ses émissions vers la Terre en mars 2010, alors qu'*Opportunity* reste toujours actif à ce jour. Début mars 2004, ce dernier a pu observer deux éclipses annulaires de Soleil par les deux satellites de Mars, Phobos et Deïmos (transits). Ce fut la première fois qu'un tel phénomène a été observé depuis le sol d'une autre planète.

La recherche de l'eau sur Mars, sous forme de glace, est également l'un des thèmes les plus importants de la mission de l'orbiter européen *Mars Express*, lancé depuis Baïkonour le 2 juin 2003 à l'aide d'un lanceur *Soyouz-Frégate* et en orbite autour de Mars depuis le 25 décembre 2003. Cette mission est la première de l'Agence spatiale européenne (ESA) qui soit spécifiquement dirigée vers la planète rouge. Elle a en fait débuté sur un demi-échec, avec la perte le même jour du lander *Beagle 2*, lequel était supposé rechercher l'existence éventuelle d'une vie fossile au niveau du sol martien, mais la mise en orbite de *Mars Express* s'est parfaitement déroulée et l'orbiter a pu débuter une intensive campagne d'observation photographique et géologique du sol martien, avec un premier succès dès janvier 2004, la confirmation de l'existence de glace d'eau en grande quantité au niveau des pôles.

La reprise des vols automatiques vers la Lune

Les importants succès planétaires des ingénieurs américains ne leur firent cependant pas oublier notre Lune. Une première sonde, appelée *Clementine* et lancée depuis la base de Vandenberg en Californie le 25 janvier 1994, fut placée en orbite lunaire entre le 21 février et le 3 mai 1994, permettant une cartographie intégrale de la surface lunaire à l'aide d'une bien meilleure instrumentation que celle qui avait été utilisée auparavant. Équipée de caméras multicanaux et d'un système lidar, *Clementine* obtint de nombreuses données nouvelles. La découverte la plus spectaculaire fut cependant celle de l'existence probable de glace d'eau au fond toujours obscur, et donc toujours à basse température, de certains cratères des zones polaires de notre satellite. La réutilisation de la sonde pour le survol d'un astéroïde passant à proximité de la Terre en mai 1994 échoua suite à un problème technique de propulsion.

La découverte de l'existence probable de glace au fond de quelques cratères des régions polaires de la Lune, par la sonde *Clementine*, et de la planète Mercure, par écho radar depuis la Terre entre 1991 et 1994, relança l'intérêt pour l'exploration de ces deux corps célestes. Alors qu'une nouvelle mission vers Mercure était proposée, la NASA décida la construction d'une nouvelle sonde lunaire à faible coût qui fut appelée *Lunar Prospector* et dont l'objectif principal consistait en la recherche de glace d'eau au fond des cratères polaires de la Lune. Reporté de six mois pour des raisons techniques, le lancement eut finalement lieu le 6 janvier 1998. La sonde *Lunar Prospector* fut injectée en orbite lunaire polaire le 11 janvier. Après une série de manœuvres, la sonde se retrouva finalement quatre jours plus tard sur une orbite circulaire basse, ce qui l'amena à survoler les pôles lunaires à chaque révolution. Début mars

1998, la NASA annonça la découverte certaine de glace d'eau au fond de plusieurs cratères lunaires.

Missions vers des astéroïdes ou des comètes

Lancée en février 1996 en orbite solaire par une fusée *Delta*, la sonde spatiale *Near Earth Asteroid Rendezvous* (NEAR) survola l'astéroïde Mathilde le 27 juin 1997, obtenant de nombreux clichés. Le but principal de cette mission avait toutefois été défini avant le lancement de la sonde comme étant une approche lente de l'astéroïde Éros doublée d'une opération de navigation conjointe durant une année entière. Cependant, en décembre 1998, un problème électronique temporaire lors de l'approche d'Éros amena un report de la mission d'une année. Le 14 février 2000, après plusieurs manœuvres d'approche, la sonde NEAR put finalement être satellisée autour de cet astéroïde. Une observation systématique débuta alors, amenant une moisson de données nouvelles. La sonde fut placée sur des orbites de plus en plus proches de ce corps céleste, ce qui permit une cartographie très précise. Après une ultime manœuvre, la sonde s'est posée en douceur à la surface de l'astéroïde le 12 février 2001.

La mission NEAR a été la première de la série *Discovery* : *« Faster, cheaper, better »*...

D'autres missions d'exploration de comètes ou d'astéroïdes ont eu lieu depuis lors. Citons ici la mission *Deep Impact* qui s'est soldée par l'impact d'un projectile intelligent de 372 kilogrammes et équipé d'une caméra sur la comète 9P/Tempel 1 le 3 juillet 2005, alors que l'orbiter filmait d'assez près cet impact et analysait à l'aide d'un spectrographe embarqué l'émission lumineuse des gaz et poussières pendant et après le choc. L'analyse des résultats devrait permettre une meilleure compréhension de la nature chimique des comètes et amener à une meilleure connaissance du mécanisme de formation de ces astres.

La mission Cassini-Huygens et l'exploration du système de Saturne

Conçue depuis de nombreuses années par les ingénieurs du JPL, de la NASA et de l'ESA comme étant la mission spatiale la plus ambitieuse de la fin du XXe siècle, la sonde spatiale *Cassini-Huygens*, a été lancée le

15 octobre 1997 depuis Cape Canaveral par une fusée *Titan IV-B Centaur* avec Saturne et son satellite Titan comme objectifs principaux. La technique de réaction de gravitation a été largement utilisée pour cette mission, avec un premier survol de Vénus en avril 1998, un second survol de la même planète en juin 1999, un survol de la Terre en août 1999 et, enfin, un survol de Jupiter en décembre 2000. Le survol rapproché de Saturne et la mise en orbite de la sonde ont eu lieu le 1er juillet 2004, alors que l'entrée du probe dans l'atmosphère de Titan a eu lieu le 14 janvier 2005, montrant un sol sec et caillouteux, ainsi que des chenaux de ruissellement d'un liquide (méthane ?) qui n'a lui-même pas pu être observé.

Attendue depuis très longtemps, cette mission a apporté de nouvelles connaissances fondamentales sur le système saturnien, tant sur la planète mère et ses anneaux que sur les nombreux satellites, en particulier sur le plus grand d'entre eux, Titan, monde mystérieux dont l'atmosphère pourrait peut-être permettre l'existence d'une vie élémentaire et dont la surface pourrait être partiellement recouverte de lacs ou d'un océan d'hydrocarbures. Les observations radars faites par la sonde *Cassini* lors de plusieurs survols de Titan ont cependant montré qu'il n'existe pas d'océan de quoi que ce soit, mais que les pluies y sont courantes, de même que le ruissellement, et que des lacs d'hydrocarbures existent bien. D'autres satellites de Saturne ont également été largement étudiés lors de différents survols et de nombreuses découvertes ont pu être faites. Hypérion et Phoebé se sont ainsi révélés être des surfaces très tourmentées, le premier ressemblant plus à une éponge qu'à autre chose et le second étant recouvert de cratères très profonds. Encelade se révèle bénéficier d'une tectonique active, avec émission de vapeur d'eau et de poussières, ce qui indique une température élevée et, donc, un mécanisme de chauffage, soit interne, soit dû aux forces de marées exercées par la planète mère. De nombreux nouveaux satellites ont également été découverts, en particulier entre les anneaux dont la structure est de mieux en mieux connue au fur et à mesure que la sonde *Cassini* les survole...

La collaboration américano-russe dans l'espace

Le dénouement définitif de la guerre froide vit, à la fin des années 1980 et au début de la décennie suivante, un rapprochement spectaculaire entre les États-Unis et la Russie, lequel eut très rapidement d'importantes conséquences sur l'orientation des programmes spatiaux, en particulier au niveau des vols habités. Plusieurs missions spatiales furent programmées pour concrétiser cette volonté de rapprochement. Le 6 février 1995, la navette spatiale *Discovery* effectua une manœuvre d'approche de la station orbitale russe *Mir*, ouvrant la voie à des futures missions conjointes. Le 24 juin de la même année, près de vingt ans après le vol commun *Apollo-Soyouz*, la navette *Atlantis* s'arrima pour la première fois à la station *Mir*, permettant le transfert de personnes et de matériel entre les deux vaisseaux spatiaux, ainsi que la réalisation d'expériences scientifiques communes. Arrivé à bord de *Mir* le 16 mars 1995 dans un vaisseau de transfert *Soyouz*, en même temps que deux cosmonautes russes, l'astronaute américain Norman Thagard travailla dans l'espace durant cent quinze jours, avant de redescendre sur Terre avec *Atlantis*. D'autres amarrages de la navette *Atlantis* eurent ensuite lieu, à raison d'un tous les quatre mois environ, amenant des astronautes américains qui séjournèrent dans *Mir* pendant des durées de plus en plus longues ou les redescendant sur Terre. En présence de l'un d'entre eux, un accident grave eut lieu le 25 juin 1997, un vaisseau de ravitaillement ayant heurté l'un des modules de travail de la station *Mir* et percé sa paroi. Cet accident eut de très mauvaises conséquences sur le fonctionnement de *Mir* durant les six mois qui suivirent, ses habitants ayant dû y vivre au ralenti et arrêter la plupart des expériences en cours...

La station *Mir* a été progressivement abandonnée à partir de fin 1999. Elle est retombée dans notre atmosphère le 23 mars 2001 et s'y est désintégrée, après une série de manœuvres finales qui assurèrent une chute au-dessus de l'océan Indien, sans danger pour les populations.

La Station spatiale internationale

La construction de la nouvelle Station spatiale internationale (International Space Station ou ISS) a débuté le 20 novembre 1998 par le lancement du premier élément russe. Ce lancement fut rapidement suivi par une mission américaine lancée le 4 décembre 1998. Alors que, suite à des problèmes financiers russes, il n'y eut qu'une seule mission américaine de maintenance en 1999, l'année 2000 fut celle de la reprise intensive de la construction de la station, avec six vols spatiaux, dont celui de l'installation du premier équipage russo-américain, le 31 octobre 2000. Avec douze vols spatiaux, les années 2001 et 2002 ont été celles de la continuité de la construction de l'ISS, laquelle est devenue de plus en plus grande et complexe, et des changements routiniers d'équipages (entre deux et trois fois chaque année) qui y travaillent environ cinq à six mois chacun, même si la station est encore loin d'être achevée. Cependant, l'accident tragique de la navette *Columbia* le 1er février 2003 a beaucoup réduit le nombre de vols spatiaux en 2003 et 2004. Les trois navettes restantes ayant été clouées au sol pour plus de deux ans, seuls les vols *Soyouz* (rotations équipage) et *Progress* (cargos de ravitaillement), lancés depuis Baïkonour, ont été maintenus. Après la reprise des vols de la navette spatiale américaine en mai 2005, l'assemblage complet de la Station spatiale internationale, terminé en 2011, aura encore nécessité plus de quarante lancements russes, américains, européens et japonais. L'ISS permet maintenant à de nombreux scientifiques d'étudier toujours plus précisément les effets de l'apesanteur sur l'inerte et le vivant, en particulier sur l'organisme humain, dans la perspective d'un hypothétique voyage martien...

La Station Spatiale Internationale (ISS) (Nasa).

Les nouveaux télescopes spatiaux au début du xxie siècle

Largué dans l'espace par la navette spatiale *Columbia* le 23 juillet 1999, le satellite *Chandra*, nommé en l'honneur de l'astrophysicien Subrahmanyan Chandrasekhar, a été placé sur une orbite très excentrique, décrite en 64 heures. Ce satellite est équipé d'un télescope d'un type très particulier pour l'observation du ciel dans le domaine du rayonnement X. Il est utilisé pour la recherche d'émission X autour des trous noirs déjà connus et pour les étoiles à neutron, ainsi que pour l'étude de la répartition des éléments lourds expulsés par les supernovae. Il a également permis la découverte d'autres trous noirs encore inconnus, en particulier une nouvelle classe de trous noirs, de masses comprises entre celles des trous noirs stellaires (masses de l'ordre de quelques masses solaires) et celles des trous noirs hypermassifs situés au centre des galaxies (masses de l'ordre de plusieurs millions de masses solaires). Enfin, *Chandra* a permis d'établir une cartographie en distribution et en température du gaz chaud dans les amas de galaxies, avec des implications pour le comportement des trous noirs et la cosmologie. *Chandra* devrait être opérationnel au moins jusqu'en 2015, sauf problème insurmontable…

Lancé le 28 avril 2003 et placé sur une orbite circulaire à 700 kilomètres d'altitude, le satellite *Galex* (*Galactic Évolution Explorer*) est spécialement conçu pour l'observation du ciel dans le domaine ultraviolet. Il est équipé d'un télescope Ritchey-Chrétien de 50 centimètres d'ouverture ouvert à 6 et peut observer aussi bien en imagerie qu'en spectroscopie. *Galex* peut ainsi observer les régions du ciel riches en étoiles bleues jeunes et massives, et donc les régions de formation stellaire, en particulier dans les galaxies proches ou plus éloignées. Il permet ainsi d'étudier le taux de formation stellaire en fonction de l'histoire cosmique. *Galex* peut aussi dresser la cartographie de ces régions riches en étoiles jeunes sur tout le ciel, à l'exception notable des étoiles trop brillantes dont la lumière pourrait endommager ses détecteurs. Il effectue en parallèle un survey de spectres d'étoiles chaudes, de galaxies et de quasars, dans le but de construire des atlas de spectres. Le satellite *Galex* peut être utilisé encore durant de nombreuses années, n'ayant pas de contrainte spéciale au niveau de son fonctionnement : le système de détection de Gallex ne nécessite pas de technologie à durée limitée, au contraire d'autres satellites (infrarouges en particulier). Seule une panne électronique ou mécanique majeure tuerait le satellite Gallex.

Lancé le 25 août 2003 et placé sur une orbite de traîne (trajectoire très voisine de l'orbite terrestre) autour du Soleil, le satellite *Spitzer*, nommé ainsi en l'honneur de l'astrophysicien américain Lyman Spitzer Jr., a été spécialement conçu pour l'observation du ciel dans le domaine infrarouge moyen et lointain. Il a été équipé d'un télescope Ritchey-Chrétien de 85 centimètres d'ouverture ouvert à 12. Spitzer a pu ainsi observer les disques de poussières et débris autour des étoiles proches et en détecter d'autres, encore inconnus. Il a pu également observer les noyaux actifs de galaxies et les galaxies très lumineuses dans plusieurs bandes infrarouges, ainsi que les galaxies jeunes et lointaines de l'Univers jeune post-primordial. Enfin, il a pu étudier en détail la structure de beaucoup de galaxies proches et de la Voie lactée. Prévu initialement pour fonctionner de manière optimale seulement deux ans et demi, il a en fait pu travailler à très basse température jusqu'en mai 2009...

Lancé le 20 novembre 2005 et placé sur une orbite circulaire à 600 kilomètres d'altitude, le satellite *Swift Gamma Ray Burst Explorer* a été spécialement conçu pour la détection et l'étude des sursauts γ (gamma-ray bursts). *Swift* a été équipé de trois télescopes qui observent dans trois domaines de longueur d'onde, un détecteur de sursauts γ qui observe bien évidemment dans le domaine γ, un télescope qui permet le suivi en rayonnement X de ces événements γ (évolution de la luminosité X de la source après chaque sursaut γ) et un télescope Ritchey-Chrétien de 30 centimètres d'ouverture ouvert à 12,7 qui permet le suivi de ces sursauts γ dans les domaines ultraviolet et visible et qui permet l'obtention des courbes de luminosité des sursauts γ en cours et de leurs spectres au cours du temps. *Swift* est ainsi utilisé pour déterminer les origines des sursauts γ, pour les classifier et pour la recherche de nouveaux types d'événements. *Swift* est également utilisé pour l'étude de l'interaction des ondes de choc émises par les sursauts γ avec le milieu interstellaire environnant. Par ailleurs, il peut servir pour l'étude de l'Univers jeune à l'aide des sursauts γ. Enfin, *Swift* est utilisé pour effectuer un survey des sursauts γ sur tout le ciel et pour leur étude statistique. Avec une espérance de vie d'au moins sept ans, il a été possible d'effectuer une étude globale des sursauts γ célestes.

L'impact de la comète Shoemaker-Levy 9 sur Jupiter

La comète Shoemaker-Levy 9 fut découverte au voisinage de Jupiter le 25 mars 1993 par Eugene Shoemaker, Carolyn Shoemaker et David Levy, sur deux photographies prises à l'aide du télescope de Schmidt de 46 centimètres d'ouverture de l'Observatoire du mont Palomar. Elle fut baptisée du nom de ses trois découvreurs, le numéro 9 indiquant seulement que cette comète était la neuvième découverte par ces trois personnes. L'orbite de cet objet apparut assez rapidement comme étant très atypique, cette comète tournant autour de la planète Jupiter sur une orbite très excentrique. Le 22 mai 1993, il devint clair que la comète Shoemaker-Levy 9 devait s'écraser sur cette planète quatorze mois plus tard. Les photographies prises à l'aide du télescope spatial Hubble montrèrent parallèlement que cette comète était en fait composée d'une vingtaine de fragments plus ou moins gros, cet objet ayant été détruit le 16 mai 1992 par les puissantes forces de gravitation joviennes lors d'un passage trop rapproché, à 0,007 unité astronomique, c'est-à-dire en deçà de la limite de Roche. Ce passage rapproché avait par ailleurs occasionné un mécanisme de capture par la planète géante.

Pour la première fois, il avait été possible d'annoncer longtemps à l'avance, et sans aucune erreur, l'impact d'une comète sur une planète, géante de surcroît. La communauté scientifique mondiale se passionna pour cet événement rarissime, alors que tous les moyens d'observation étaient réservés pour l'occasion, aussi bien l'ensemble des instruments terrestres de grande ouverture que la sonde spatiale *Galileo*, alors en route pour Jupiter, et le Hubble Space Telescope. L'analyse fine de la trajectoire suivie par chacun des fragments permit de connaître l'instant précis de chaque impact, autorisant ainsi leur observation avec de très gros moyens. Entre le 16 et le 22 juillet 1994, les vingt principaux fragments de la comète Shoemaker-Levy 9 entrèrent successivement en collision avec l'atmosphère de Jupiter, explosant lors des impacts et libérant une fabuleuse onde de choc. La sonde *Galileo* fut en fait la seule à pouvoir réellement observer les impacts qui eurent tous lieu sur la face invisible de Jupiter. Les instruments terrestres et le télescope spatial Hubble ne purent observer que les très spectaculaires conséquences de ces impacts dans l'atmosphère de Jupiter, en l'occurrence d'énormes trous qui furent observables avec les plus modestes télescopes et qui mirent plusieurs mois à être comblés par les gaz atmosphériques de la planète géante. Cette collision cométaire amena de substantielles améliorations de nos connaissances sur la structure verticale de l'atmosphère jovienne et sur sa composition chimique, et ce, près d'un an et demi avant l'entrée du probe de la sonde spatiale *Galileo* dans cette même atmosphère.

1995 et 1996 : les premières découvertes de planètes extrasolaires

Au cours des années 1990, les améliorations des techniques d'analyse et la généralisation de l'usage de l'outil informatique engendrèrent des découvertes très pointues encore impossibles quelques années auparavant. L'analyse spectroscopique devint en particulier bien meilleure, permettant la mesure de la vitesse radiale d'une étoile, c'est-à-dire la composante de la vitesse de l'astre sur la ligne de visée, avec une précision de quelques mètres par seconde. L'observation de plusieurs étoiles assez proches durant plusieurs années par cette technique, à l'aide d'un détecteur très performant appelé CORAVEL, permit aux astronomes genevois Michel Mayor et Didier Queloz d'annoncer, fin octobre 1995, la présence quasi certaine d'une planète géante tournant autour de l'étoile 51 Pegasi avec une période de 4 jours $^1/_4$.

La seule étoile connue auparavant pour posséder des planètes, Soleil excepté, était le pulsar PSR 1257+12, dont les trois planètes avaient été mises en évidence par des mesures radioastronomiques effectuées sur cet objet à la fin 1991. L'existence même de ces planètes orbitant autour d'un pulsar avait amené une première controverse au sein de la communauté scientifique mondiale. La découverte de la planète géante de 51 Pegasi relança toutefois les recherches de planètes extrasolaires, ce qui amena plusieurs annonces de découvertes par différents groupes américains au cours de l'année 1996, à l'aide de la même méthode. Cependant, en avril 1997, certains chercheurs mirent en doute la nature planétaire des objets ainsi découverts, les variations de vitesse radiale pouvant correspondre à des pulsations stellaires. Cette annonce alimenta de plus belle la controverse entre les spécialistes...

Il fallut cependant attendre la découverte, en septembre 1999, des variations photométriques périodiques de l'étoile HD 209458 dans la constellation de Pégase pour permettre de confirmer définitivement l'existence de planètes extrasolaires. Cet astre est de type spectral F8V, proche de celui du Soleil, et est situé à 174 années lumières. Tous les trois jours et demi (exactement 3,5243 jours), l'étoile est occultée par une planète géante de taille comparable à celle de Jupiter orbitant à 0,05 unité astronomique, ce qui induit un transit de plus de deux heures et une chute de luminosité de 1,6 %, soit 0,017 magnitude. L'extrême régularité du phénomène, qui s'apparente à un transit de Mercure ou de Vénus devant le Soleil, a permis d'établir des éphémérides précises pour son observation future. Depuis lors, d'autres transits planétaires ont été mis en évidence autour d'autres étoiles par photométrie...

Les perfectionnements instrumentaux

L'avènement d'Internet et les progrès de l'informatique

Au cours des années 1990, les techniques informatiques continuèrent à devenir de plus en plus accessibles. La généralisation des ordinateurs personnels et des réseaux mondiaux amena la multiplication des échanges *via* le réseau Internet qui supplanta rapidement ses concurrents au début de la décennie. La recherche d'informations devint également bien plus facile dès 1994 grâce à cet outil. Le réseau de connexions devint alors planétaire, permettant de nombreuses applications dans le domaine de l'astrophysique. Il devint en particulier possible de travailler en *remote control*, c'est-à-dire en temps réel à des milliers de kilomètres d'un télescope piloté automatiquement par un système électronique de plus en plus performant. Cette technique, issue des progrès du domaine spatial, devint de plus en plus courante à partir de 1990 et fut incluse dans le fonctionnement des nouveaux télescopes géants.

L'optique active et l'optique adaptative

En parallèle avec l'amélioration des techniques spatiales et la mise en service du Hubble Space Telescope, les techniques instrumentales au sol furent grandement perfectionnées afin de rendre les collecteurs et détecteurs terrestres plus compétitifs. En effet, le coût excessivement élevé du télescope spatial empêchait d'envisager des instruments de plus grandes ouvertures dans l'espace. Les ingénieurs de différents instituts de recherche, comme ceux de l'Observatoire européen austral et ceux du National Optical Astronomy Observatory, commencèrent une analyse des problèmes occasionnés par les déplacements des miroirs de grande ouverture et sur les perturbations optiques créées par l'atmosphère terrestre. Ces études débouchèrent sur deux nouvelles techniques de grande valeur, l'optique active et l'optique adaptative.

L'optique active consistait à compenser les petites, mais inévitables, déformations et flexions du miroir primaire d'un télescope de grande taille lors des mouvements de la structure métallique de l'instrument. Ces compensations étaient obtenues à l'aide d'un grand nombre de vérins placés sous le miroir primaire, pouvant se mouvoir à une fréquence de l'ordre de 10 Hz, soit 10 oscillations par seconde, et commandés par un ordinateur de contrôle, lui-même connecté à un senseur optique installé au foyer principal de l'instrument, de manière à obtenir en permanence la forme géométrique optimale du miroir par analyse de la lumière arrivant d'une étoile, quelle que soit l'orientation sélectionnée. Le miroir secondaire du télescope était également contrôlé par ordinateur. Le premier instrument construit selon cette technique fut le New Technology Telescope (NTT), qui fut mis en service en 1989 à l'Observatoire de La Silla par l'ESO. Les images, qui dépendaient encore de la qualité du ciel et de la turbulence atmosphérique, furent cependant à la hauteur des espoirs qui avaient été mis dans cette nouvelle technique, le NTT se classant parmi les meilleurs instruments existants au sol.

Imaginée au début des années 1990, la technique appelée « optique adaptative » fut conçue avec un but avoué encore plus ambitieux, en l'occurrence s'affranchir de l'atmosphère et, donc, faire presque aussi bien que le télescope spatial. Il fallut donc trouver un système qui permettait de corriger les déformations produites par la turbulence atmosphérique. La solution vint de l'utilisation d'un petit miroir rapidement déformable, travaillant à des fréquences comprises entre 100 Hz et 1 000 Hz (100 à 1 000 oscillations par seconde), contrôlé par un ordinateur, face à un détecteur sensible à la lumière du domaine visible. Il suffisait alors de suivre une étoile suffisamment brillante du champ étudié et de déformer rapidement le petit miroir de manière à compenser les petites distorsions dues à la turbulence atmosphérique et à obtenir des images presque aussi bonnes que celles obtenues par un télescope placé à l'extérieur de l'atmosphère terrestre. Les premiers essais effectués sur des télescopes déjà existants, en particulier sur le presque vénérable télescope de 3,6 mètres d'ouverture de l'Observatoire de La Silla, montrèrent vers 1995 que l'optique adaptative permettait d'obtenir des résultats surprenants, tant dans le domaine visible que dans l'infrarouge. Il fut très vite décidé d'équiper les télescopes de nouvelle génération de tels outils d'investigation.

Les nouveaux télescopes de très grande ouverture

Les années 1990 virent également la réalisation de plusieurs télescopes de très grandes ouvertures. Construit entre 1987 et 1990 au sommet du Mauna Kea par l'Université de Californie, le télescope W. M. Keck I, du nom du richissime mécène américain William Myron Keck dont la fondation finança entièrement le projet, fut progressivement mis en service de novembre 1990 à novembre 1991. D'une ouverture équivalente à 9,8 m, le miroir de ce nouveau télescope était composé d'une mosaïque de 36 éléments hexagonaux, de grand axe égal à 1,8 m, qui épousaient la forme théorique d'un miroir unique de même taille. Un système de vérins, couplé à un ordinateur de pilotage, permettait d'obtenir la forme idéale pour ce miroir segmenté. Les premiers essais sur le ciel confirmèrent que l'idée était très bonne, du point de vue des images astronomiques. Un second télescope de même structure (miroir segmenté d'ouverture équivalente à 9,8 m composé de 36 éléments hexagonaux), nommé W. M. Keck II et toujours financé par la Fondation W. M. Keck, fut construit entre 1992 et 1996 à 85 mètres du premier, ce qui permettait la réalisation d'une synthèse d'ouverture entre les deux instruments. Ce second instrument fut mis en service en mai 1996.

Les astronomes européens de l'ESO ont développé à partir de 1990 le projet VLT (*Very Large Telescope*), encore plus gigantesque, qui consistait en l'implantation de quatre télescopes équipés de miroirs minces déformables de 8,2 m d'ouverture dont la forme pouvait être très précisément ajustée par un système de contrôle très performant (optique active). Ces quatre télescopes ont été conçus pour travailler soit indépendamment à l'aide d'une optique adaptative, soit en mode VLTI, c'est-à-dire en synthèse d'ouverture (équivalant à un télescope de 16 mètres d'ouverture). Cet observatoire a été installé au sommet d'une montagne chilienne nommée Cerro Paranal, suite à une très longue étude de site. Les travaux de construction de ce projet gigantesque ont débuté en 1994. Les quatre unités, UT1 ou Antu, UT2 ou Kueyen, UT3 ou Melipal et UT4 ou Yepun, ont respectivement été mises en service (première lumière) en mai 1998, mars 1999, janvier 2000 et septembre 2000. Équipé de quatre télescopes auxiliaires mobiles de 1,8 m d'ouverture, l'instrument dans son ensemble est également utilisable en mode VLTI depuis mars 2001, au moins pour deux unités travaillant en synthèse d'ouverture, et depuis septembre 2002 pour les quatre unités combinées deux par deux. Cet instrument est, à l'heure actuelle, le plus performant disponible à la surface terrestre.

D'autres projets, également très ambitieux, ont été développés soit par des pays, soit par des universités. Au sommet du mont Fowlkes (Texas), a été construit le télescope Hobby-Eberly de 9,2 m de diamètre, équipé d'un miroir segmenté du même type que celui des télescopes Keck, mais ne pouvant se mouvoir qu'en azimut, avec un angle de hauteur invariable. Son miroir secondaire peut cependant bouger quelque peu, ce qui permet d'atteindre une plus ample zone d'observation sur la sphère céleste. Sa première lumière a eu lieu en décembre 1996.

Le projet SALT (*South African Large Telescope*), de 11 mètres d'ouverture, a été conçu selon le même principe que le télescope Hobby-Eberly (miroir segmenté, mouvement uniquement en azimut et miroir secondaire mobile). Installé à l'Observatoire de Sutherland, en Afrique du Sud, il est en théorie opérationnel depuis septembre 2005 (première lumière), mais son utilisation a été émaillée de nombreux problèmes techniques durant plusieurs années.

Le *Gran Telescopio Canarias* (GTC, « Grand Télescope des îles Canaries »), appelé quelquefois « GranTeCan », est un télescope de 10,4 mètres de diamètre situé à l'observatoire du Roque de los Muchachos sur l'île de La Palma. Le GTC a commencé ses observations scientifiques le 13 juillet 2007. Son miroir primaire est constitué de 36 segments hexagonaux entièrement pilotés par un système d'optique active. Le projet GTC est une collaboration entre plusieurs institutions espagnoles (90 %), mexicaines (5 %) et l'Université de Floride (États-Unis) (5 %) et une initiative de l'Institut d'astrophysique des Canaries (IAC). Ses premiers instruments sont OSIRIS, CanariCam et ELMER.

L'Observatoire du Mauna Kea, Hawaii, a été équipé à la fin des années 1990 de deux autres télescopes de nouvelle génération, le télescope japonais Subaru de 8,3 mètres d'ouverture, mis en service en décembre 1998, et le télescope américain Gemini North du National Optical Astronomy Observatory (NOAO), de diamètre égal à 8,1 mètres, opérationnel depuis juin 1999. Le télescope Gemini South (NOAO) a été installé au sommet d'une montagne appelée « Cerro Pachón », très proche de l'Observatoire de Cerro Tololo, Chili, également avec une ouverture de 8,1 mètres. Il a été mis en service en novembre 2000. Par ailleurs, le Large Binocular Telescope, installé au sommet du mont Graham, Arizona, est constitué de deux télescopes de 8,4 mètres de diamètre montés sur la même monture pouvant travailler en synthèse d'ouverture. La première lumière a eu lieu courant 2005. Tous ces instruments utilisent le même type de miroir et les mêmes techniques que le VLT.

La première lumière du nouveau MMT, instrument installé au sommet du mont Hopkins, Arizona, et constitué d'un télescope de 6,5 mètres d'ouverture en remplacement de l'ancien MMT (prototype composé de six miroirs et dont l'efficacité resta toujours assez douteuse), a eu lieu en mai 2000. Dans l'hémisphère sud, le projet *Magellan* a été construit à l'Observatoire Cerro Las Campanas, Chili. Il est constitué de deux télescopes, chacun ayant un diamètre de 6,5 mètres, pouvant travailler en synthèse d'ouverture. Le premier télescope, nommé Walter Baade, a vu sa première lumière en septembre 2000, alors que le second, nommé Landon Clay (encore un généreux donateur), a été mis en fonction en septembre 2002.

Le problème de la masse cachée et la recherche des événements microlensing

L'amélioration des techniques d'investigation de l'Univers apporta également son lot de nouvelles interrogations au cours des années 1980 et 1990. Il apparut en particulier que la matière lumineuse observable dans les galaxies (observée à l'aide de l'ensemble de nos moyens d'investigation) ne correspondait pas du tout à l'ensemble de la matière présente dans l'Univers (déterminée à partir des courbes de rotation des galaxies spirales et des perturbations gravitationnelles existant dans les amas de galaxies, ainsi qu'à l'aide de considérations théoriques), mais, au contraire, n'en représentait qu'une faible partie. Au cours des années 1980, cette énigme fut appelée « problème de la masse manquante » ou « de la masse cachée ». Différentes hypothèses furent proposées afin de donner une réponse correcte à cette question, en particulier l'existence de matière massive non baryonique, la possibilité pour la particule élémentaire appelée « neutrino » d'être affectée d'une masse certes faible mais non nulle, l'existence de naines brunes (astres de masse intermédiaire entre planètes et étoiles pouvant circuler dans les galaxies et dans les halos galactiques).

Afin de pouvoir donner un élément de réponse au problème de la masse manquante, plusieurs expériences au long cours furent mises en œuvre par différentes équipes de recherche. Face à l'impossibilité de mesurer une éventuelle masse pour le neutrino, seule une valeur supérieure pouvait être estimée à cette époque, et suite à l'abandon d'autres hypothèses plus exotiques, l'investigation se dirigea tout naturellement vers la recherche des naines brunes soit par observation directe, soit par certains effets relativistes que ces astres pouvaient occasionner sur des rayonnements lumineux. Les premières observations directes de naines brunes eurent lieu vers la fin 1995, au moment de l'annonce de la découverte d'une planète massive orbitant autour de l'étoile 51 Pegasi. Les masses de ces objets furent estimées par différentes méthodes comme étant un peu inférieures à la limite de 0,08 masse solaire entre planètes et étoiles. Par ailleurs, l'analyse spectrale montra la présence des raies du lithium, élément généralement détruit dans les étoiles du fait des réactions de fusion thermonucléaire. L'existence des naines brunes fut donc clairement prouvée par ces observations directes.

Une analyse théorique avait montré à la fin de la décennie précédente qu'une naine brune passant entre une étoile plus lointaine et un détecteur devait perturber le rayonnement lumineux émis par cette étoile en direction de ce détecteur du fait d'un effet de microlensing, c'est-à-dire une faible amplification du signal lumineux durant quelques semaines selon une courbe épousant la forme d'une gaussienne, avec un maximum de luminosité au moment de la plus courte distance apparente entre la naine brune et l'étoile. Cet effet relativiste était en fait déjà connu à bien plus grande échelle par les mirages gravitationnels occasionnés par des galaxies situées assez près de la ligne de visée de quasars plus lointains.

En 1992 débutèrent trois expériences de détection indirecte de naines brunes utilisant l'effet relativiste de microlensing, en l'occurrence l'Expérience de recherche d'objets sombres (EROS) française qui observa depuis l'Observatoire de La Silla, Chili, avec, tout d'abord, un petit télescope de 40 centimètres d'ouverture (EROS I), puis, entre 1995 et 2003, avec un télescope de 1 mètre d'ouverture (EROS II), l'expérience Massive Compact Halo Object (MACHO) américano-australienne qui travailla depuis l'Observatoire de Siding Spring, Australie, avec un télescope de 1 mètre d'ouverture, et l'expérience Optical Gravitational Lensing Experiment (OGLE) américano-polonaise qui observa depuis l'Observatoire de Las Campanas, Chili, avec, dans un premier temps, un télescope de 1 mètre d'ouverture puis, ensuite, avec un télescope de 1,3 m d'ouverture. Les zones surveillées furent sélectionnées dans des régions du ciel très riches en étoiles, c'est-à-dire la région du centre galactique et celles des deux Nuages de Magellan. Outre la détection d'étoiles variables encore inconnues (céphéides, binaires à éclipses, etc.), ces expériences permirent la mise en évidence indiscutable d'un certain nombre d'événements microlensing, confirmant ainsi l'hypothèse de l'existence de naines brunes dans le halo de notre Galaxie, ainsi que dans la région du disque située entre le centre galactique et le Soleil, sans toutefois donner de solution au problème de la masse manquante, les événements microlensing étant trop rares…

La recherche de vie extraterrestre

L'investigation radioastronomique

En 1960, l'astronome américain Frank Drake, également connu pour être l'auteur de la fameuse équation qui donnait le nombre de civilisations capables de communiquer avec d'autres dans notre Galaxie en fonction de plusieurs paramètres, proposa d'observer de manière continue à la longueur d'onde de 21 centimètres (transition hyperfine de l'électron de l'hydrogène monoatomique neutre) certaines étoiles proches de même type spectral et de même classe de luminosité que le Soleil, dans l'espoir d'y identifier un signal cohérent issu d'une civilisation évoluée capable d'émettre dans le domaine radio. Ce programme initial monocanal, nommé projet OZMA, fut prolongé bon an mal an à l'aide de différents radiotélescopes jusqu'en 1990, et ce, malgré l'absence totale de résultats positifs, plus pour l'engouement du public pour le thème de la vie extraterrestre que pour autre chose. En 1974, dans le cadre du projet OZMA, il fut décidé d'émettre un message cohérent en direction de l'amas globulaire M13 (le treizième objet du célèbre catalogue de Charles Messier) à l'aide du radiotélescope d'Arecibo, selon la stratégie de la bouteille à la mer…

L'amélioration prodigieuse des détecteurs radio pour l'astronomie à la fin des années 1980 permit à différents organismes américains, dont la NASA, le JPL et plusieurs universités, de proposer en 1992, sous l'impulsion d'astronomes comme Paul Horowitz et Frank Drake, plusieurs projets multicanaux qui furent nommés *Search of ExtraTerrestrial Intelligency* (SETI), afin de pouvoir étudier l'émission radio soit du ciel entier, soit d'étoiles de type solaire sur des millions de canaux très voisins les uns des autres pour des longueurs d'onde comprises entre 3 et 30 centimètres. Les trois projets principaux furent cependant stoppés net par le Congrès américain en septembre 1993, pour raison de restriction budgétaire et par incompréhension de l'intérêt que pouvait représenter une telle recherche. Les promoteurs du projet SETI, en particulier Paul Horowitz, Jill Tarter et Frank Drake, ne baissèrent cependant pas les bras, organisant une renaissance du projet (renommé projet *Phœnix*) en Australie dès le début de l'année 1995. Depuis cette date, le radiotélescope de Parkes a trouvé une nouvelle vocation, étant très fréquemment utilisé pour la recherche d'un signal cohérent issu d'une intelligence extraterrestre à l'aide d'un récepteur multicanaux œuvrant en direction d'étoiles de type solaire. Sous l'impulsion de l'astrophysicien Jean Heidmann, la France a également participé à cette renaissance à l'aide du radiotélescope de Nançay équipé d'un récepteur multicanaux équivalent à celui utilisé à Parkes. L'investigation SETI n'a cependant pas porté ses fruits à ce jour, les intelligences extraterrestres paraissant être désespérément muettes...

L'investigation spatiale

Dès le début de l'ère spatiale, il était apparu qu'il était possible d'agir de deux manières très différentes pour essayer d'entrer en contact avec d'autres civilisations évoluées, soit en restant sur Terre et en essayant de communiquer à l'aide des ondes électromagnétiques, soit à l'aide de vaisseaux spatiaux capables de quitter notre environnement proche et d'aller vers ces éventuelles civilisations extraterrestres. Il fut ainsi décidé au sein de la NASA d'utiliser toutes les sondes spatiales quittant notre Système solaire comme des bouteilles jetées à la mer. Les deux sondes *Pioneer 10* et *Pioneer 11* furent chacune équipées d'une gravure montrant deux êtres humains de sexes différents figurés à côté de la sonde stylisée pour donner l'échelle. Les deux sondes *Voyager 1* et *Voyager 2* furent chacune équipées, quant à elles, d'un disque gravé contenant plusieurs messages enregistrés sur Terre, dont les salutations du président américain de l'époque, et des échantillons musicaux sélectionnés parmi les plus beaux jamais composés, d'un lecteur et d'une gravure exposant le même genre de choses que celles des sondes *Pioneer*.

La possibilité d'investigation *in situ* dans notre Système solaire permit l'organisation de programmes d'explorations spatiales axés sur la recherche de vie extraterrestre. La première mission réellement ciblée vers cette recherche de vie extraterrestre fut celle accomplie par les deux landers des sondes *Viking* qui effectuèrent en 1976 une analyse chimique orientée du sol martien, selon un programme établi par l'astrophysicien américain Carl Sagan. Cette investigation est restée unique à ce jour, malgré plusieurs projets parfois très ambitieux. La découverte de la nature de l'atmosphère de Titan, celle d'une éventuelle vie fossile sur Mars et celle de l'existence possible d'un océan liquide sous la croûte de glace recouvrant Europe ont cependant largement relancé l'intérêt d'une telle recherche de vie extraterrestre. L'exploration martienne *in situ* a redémarré en 1997 avec *Mars Pathfinder* et son rover *Sojourner*, puis, depuis début 2004, avec les rovers *Spirit* et *Opportunity*, ce dernier toujours opérationnel à ce jour, et, nettement plus récemment (depuis août 2012), avec le rover *Curiosity*. Une première exploration de Titan a eu lieu le 14 janvier 2005, lorsque le probe européen *Huygens* est entré dans son atmosphère et s'est posé en douceur sur un sol solide, prenant de nombreuses photographies lors de sa descente (découvrant ce qui ressemble beaucoup à un système hydrographique, ou plutôt « méthanographique ») et au niveau du sol, tout en effectuant les premières analyses de son atmosphère *in situ*. Des lacs d'hydrocarbures ont été ensuite découverts et confirmés courant 2006 et début 2007 par la sonde *Cassini* lors de plusieurs survols rapprochés de Titan. L'exploration d'Europe, satellite galiléen de Jupiter recouvert de glace d'eau, a également été sérieusement envisagée par la NASA...

Les années 2005-2012 et au-delà

Investigation in situ

Messenger

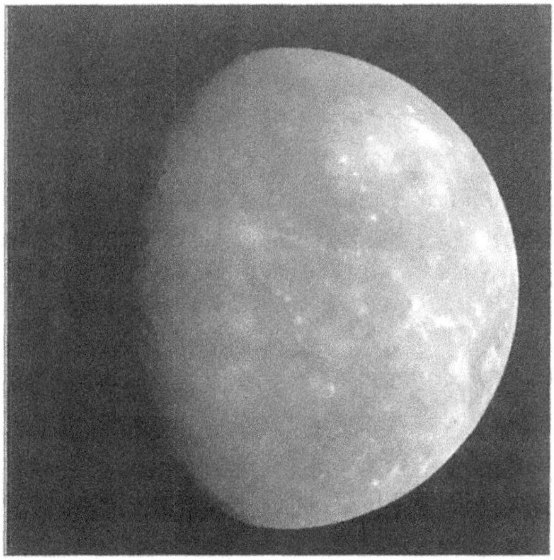

Mercure photographiée par Messenger (Nasa/JPL).

Lancée le 3 août 2004 depuis Cape Canaveral par une fusée *Delta II* en direction de la planète Mercure, la sonde *Messenger* a survolé successivement la Terre le 2 août 2005, Vénus le 24 octobre 2006 et le 5 juin 2007, une première fois Mercure le 14 janvier 2008, une seconde fois le 6 octobre de la même année et une troisième fois le 29 septembre 2009, afin d'utiliser au maximum les propriétés de réaction de gravitation et permettre

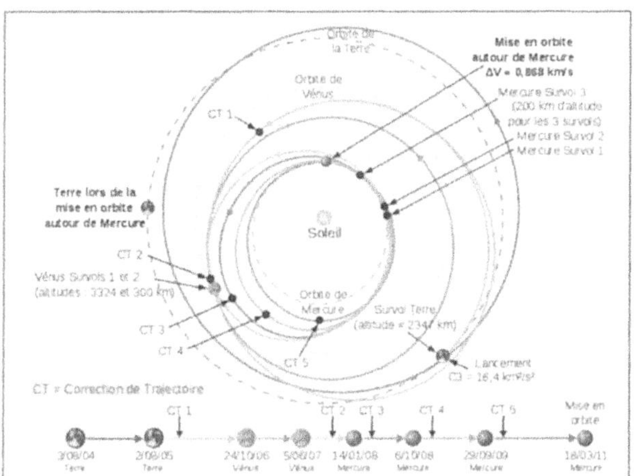

Trajectoire de la sonde Messenger d'exploration de la planète Mercure (Nasa/Mysid, CC).

une mise en orbite autour de Mercure en douceur et peu gourmande en énergie. Première sonde spatiale à être envoyée en direction de Mercure depuis *Mariner 10* en 1974 et 1975, elle s'est satellisée autour de cet astre le 18 mars 2011 afin de pouvoir étudier cette planète très mal connue auparavant. De nombreuses photographies ont été prises depuis lors, en particulier des régions auparavant inconnues qui n'avaient pas été photographiées par *Mariner 10*. La surface de cette planète est maintenant connue à plus que 99 % et la satellisation de *Messenger* a permis la réalisation d'une cartographie globale de la planète la plus intérieure du Système solaire, ainsi que son analyse géologique. Pourra-t-on également répondre à l'irritante question de la présence éventuelle de glace au fond de certains cratères polaires mercuriens ? Cela n'est pas certain...

Mars Reconnaissance Orbiter

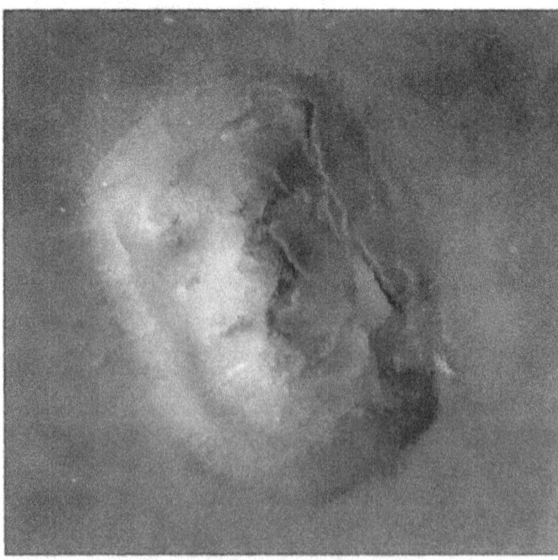

Photographie du pseudo visage de Mars, en réalité une simple colline vue de dessus, prise par le Mars Global Surveyor (Nasa).

Lancée le 12 août 2005 par une fusée *Atlas V*, la sonde *Mars Reconnaissance Orbiter* (ou MRO) s'est satellisée avec succès le 10 mars 2006 selon une orbite fortement elliptique, laquelle a été petit à petit circularisée durant les cinq mois suivants par utilisation de la technique d'aérofreinage déjà expérimentée avec succès par les sondes *Mars Global Surveyor* et *2001 Mars Odyssey*. À partir de novembre 2006, MRO a pu débuter son travail, en l'occurrence l'observation et la cartographie de la surface martienne à haute résolution, à l'aide de la caméra High Resolution Imaging Science Experiment (HiRISE), composée d'un télescope de 50 centimètres d'ouverture, d'un système de trois filtres (bleu-vert, rouge et proche IR) et d'un détecteur CCD. Cette caméra peut atteindre une résolution au sol de 30 centimètres depuis une altitude de 300 kilomètres et permet la prise de vue stéréoscopique d'une structure martienne, soit la mesure de sa hauteur avec une excellente précision. La sonde MRO est également équipée d'autres détecteurs (caméras, spectromètres, radars, etc.). La mission, prévue initialement pour durer deux ans, a été prolongée en vue des excellents résultats obtenus. En particulier, la caméra HiRISE a pu suivre la descente de *Phoenix Mars Mission* le 25 mai 2008, ainsi que celle de *Mars Science Laboratory* (*Curiosity*) le 5 août 2012, et a pu observer directement les rovers *Spirit*, *Opportunity* et *Curiosity* sur le sol martien. Un grand nombre d'informations ont pu être collectées à propos de la géographie et de la géologie de cet astre. Le fameux « visage » martien des tenants du « new age » et autres partisans de la théorie du complot a ainsi perdu toute ressemblance avec une supposée apparence de visage (voir cliché ci-contre).

Phoenix Mars Mission

Lancée le 4 août 2007 depuis Cape Canaveral par une fusée *Delta II*, la mission *Phoenix* a été un grand succès pour la NASA, succès qui a en particulier permis de faire oublier l'échec de *Mars Polar Lander*, perdu lors de son atterrissage en décembre 1999. Composée d'un unique lander, la sonde s'est posée de façon nominale le 25 mai 2008 sur le sol martien gelé d'une région polaire nord de la planète rouge. À l'aide du bras robotisé articulé de la sonde, des tranchées ont pu être creusées dans le sol et une matière blanche, très probablement de la glace d'eau, a pu être mise en évidence. Le 31 juillet 2008, *Phoenix* a pu finalement confirmer la présence d'eau gelée à l'aide d'échantillons insérés dans son analyseur de matière. Le sol martien a été plus généralement analysé à l'aide d'un petit four et d'un spectromètre de masse. De nombreuses photographies du paysage martien ont été également acquises. Une station météorologique était également incluse pour suivre l'évolution du climat polaire en automne martien. La sonde a cessé d'émettre en novembre 2008, suite aux rigueurs du climat polaire et du manque d'ensoleillement des régions de haute latitude à la fin de l'automne martien.

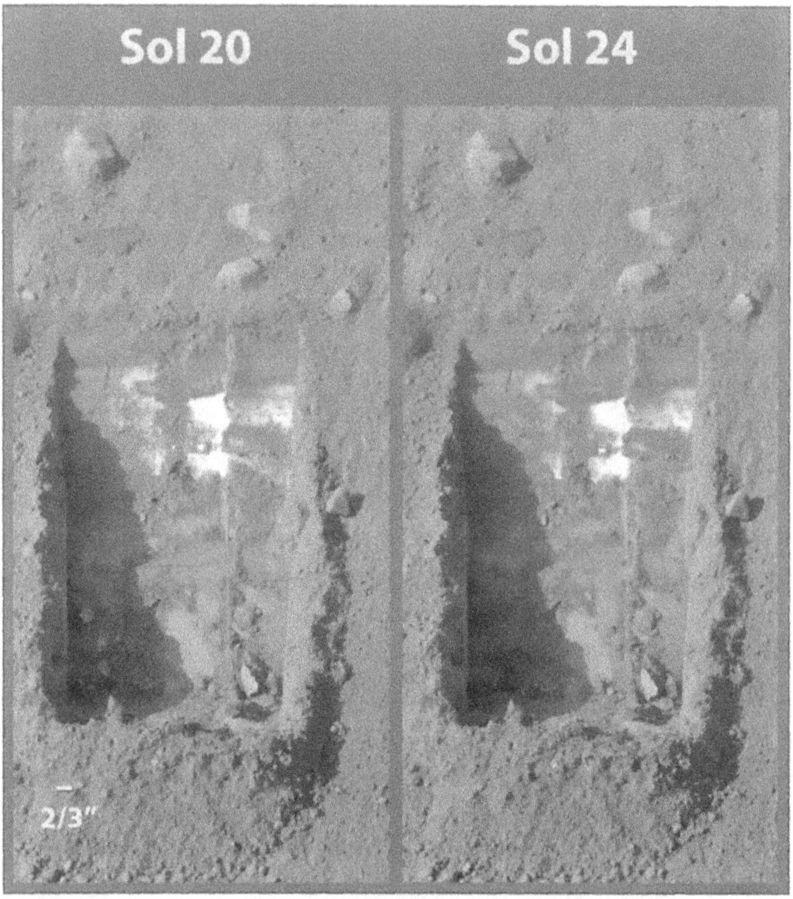

Glace d'eau sur Mars, 21 juin 2008 (Phoenix Mars Mission) (Nasa).

Rosetta

La sonde *Rosetta*, baptisée ainsi d'après la fameuse pierre de Rosette, a été construite par l'Agence spatiale européenne (ESA) et lancée le 2 mars 2004 par une fusée *Ariane V G+* en direction de la comète Churyumov-Gerasimenko, objectif qui ne sera atteint qu'en mai 2014, après trois survols de la Terre et un de Mars, ainsi que deux d'astéroïdes de la Ceinture principale, afin de profiter au maximum de l'effet de réaction de gravitation. La sonde a été mise en hibernation entre mai 2011 et janvier 2014, après avoir survolé le second astéroïde. Après avoir été réveillée, elle se satellisera autour de la comète Churyumov-Gerasimenko, puis larguera en novembre 2014 un lander nommé *Philae*, du nom de l'obélisque du temple égyptien de Philae qui, en complément de la pierre de Rosette, permit de déchiffrer l'écriture hiéroglyphique. L'orbiter sera chargé d'effectuer une cartographie précise du noyau cométaire et de trouver le terrain idéal pour le lander. Il relayera également vers la Terre les informations envoyées par ce dernier, dont la mission principale sera d'étudier la composition chimique de la surface et des couches superficielles de cet astre. Après cet événement phare de la mission, entre novembre 2014 et décembre 2015, la sonde *Rosetta* accompagnera la comète dans son mouvement d'approche au Soleil, afin d'observer de près les mécanismes de sublimation des gaz et des poussières donnant naissance à la chevelure et aux queues...

New Horizons

Lancée le 19 janvier 2006 depuis Cape Canaveral en direction de la planète naine Pluton par une fusée *Atlas V*, la sonde spatiale *New Horizons* a survolé la planète Jupiter le 28 février 2007, ce qui lui a permis d'augmenter notablement sa vitesse de croisière. La sonde est maintenant en route pour Pluton, qui ne sera cependant atteint que le 14 juillet 2015, en raison du grand éloignement de cet astre. La sonde est équipée de divers spectromètres et autres analyseurs de poussières, ainsi que d'un système télescope plus caméra qui permettra de faire une cartographie précise de Pluton et de son principal satellite Charon. Cette sonde spatiale est par ailleurs la plus rapide jamais lancée à ce jour. Il est également à noter que la mission *New Horizons* fait suite à plusieurs projets avortés de mission plutonienne, depuis le renoncement du survol de cet astre par l'une des deux sondes *Voyager*...

Retour vers la Lune

Le Japon, la Chine et l'Inde ont développé ces dernières années des sondes lunaires qui ont toutes donné lieu à des grands succès. Après le lancement le 24 janvier 1990 par le Japon du satellite *Hiten* qui sera finalement placé en orbite lunaire le 2 octobre 1991 (cette mission n'a pas été totalement réussie, l'orbiter lunaire *Hagoromo* qui devait effectuer la plus grande partie de la mission ayant été perdu), la sonde *Selene* (*Kaguya*) a été lancée le 14 septembre 2007 pour étudier l'environnement lunaire et le champ de gravité de notre satellite. Placée sur une orbite lunaire très elliptique le 3 octobre 2007, *Kaguya* a fini par rejoindre le 19 octobre 2007 une orbite circulaire à 100 kilomètres d'altitude. Cette sonde a été équipée de différents instruments de mesure, dont deux caméras photographiques (grand champ et téléobjectif), alors que deux sous-satellites, *Okina* et *Ouna*, ont été largués avec succès afin de pouvoir observer la surface lunaire en VLBI. Après avoir envoyé cette sonde heurter la surface lunaire, à l'instar de la précédente, l'agence spatiale japonaise étudie maintenant le lancement d'une sonde lunaire *Selene 2*, un lander qui pourrait se poser près d'un pôle lunaire autour de 2017.

La Chine a également décidé de se lancer dans l'exploration lunaire. Une première sonde, appelée *Chang'e 1*, a été lancée le 24 octobre 2007, et placée en orbite lunaire quelques jours plus tard, dans le cadre d'un programme très élaboré qui devrait permettre à des citoyens chinois de fouler le sol de notre satellite dans quelques années. La mission de cette sonde était d'effectuer une analyse géologique du sol lunaire, ainsi qu'une étude des abondances d'un certain nombre d'éléments chimiques, en particulier de celle d'un isotope rare de l'hélium. Une étude de l'environnement lunaire a également été effectuée par cette sonde spatiale qui a terminé sa vie par un impact à la surface de l'astre des nuits, à l'instar des deux sondes japonaises. De son côté, l'Inde a également développé une sonde lunaire qui a été appelée *Chandrayaan 1* et qui a été lancée le 22 octobre 2008 et satellisé autour de la Lune le 8 novembre 2008. Cette sonde, qui a été finalement placée sur une orbite polaire, a largué un impacteur lunaire qui s'est écrasé au fond d'un cratère polaire le 14 novembre 2008.

Les États-Unis ne pouvaient pas laisser les pays asiatiques occuper le terrain de la conquête lunaire sans réagir. Lancée le 18 juin 2009 depuis Cape Canaveral par une fusée *Atlas V*, la sonde *Lunar Reconnaissance Orbiter* (LRO) a été satellisée autour de la Lune le 23 du même mois. La sonde LRO a été équipée de différents détecteurs, dont une caméra à haute résolution (télescope + et détecteur) qui doit permettre de sélectionner de futurs sites d'alunissage potentiels et, accessoirement, de photographier les sites d'alunissage des missions *Apollo*. La recherche de la glace au fond de certains cratères polaires est également une priorité de LRO, amenée à travailler le 21 août 2009 en symbiose avec la sonde *Chandrayaan 1*, laquelle émettait un signal radar vers la surface lunaire, dont l'écho était reçu par un détecteur de LRO. Le lancement de LRO a également permis d'envoyer l'impacteur *Lunar Crater Observation and Sensing Satellite* (LCROSS) en direction de la Lune selon une orbite beaucoup plus compliquée qui a permis à ce dernier de heurter la surface lunaire au niveau du pôle sud le 9 octobre 2009, alors que LRO était au-dessus de l'horizon et pouvait observer l'impact...

Dawn

Lancée le 27 septembre 2007 depuis Cape Canaveral par une fusée *Delta II*, la sonde *Dawn* est actuellement en route vers l'astéroïde Cérès, après une année entière passée en orbite autour de l'astéroïde Vesta. Cette sonde spatiale a été équipée d'un moteur ionique qui a fonctionné durant une partie substantielle du voyage, ce qui lui a permis d'augmenter sa vitesse de croisière. Le 17 février 2009, un premier survol de la planète Mars lui a également permis d'acquérir un surplus de vitesse afin de pouvoir atteindre sa première cible et de se mettre en orbite autour de Vesta le 15 juillet 2011. La mission de *Dawn* a alors consisté à tourner autour de cet astre durant plus d'un an afin de pouvoir le photographier en détail et étudier ses caractéristiques géologiques. Elle l'a quitté le 4 septembre 2012 afin de pouvoir rejoindre l'astéroïde Cérès en février 2015 et répéter la même opération pour cet astre afin de l'étudier jusqu'en juillet 2015. Il est également possible que, dans le cas où tout irait bien, d'autres asté-

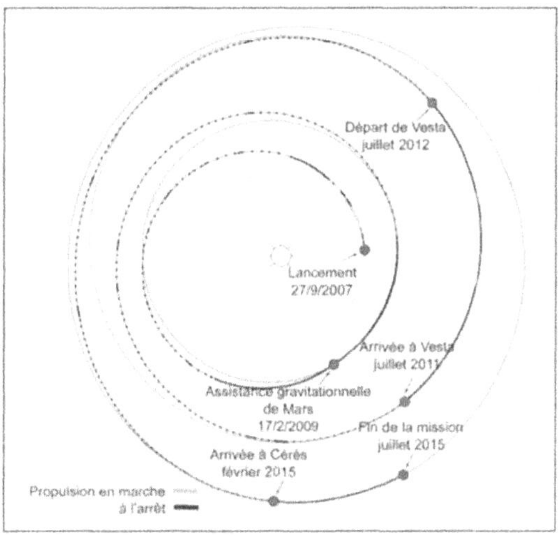

Trajectoire de la sonde Dawn durant sa mission de 8 ans. Les lignes continues représentent les orbites de la Terre, Mars, Vesta et Cérès (Nasa, CC).

roïdes deviennent à leur tour des cibles potentielles pour cette sonde spatiale. L'idée est bien sûr de pouvoir étudier durant des mois la géologie de corps célestes très anciens qui datent de la formation du Système solaire et qui ont peu évolué depuis lors...

Juno

La sonde *Juno* a été lancée le 5 août 2011 par une fusée *Atlas V* en direction de Jupiter, qu'elle devrait atteindre en juillet 2016, à la suite d'un survol de la Terre en octobre 2013, afin d'acquérir une vitesse suffisante pour pouvoir atteindre sa cible finale. Sa mission principale sera d'améliorer notre connaissance des origines du Système solaire par l'étude de l'origine et de l'évolution de Jupiter. Plus spécifiquement, Juno va déterminer la quantité d'eau présente dans l'atmosphère de Jupiter – afin de nous aider à sélectionner la meilleure théorie de la formation des planètes (ou à savoir si de nouvelles théories seraient nécessaires) –, va regarder en profondeur dans l'atmosphère de Jupiter pour mesurer sa composition, sa température, les mouvements des nuages et autres propriétés, va cartographier le champ magnétique et le champ gravitationnel de Jupiter, afin de révéler la structure profonde de la planète, et finalement va explorer et étudier la magnétosphère jovienne proche des pôles, et spécialement les aurores, ce qui nous procurera une nouvelle compréhension de comment les forces induites par l'intense champ magnétique de la planète affectent son atmosphère.

Mars Science Laboratory

Lancé par une fusée *Atlas V* le 26 novembre 2011, *Mars Science Laboratory* (MSL), baptisé *Curiosity*, est un robot mobile (rover) de la NASA qui s'est posé à la surface de la planète rouge le 5 août 2012 et qui a débuté une exploration intensive de sa surface. Le rover a été conçu pour remplir quatre objectifs, déterminer si la vie a pu exister sur la planète Mars, caractériser son climat, caractériser sa géologie, préparer l'exploration humaine de la planète rouge. D'une masse de 775 kilogrammes, dont 70 kilogrammes d'instruments, et monté sur six roues, il a été équipé de multiples expériences et autres détecteurs, dont plusieurs caméras à

Curiosity (Nasa/JPL-Caltech).

haute définition, de même que des analyseurs de sol pour étudier la géologie martienne et l'éventuelle présence de composants organiques, voire de vie fossile dans le cas où une telle vie aurait vraiment existé. Les échantillons sont collectés par un bras articulé, comme dans le cas de *Phoenix*...

Les nouveaux télescopes spatiaux

Stereo

Lancés le 26 octobre 2006 depuis Cape Canaveral par une fusée *Delta II*, les deux satellites *Solar Terrestrial Relations Observatory* (*Stereo*) ont été placés sur deux orbites solaires quelque peu différentes à l'aide de réactions de gravitation avec la Lune. L'un (*Stereo A*, pour *ahead*) a été placé sur une orbite légèrement intérieure à celle de la Terre alors que l'autre (*Stereo B*, pour *behind*) a été injecté sur une orbite légèrement extérieure à celle de la Terre. *Stereo A* tourne donc autour du Soleil un peu plus rapidement que la Terre, alors que *Stereo B* tourne un peu moins rapidement que celle-ci autour de l'astre du jour. Ceci fait que l'angle de séparation entre les deux satellites croît lentement avec le temps. Cette configuration très particulière permet ainsi une observation stéréoscopique du Soleil, les deux vaisseaux spatiaux étant équipés des mêmes caméras

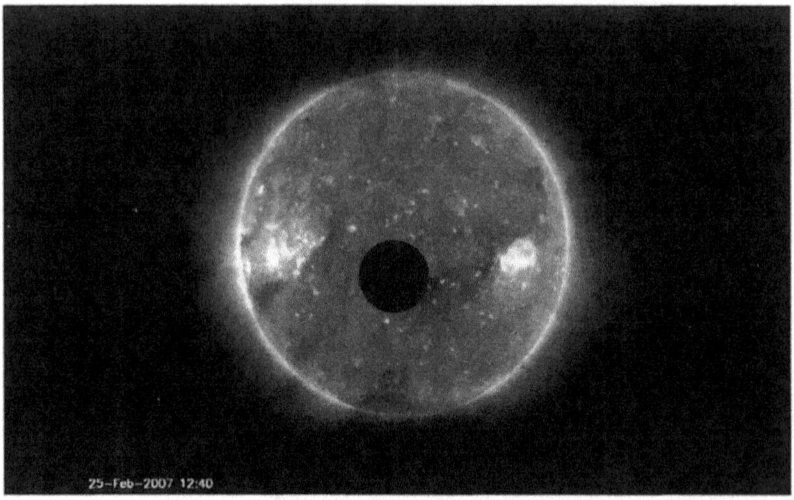

Transit lunaire vu par Stereo (STEREO Project, NASA).

(cinq au total, donc une caméra sensible dans l'extrême ultraviolet et deux coronographes) et trois autres instruments de mesure principaux (étude des particules énergétiques issues du Soleil, analyseur de plasma, détecteur radio). *Stereo A* étant plus proche du Soleil que son jumeau, il a bien sûr fallu corriger les résultats obtenus en tenant compte de cet effet. Par ailleurs, au début de son long voyage, *Stereo B* a pu observer un transit lunaire devant le disque solaire (voir photographie ci-dessus)...

Corot

Le satellite français *Corot* (Convection Rotation and Planetary Transits) a été lancé le 27 décembre 2006 par un lanceur russe *Soyouz 2.1b* depuis Baïkonour et placé sur une orbite polaire. Équipé d'un télescope de 30 centimètres d'ouverture et d'une caméra numérique à grand champ, il a eu sa première lumière le 17 janvier 2007. Sa mission consiste à sonder 120000 étoiles dans le disque de la Voie lactée en vue, premièrement, de l'étude de la sismologie stellaire (ou astérosismologie) et, deuxièmement, de la recherche de planètes extrasolaires par d'éventuels transits sur le disque de leurs étoiles. Plusieurs exoplanètes ont ainsi été découvertes, en particulier plusieurs planètes géantes et une autre clairement tellurique, alors que d'autres sont suspectées et attendent une confirmation à l'aide d'observations au sol. La mission de *Corot*, qui devait encore durer plusieurs années, a été interrompue en novembre 2012 par un problème technique insurmontable au niveau informatique, provoquant l'arrêt complet des observations...

Kepler

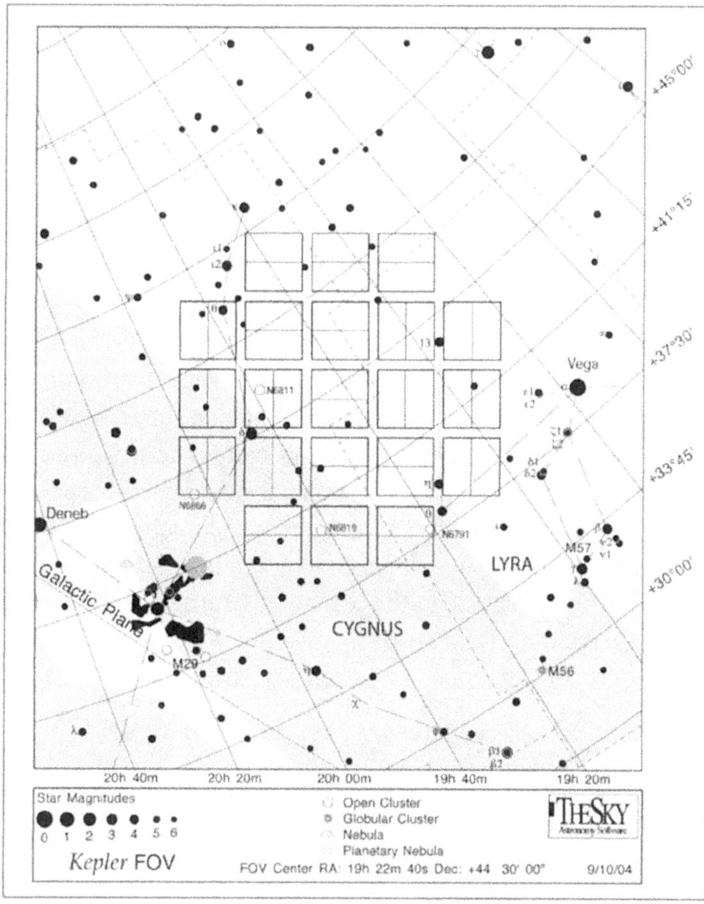

Champ étudié par Kepler (Nasa/Ames/JPL-Caltech, Software Bisque).

Lancée le 7 mars 2009 depuis Cape Canaveral par une fusée *Delta II*, la mission *Kepler* a été conçue dans le même but que celui de *Corot*, en l'occurrence la recherche de planètes extrasolaires par la méthode des transits. Le satellite a été placé en orbite solaire pour ne pas recevoir de perturbations gravitationnelles de la part de la Terre. Équipé d'un télescope de Schmidt de 1,4 mètre de diamètre pour le miroir et de 0,95 mètre de diamètre pour la lame de Schmidt, ainsi que d'un détecteur complexe, le satellite a obtenu ses premières images le 7 avril 2009, mais deux mois supplémentaires ont été en fait nécessaires pour pouvoir améliorer la qualité des images au niveau du plan focal. *Kepler* a été programmé pour observer toujours le même champ, composé d'environ 100 000 étoiles, et situé aux confins des constellations de la Lyre et du Cygne, proche du disque de la Voie lactée. Alors que la mission avait été prévue pour durer trois ans et demi, la sonde est toujours opérationelle à ce jour, malgré quelques problèmes techniques...

Herschel

Lancé en même temps que le satellite *Planck* le 14 mai 2009 depuis Kourou par une fusée *Ariane V*, le satellite *Herschel* est à ce jour le télescope spatial de plus grand diamètre en orbite. Équipé d'un miroir de 3,5 mètres et d'un détecteur refroidi à l'hélium liquide superfluide, il a été conçu pour observer le ciel dans l'infrarouge lointain, à partir de 80 μm, et dans le submillimétrique. Il a été placé sur une orbite en forme de courbe de Lissajous autour du point de Lagrange L2, soit au-delà de la Terre, afin de ne pas souffrir des changements de température liés au mouvement orbital autour de la Terre. Il a été possible de l'utiliser de manière optimale jusqu'au début de l'année 2013.

WMAP et Planck

Le satellite *Planck*, lancé en même temps que *Herschel*, a été plus spécialement dévolu à l'étude de la radiation cosmologique de fond de ciel et son anisotropie mise en évidence par COBE dès 1990 et confirmée par WMAP (*Wilkinson Microwave Anisotropy Probe*). Ce dernier satellite a été lancé le 30 juin 2001 par une fusée *Delta II* depuis Cape Canaveral. Placé, comme *Herschel* et *Planck* sur une orbite en forme de courbe de Lissajous autour du point de Lagrange L2, il a permis de mesurer de manière assez précise l'âge de l'Univers selon le modèle du Big Bang, soit 13,73 ± 0,12 milliard d'années, ainsi que la valeur de la constante de

Hubble $H_0 = 70{,}5 \pm 1{,}3$ km·s^{-1}·Mpc^{-1}. Selon les observations effectuées par WMAP, il n'y aurait que 4,56 % ± 0,15 % de matière ordinaire (baryonique) dans notre Univers, 22,8 % ± 1,3 % de matière « cachée » ou « noire » invisible, car n'émettant pas de rayonnement et n'en absorbant aucun, et 72,6 % ± 1,5 % de supposée énergie « noire » (!?), terme ésotérique qui ne signifie toujours pas grand-chose à ce jour. Le satellite *Planck* a été lancé pour améliorer ces valeurs et vérifier l'anisotropie du rayonnement fossile. Placé autour du point de Lagrange L2 sur une orbite en forme de courbe de Lissajous, il est toujours en cours d'utilisation à ce jour.

APEX et le projet ALMA

Inaugurée le 1er octobre 2005, l'expérience APEX (Atacama Pathfinder Experiment) consiste en un radiotélescope de 12 mètres de diamètre conçu pour observer dans les longueurs d'onde millimétriques et submillimétriques, ce qui en fait à l'heure actuelle l'une des plus grandes antennes de l'hémisphère sud observant dans le domaine des longueurs d'onde submillimétriques. Cet instrument permet de fait l'ouverture d'une fenêtre sur l'Univers froid, poussiéreux et lointain. Cependant, sachant que les faibles signaux en provenance de l'espace lointain sont, en grande partie, absorbés par la vapeur d'eau de l'atmosphère terrestre, il a fallu choisir un site d'exception pour installer cette antenne, en l'occurrence le haut plateau andin de Chajnantor, à 5 100 mètres d'altitude et localisé au nord du Chili, cette région étant l'une des plus sèches du monde et donc idéale pour ce type d'instrument. APEX est équipé d'une série d'instruments mis à disposition des astronomes, dont le plus important est une grande caméra bolométrique appelée LABOCA (Large APEX Bolometer Camera), qui utilise un ensemble de bolomètres (des thermomètres ultrasensibles) pour détecter la lumière submillimétrique. Avec près de 300 pixels, c'est la plus grande caméra de ce type au monde. Pour pouvoir détecter les plus infimes variations de température dues à la faible radiation submillimétrique, on refroidit les thermomètres à moins de 0,3 degré Kelvin, un glacial -272,85 degrés Celsius. La haute sensibilité de LABOCA et son large champ ($^1/_3$ du diamètre de la pleine Lune) en font un outil inestimable pour visualiser l'Univers submillimétrique.

APEX a ouvert la voie au projet ALMA (Atacama Large Millimeter/ Submillimeter Array), construit au même endroit par un groupe de partenaires internationaux. Inauguré en mars 2013, ALMA est un nouveau télescope de conception révolutionnaire, composé de 66 antennes de haute précision opérant dans la gamme de longueurs d'onde de 0,3 à 9,6 mm. Le réseau principal comporte 50 antennes de 12 mètres de diamètre, utilisées ensemble en mode interférométrique. Un réseau compact composé de 4 antennes de 12 mètres de diamètre et de 12 antennes de 7 mètres de diamètre a été conçu pour pouvoir le compléter. Les antennes peuvent être déplacées sur le plateau désertique sur des distances allant de 150 mètres à 16 kilomètres, donnant à ALMA une formidable capacité observationnelle. ALMA peut maintenant scruter l'Univers aux longueurs d'onde submillimétriques et millimétriques avec une sensibilité et un pouvoir de séparation angulaire inégalés.

Les projets de télescopes de très grande ouverture à l'horizon 2020

L'analyse des besoins futurs de la recherche en astrophysique et en cosmologie a montré que les objectifs scientifiques des prochaines décennies nécessiteront des télescopes d'au moins 30 mètres de diamètre, placés à la surface terrestre. De tels instruments très puissants et sensibles dans les domaines du visible et du proche infrarouge viendraient harmonieusement compléter la nouvelle fenêtre ouverte dans l'infrarouge plus lointain par le futur télescope spatial de nouvelle génération, le Next Generation Space Telescope (NGST). Le potentiel de nouvelles découvertes scientifiques fondamentales de ces télescopes de très grands diamètres, entre 30 et 100 mètres, serait énorme, à tel point que la réalisation d'un tel instrument, dont les performances ne seraient limitées que par la diffraction, pourrait bien révolutionner les connaissances en astronomie, voire changer la vision globale de notre Univers et son évolution.

Au début du XXIe siècle, il existait plusieurs projets de réalisation de télescopes de taille gigantesque, les Extremely Large Telescope (ELT). Ces instruments révolutionnaires seraient tous placés à la surface terrestre, et non pas en orbite terrestre ou sur la surface lunaire, afin d'éviter les coûts exorbitants qu'impliquerait l'installation dans l'espace d'un

Le Thirty-Meter Telescope, Courtesy TMT Observatory Corporation.

grand télescope. Prévus pour être mis en fonction autour de 2020, voire de 2030, ces télescopes gigantesques utiliseraient les acquis des années 1990, en particulier la segmentation des miroirs, l'optique active, l'optique adaptative et les caméras CCD de très grande taille.

Le premier de ces très ambitieux projets était le *Thirty-Meter Telescope Project* (TMT), anciennement nommé « California Extremely Large Telescope » (CELT). Étudié dans le cadre d'une collaboration entre l'Université de Californie et le California Institute of Technology (CalTech), il consisterait en la construction d'un très grand télescope sur un site exceptionnel (très probablement au sommet du Mauna Kea, Hawaii), équipé d'un miroir segmenté de 30 mètres de diamètre, équipé de toute l'instrumentation nécessaire. Il serait spécialement dévolu à l'observation astronomique dans les longueurs d'onde des domaines visible et infrarouge.

Le second projet, également américain et qui a maintenant apparemment fusionné avec le précédent, concernait la possible construction du Maximum Aperture Telescope (MAXAT), appelé également le « Giant Segmented Mirror Telescope » (GSMT), par l'Association of Universities for Research in Astronomy (AURA) qui dirigeait déjà les Observatoires de Kitt Peak et de Cerro Tololo, ainsi que les deux télescopes du projet *Gemini*. Sa taille serait comprise entre 30 et 50 mètres, ce qui en ferait un concurrent direct pour le TMT, et il serait construit quelque part à la surface de notre planète (Hawaii ?).

Proposé par un groupe de recherche de l'Observatoire de Lund, Suède, le troisième projet de très grand télescope, l'Euro50 (anciennement Swedish 50 m Optical Telescope), a été mené par un consortium réunissant cinq pays d'Europe, la Finlande, l'Irlande, l'Espagne, la Suède et le Royaume-Uni, pour un instrument de 50 mètres de diamètre avec un miroir segmenté primaire asphérique et équipé d'une optique adaptative de pointe. Il aurait été installé à l'Observatoire de La Palma, îles Canaries. L'idée de créer un consortium pour mener à bien ce projet aurait peut-être permis de le faire émerger plus rapidement que le précédent…

Un autre projet encore plus flou, le Extremely Large Telescope (ELT) de 29 mètres d'ouverture, a également été proposé par des chercheurs de l'Observatoire McDonald de l'Université du Texas à Austin, mais est resté jusqu'à présent sans suite tangible, alors qu'un groupe canadien a proposé le concept d'un Very Large Optical Telescope for Canada (VLOT = XLT = Extremely Large Telescope) qui remplacerait à terme le télescope franco-canadien Hawaii de 3,6 m d'ouverture. Mais ce projet a été abandonné face aux coûts énormes…

Imaginé par des ingénieurs et des astronomes européens de l'ESO, le 100-m OWL Telescope, l'acronyme OWL signifiant « OverWhelmingly Large ou Observatory at World Level », restait en 2005 le projet de loin le plus ambitieux et le plus avancé pour un instrument de type ELT (Extremely Large Telescope). D'un diamètre de 100 mètres, le télescope OWL (ce mot signifie « chouette » en anglais, animal dont la vision nocturne est très perçante) avait été conçu pour être totalement gouvernable, avec une résolution de un millième de seconde d'arc et une magnitude limite en V d'environ 38. Les études initiales ont été concentrées sur le concept global et ont cherché à identifier les solutions dans le domaine de la correction de la turbulence atmosphérique et de la dispersion des images. Il était à l'époque bien évident que si cet ambitieux projet se concrétisait un jour, cet instrument resterait le plus grand à la surface de notre planète durant une très longue période. Cependant, face au coût exorbitant d'un tel projet que les pays membres ne sont pas actuellement prêts à payer, l'ESO s'est rabattu sur un instrument d'un diamètre un peu plus raisonnable de 60 mètres dans un premier temps, de 42 mètres et maintenant de 39,5 mètres pour le projet actuel de E-ELT (European Extremely Large Telescope) décidé il y a maintenant plusieurs années et toujours en cours d'étude à ce jour…

Le E-ELT (European Extremely Large Telescope), 2009
(Swinburne Astronomy Productions/ESO, CC).

Le Giant Magellan Telescope ([http://www.gmto.org]).

Le dernier projet, le Giant Magellan Telescope (GMT), est à ce jour le plus avancé de tous. Il consiste en la construction d'un télescope altazimutal mono-monture à sept miroirs de 8,4 mètres de diamètre fonctionnant en synthèse d'ouverture, soit une ouverture résultante de plus de

22 mètres. Six des sept miroirs seront hors axe et nécessiteront d'inventer une nouvelle technique de polissage. L'optique adaptative sera bien sûr largement utilisée pour atteindre la résolution théorique d'un tel instrument. Le financement a d'ores et déjà été approuvé et il sera construit sur le site de l'Observatoire de Las Campanas, au Chili.

Il est bien évident que, face aux coûts exorbitants qu'ils représentent, ces projets restent encore tous très hypothétiques à l'heure actuelle, sauf pour celui du GMT, déjà bien avancé...

Vers le futur

Certains projets de recherche en astrophysique des seconde et troisième décennies du XXIe siècle seront très certainement effectués en relation avec l'installation de nouveaux instruments encore plus performants loin de notre planète. Les acquis de l'astronomie spatiale ont en effet clairement montré les incontestables avantages de la surface lunaire pour la recherche en astrophysique, un observatoire lunaire pouvant travailler en permanence dans toutes les longueurs d'onde du spectre électromagnétique, ou ceux de l'espace circumterrestre, depuis une station orbitale ou à l'aide du télescope spatial de nouvelle génération, comme le Next Generation Space Telescope (NGST), d'un diamètre de 8 mètres, qui devrait être satellisé durant la deuxième décennie du siècle. En tout cas, les nouveaux télescopes et les détecteurs de nouvelle génération qui seront employés durant les seconde et troisième décennies du XXIe siècle, voire ensuite, devraient être encore plus performants que leurs aînés et permettre des découvertes de plus en plus pointues sur des objets de plus en plus faibles et lointains, amenant l'émergence de nouvelles théories encore plus fines et plus précises.

Les programmes spatiaux devraient également évoluer vers une plus large présence de l'homme dans l'espace, tant au niveau de l'occupation permanente de l'espace circumterrestre (Station spatiale internationale ISS) qu'au niveau du retour et de l'installation de l'homme sur la Lune, sans parler de la réalisation du premier vol international habité vers Mars, attendu depuis bien longtemps et toujours reporté (on parle maintenant des années 2020 ou 2030, voire dans un futur beaucoup plus lointain !). L'espace deviendra en tout cas une composante essentielle au niveau de la recherche en astrophysique, soit au niveau de l'exploration *in situ*, soit à celui de l'observation à distance...

Que peut-on espérer découvrir de plus ? Probablement un certain nombre de choses attendues, mais également des découvertes totalement inattendues. De la glace au fond de certains cratères polaires de Mercure ? De l'eau liquide sous la croûte glacière d'Europe ? C'est tout à fait possible. Des lacs ou des océans de méthane à la surface de Titan ? Des lacs d'hydrocarbures ont été découverts sur Titan par la sonde *Cassini* en 2006 et ont été confirmés début 2007, mais les océans de méthane n'existent en fait que dans les rêves de certains visionnaires trop optimistes. De la vie extraterrestre ? Peut-être bien, mais très certainement bien d'autres choses, le plus généralement totalement imprévues...

- CONCLUSION -

L'astronomie et l'astrophysique actuelles apparaissent comme les résultats tangibles de plus de cinq mille années d'observations et de recherches menées à pas de fourmi. Le xxe siècle a enfin permis à ces disciplines scientifiques d'atteindre leur plein développement et de couvrir l'ensemble du spectre électromagnétique, grâce à l'essor des techniques et de la recherche spatiale. Il en découle que la connaissance actuelle de l'Univers ne ressemble en rien à la vision qu'en avaient les Anciens. Et pourtant, c'est bien grâce au labeur acharné de ceux-ci, en particulier des philosophes grecs, des copistes médiévaux et des penseurs de la Renaissance, que la perception actuelle de l'Univers et de son évolution a pu naître et atteindre sa plénitude.

Il est toutefois tout à fait remarquable que, pour la première fois depuis l'aube de l'humanité, la description actuelle de l'Univers, bien que très certainement imparfaite, permet enfin de s'affranchir de l'intervention d'un quelconque esprit tutélaire extérieur à l'Univers. Le développement des sciences au cours du xxe siècle, à la suite de plus de deux mille cinq cents ans de réflexion philosophique, d'analyse rationnelle et de recherche scientifique, à partir du xviie siècle, a finalement permis cette évolution tout à fait extraordinaire...

La fin du xxe siècle a vu l'étude scientifique de l'Univers déboucher sur un état de connaissance parfaitement impossible à imaginer au cours des siècles antérieurs. Cet afflux de connaissances nouvelles n'a en fait été possible que par l'introduction de nouvelles techniques de plus en plus performantes et, en particulier, grâce à l'essor de la recherche spatiale. Les télescopes géants, les radiotélescopes et les observatoires spatiaux ont rendu le ciel accessible sur tout le spectre électromagnétique, permettant ainsi l'élaboration de modèles plus sophistiqués et réalistes, afin de pouvoir donner une explication correcte aux observations.

L'histoire de l'astronomie n'est certes pas terminée. De nombreux problèmes restent en suspens, alors que les nouvelles découvertes amènent le plus souvent de questions inédites. Pourra-t-on répondre un jour à toutes les questions que nous pose l'observation de notre Univers ? Probablement pas ! Il paraît presque impossible de pouvoir donner des réponses sûres à de telles interrogations. De quoi seront faites les nouvelles découvertes des temps futurs ? Cette interrogation semble également devoir rester sans réponse. Il est cependant certain que la recherche en astrophysique continuera au cours du XXIe siècle et certainement au-delà, débouchant très probablement sur des concepts tout à fait nouveaux, voire révolutionnaires.

Même si la prudence reste toujours de rigueur, la porte est donc largement ouverte à toutes les espérances, les plus sages comme les plus folles, en ce XXIe siècle débutant…

―REMERCIEMENTS―

Ce travail n'aurait certes pas été possible sans l'aide de nombreuses personnes, ainsi que de plusieurs dizaines d'ouvrages cités en bibliographie. Parmi tous ceux qui ont contribué à l'avancement de ce travail, l'auteur tient particulièrement à remercier Jean-Pierre Verdet pour son inépuisable érudition et ses précieux conseils, Pierre Léna pour ses encouragements constants et répétés, Marcel Golay et Bernard Nicolet pour leur gentillesse et leur patience, Hilmar Duerbeck pour son aide efficace, ainsi que tous ceux qui lui ont donné de nombreuses pistes pour des recherches biographiques parfois difficiles. Citons ici Antoine Labeyrie, Yvon Georgelin, Françoise Launay, Emmanuel Davoust, Denis Savoie, Ralph Alpher, Gene Milone, Dirk Ter Haar, Robert McNaught, David Levy et bien d'autres qui ont répondu à des questions souvent assez pointues. Le réseau World Wide Web (Internet) a également été d'un précieux secours, en particulier les serveurs astronomiques de nombreux observatoires, de l'Institut d'astrophysique de Paris, de l'Institut de mécanique céleste et de Sky Publishing Corporation.

L'auteur tient également à chaleureusement remercier les Éditions Burillier qui ont assuré la réalisation et la diffusion de la première édition en décembre 2000, ainsi que Nouveau Monde éditions qui font maintenant de même pour cette nouvelle édition revue, corrigée et augmentée, cette dernière étant devenue nécessaire, après plus de dix années écoulées étoffées de nombreuses découvertes et des progrès enregistrés dans le savoir astronomique, tant théorique qu'observationnel, et les techniques spatiales.

Enfin, ce livre ne saurait avoir été publié dans sa deuxième édition française sans une lecture critique effectuée par Guillaume Blanchard, que l'auteur tient spécialement à remercier ici, et qui a permis une amélioration substantielle de l'ouvrage.

- BIBLIOGRAPHIE -

« L'Astronomie dans l'Antiquité classique », *Actes du colloque de Toulouse du 21-23 octobre 1977*, Paris, Les Belles Lettres, 1979.

François Roddier (ed.), *Adaptive Optics in Astronomy, Cambridge University Press, 1999.*

C. W. Allen, *Astrophysical Quantities*, The Athone Press, Université de Londres, 3e édition, 1973.

R. H. Allen, *Star Names, Their Lore and Meaning*, New York, Dover Publications, [1899] 1963.

Aristote, *Métaphysique*, bibliothèque des textes philosophiques, Paris, Librairie Philosophique Vrin, 2 volumes, 1991.

Aristote, *Physique*, Collection des Universités de France, Paris, Les Belles Lettres, 2 volumes, 1926.

Aristote, *Traité du Ciel*, Collection des Universités de France, Paris, Les Belles Lettres, 1965.

Astronomie, Les Dictionnaires du savoir moderne, Bibliothèque de Centre d'étude et de Promotion de la Lecture, Loss-lez-Lille, Petits-Fils de L. Danel, 1973.

J.-C. Pecker (dir.), *Astronomie Flammarion*, Paris, Flammarion, 2 volumes, 1985.

A. Baranne, F. Launay, « Cassegrain : Un célèbre inconnu de l'astronomie instrumentale », *Journal of Optics*, n° 28, 1997, p. 158-172.

J. Bennett, M. Cooper, M. Hunter, L. Jardine, *London's Leonardo. The life and work of Robert Hooke*, Oxford University Press, 2003.

G. Blanchard, « Mark Serrurier : Un illustre inconnu », *L'Astronomie*, n° 116, 2002, p. 20-23.

G. Blanchard, « Les correcteurs de champ pour télescope de Newton », *L'Astronomie*, n° 117, p. 78-81, 206-213, 2003.

M. Blay, R. Halleux (dir.), *La Science classique. XVIe-XVIIIe siècle. Dictionnaire critique*, Flammarion, Paris, 1998.

A. Bouché-Leclerq, *L'Astrologie grecque*, Bruxelles, [1963] 1899.

E. Bréhier, *Histoire de la philosophie. Tome I : Antiquité et Moyen Âge*, Nouvelle édition, Paris, Presses Universitaires de France, 1981 ; 7e édition, « Quadrige », Presses Universitaires de France, 1994.

E. Bréhier, *Histoire de la philosophie. Tome II : XVIIe-XVIIIe siècles*, Paris, Presses Universitaires de France, Nouvelle édition, 1981, PUF ; 6e édition, « Quadrige », Presses Universitaires de France, 1993.

E. Bréhier, *Histoire de la philosophie. Tome III : XIXe-XXe siècles*, 1re édition, Presses Universitaires de France, Paris, 1994 ; 6e édition, « Quadrige », Presses Universitaires de France. 1964.

R. Jr. Burnham, *Burnham's Celestial Handbook, an Observer's Guide to the Universe beyond the Solar System*, édition revue et augmentée, New York, Dover Publications, [1966] 1978.

P. Busco, *Les Cosmogonies modernes et la théorie de la connaissance*, Thèse de doctorat ès lettres, Paris, Presses Universitraires de France, 1924.

R. Cartier, S. Groueff, J.-P. Cartier, *L'Homme et le cosmos*, Paris, « Maîtrise du Monde », Larousse, 1975.

L. M. Celnikier, *Histoire de l'astronomie*, Paris, « Petite Collection d'Histoire des Sciences », Technique et Documentation Lavoisier, 1986.

P. Couderc, *Les Étapes de l'astronomie*, « Que sais-je ? » n° 165, Paris, Presses Universitaires de France, 1945.

A. Danjon, *Astronomie générale*, 2e édition, Paris, J. & R. Sennac, 1959.

A. Danjon, A. Couder, *Lunettes et télescopes*, Paris, Librairie A. Blanchard, [1935] 1979.

E. Davoust, J. Damiens, « Histoire de l'Observatoire du Pic du Midi », *La Météorologie*, numéro spécial, 8e série, avril 1995, p. 22-27.

M. Golay (dir.), *De la détermination de l'heure à l'astrophysique spatiale*, Genève, Mémoire de la Société de Physique et d'Histoire Naturelle de Genève, volume 45, fascicule 3, 1990.

J.-B. Delambre, *Histoire de l'astronomie ancienne*, Paris, Mme Ve Courcier, Imprimeur-Libraire pour les Sciences, 2 volumes, 1817.

J.-B. Delambre, *Histoire de l'astronomie du Moyen Âge*, Paris, Mme Ve Courcier, Imprimeur-Libraire pour les Sciences, 1819.

J.-B. Delambre, *Histoire de l'astronomie moderne*, Paris, Bachelier (successeur de Mme Ve Courcier), Libraire pour les Mathématiques, 2 volumes, 1821, 1827.

J. Demaret, D. Lambert, *Le Principe anthropique. L'Homme est-il le centre de l'Univers ?*, Collection « S », Paris, Armand Colin, 1994.

P. de la Cotardière (dir.), *Dictionnaire de l'astronomie*, Larousse, Paris, 1987.

Dictionary of Scientific Biography, Scribner, New York, 1970.

Diogène Laërce, *Vie, doctrine et sentences des philosophes illustres*, Paris, Garnier Frères Flammarion, 2 volumes, 1965.

J. L. E. Dreyer, *A History of Astronomy from Thales to Kepler*, New York, Dover, 1953.

A. Ducrocq, *À la recherche d'une vie sur Mars*, Paris, Flammarion, 1976.

P. Duhem, *Le Système du monde. Histoire des doctrines cosmologiques de Platon à Copernic*, Paris, Hermann, 10 volumes, 1913-1959.

P. Duhem, *Sôzein ta phainomena. Essai sur la notion de théorie physique de Platon à Galilée*, Paris, Librairie philosophique Vrin, [1908] 1990.

M. Serres (dir.), *Éléments d'histoire des sciences*, 1989, « Cultures », Paris, Bordas.

Encyclopédie scientifique de l'Univers : Les étoiles, le Système solaire, Paris, Bureau des Longitudes, 1979.

« La Galaxie, l'Univers extragalactique », *Encyclopédie scientifique de l'Univers*, Paris, Bureau des Longitudes, 1980.

V. P. Glouchko, *Encyclopédie soviétique de l'astronautique mondiale*, éditions Mir, Moscou, 1970.

R. Ferlet, *La Formation des planètes*, Paris, Larousse, 1994.

T. Ferries, *Galaxies*, London, Thames and Hudson, 1980.

C. Flammarion, *Astronomie populaire*, Paris, G. Marpon & E. Flammarion éditeurs, 1880.

C. Flammarion, *Les Étoiles et les curiosités du ciel*, G. Marpon & E. Flammarion éditeurs, Paris, 1882.

C. Flammarion, *Les Terres du ciel : voyage astronomique sur les autres mondes*, G. Marpon & E. Flammarion éditeurs, Paris, 1884.

R. Florence, « The Perfect Machine : Building the Palomar Telescope », *Harper Perennial,* New York, Harper Collins Publishers, 1995.

J. Gapaillard, *Et pourtant, elle tourne ! Le mouvement de la Terre*, Seuil, Paris, 1993.

Y. Georgelin, *Marseille à la conquête du ciel*, CeTER, Ville de Marseille, Université de Marseille, Observatoire de Marseille, 1995.

Y. Georgelin, S. Arzano, « Pythéas le Massaliote, le plus ancien des doctes de tout l'Occident », *Scientifiques de la Provence et du Pays Niçois*, CTMS, Observatoire de Marseille, 1994, p. 2-9.

Y. Georgelin, S. Arzano, « L'époque des savants érudits. Le Prince des Curieux », *Scientifiques de la Provence et du Pays Niçois*, CTMS, Observatoire de Marseille, 1994, p. 10-30.

M. Golay, « L'astronomie », *Les Savants genevois dans l'Europe intellectuelle du XVIIIe au milieu du XIXe siècle*, Chapitre II, Genève, J. Trembley, éditions du Journal de Genève, 1987.

M. Golay, « La Photométrie astronomique et son évolution au cours du XXe siècle », *L'Astronomie*, Paris, Société Astronomique de France, septembre 1987 et octobre 1987, p. 511-520 et p. 461-472.

M. Graindorge, *Le Ciel de Tahiti et des Mers du Sud*, Tahiti, Éditions Haere Po No, 1986.

A. Guillemin, *Le Ciel. Notions d'astronomie à l'usage des gens du monde et de la Jeunesse*, Hachette & Cie, Paris, 1864.

Abbé Halma, *Composition Mathématique de Claude Ptolémée, traduite pour la première fois du grec en français, Tome I*, [Librairie H. Grand, Paris, 1813] Paris, Librairie A. Blanchard, 1988.

Abbé Halma, *Composition Mathématique de Claude Ptolémée, traduite pour la première fois du grec en français, Tome II*, Paris, [Imprimerie J.-M. Eberhart, 1816], Librairie A. Blanchard, Paris, 1988.

E. Harrison, *Darkness at Night*, Harvard University Press, Cambridge, USA, 1987 ; traduction française : *Le Noir de la nuit : une énigme du cosmos*, Seuil, Paris, 1990.

Sir Thomas L. Heath, *Greek astronomy*, New York, Dover Publications, 1991. Première édition : Londres, J.M. Dent & Sons, Ltd., 1932 , comme volume 10 de la série : *The Library of Greek Thought*.

R. Taton (dir.), *Histoire générale des sciences. Tome I : la science antique et médiévale (des origines à 1450)*, Paris, Presses Universitaires de France, 1957, 1966, 2e édition PUF remise à jour ; 1re édition « Quadrige », Presses Universitaires de France, 1994.

R. Taton (dir.), *Histoire générale des sciences. Tome II : la science moderne (De 1450 à 1800)*, Paris, Presses Universitaires de France, 1958 ; 2e édition PUF remise à jour : 1969 ; 1re édition « Quadrige », Presses Universitaires de France, 1995.

R. Taton (dir.), *Histoire générale des sciences. Tome III : La science contemporaine. Volume I : le XIXe siècle*, Presses Universitaires de France, Paris, 1961 ; 2e édition PUF remise à jour : 1981 ; 1re édition « Quadrige », Presses Universitaires de France, 1995.

R. Taton (dir.), *Histoire générale des sciences. Tome III : La science contemporaine. Volume II : le XXe siècle, années 1900-1960*, Presses Universitaires de France, Paris, 1964 ; 2e édition PUF remise à jour : 1983 ; 1re édition « Quadrige », Presses Universitaires de France : 1995.

M. Hoskin (ed.), *The General History of Astronomy*, Cambridge, Cambridge University Press, 4 volumes, 1984-1996.

F. Monnoyeur (dir.), *Infini des philosophes, infini des astronomes*, Paris, « Regards sur la Science », Belin, 1995.

L. Jardine, *The Curious life of Robert Hooke. The Man who measured London*, New York, « Harper Perennial », Harper Collins Publishers, 2005.

C. Jaschek, *Data in Astronomy*, Cambridge, Cambridge University Press, 1989.

H. C. King, *The History of the telescope*, Londres, Ch. Griffin and Co., 1955.

A. Koestler, *Les Somnambules*, Paris, « Presses Pocket », Calmann-Lévy, 1960.

A. Koyré, *Études galiléennes*, Paris, Hermann, 1939.

A. Koyré, *La Révolution astronomique : Copernic, Kepler, Borelli*, Paris, Hermann, 1961.

A. Koyré, *Du monde clos à l'Univers infini*, Paris, Presses Universitaires de France, 1962.

S. Laustsen, C. Madsen, R. M. West, *Exploring the Southern Sky*, Berlin, Springer-Verlag, Heidelberg, 1987.

A. Le Boeuffle, *Le Ciel des Romains*, Paris, « Antiques », De Broccard, 1989.

A. Le Boeuffle, *Astronymie. Les noms des étoiles*, Vannes, Burillier, 1996.

J. Audouze, G. Israël (dir.), *Le Grand Atlas Universalis de l'astronomie*, 3e édition, Paris, Encyclopaedia Universalis, 1990.

R. Lenoble, *Histoire de l'idée de nature*, « L'Évolution de l'Humanité », Albin Michel, Paris, 1969.

M.-P. Lerner, *Le Monde des sphères, Tome I : Genèse et triomphe d'une représentation cosmique*, et *Tome II. La fin du cosmos classique*, Paris, « l'Âne d'Or », Les Belles Lettres, 1996-1997.

Les Présocratiques, Paris, « Bibliothèque de la Pléiade », Gallimard, 1988.

G. E. R. Lloyd, *Une histoire de la science grecque*, « Points Science », La Découverte, Paris, 1990.

J.-P. Lonchamp, *L'Affaire Galilée*, Paris, Éditions du Cerf, 1988.

H. Louyat, *À Travers le Cosmos*, Toulouse, édité à compte d'auteur, Troisième Mille, 1984.

Lucrèce, *De la nature*, Paris, Le Club Français du Livre, 1980.

L. Maillard, *Quand la lumière fut. Les cosmogonies anciennes et modernes*, Paris, Presses Universitaires de France, 2 volumes, 1922.

A. Masclet, *Le Petit Dictionnaire des Astronomes*, Vannes, Burillier, 1999.

J.-P. Maury, *Comment la Terre devint ronde*, Paris, « Découvertes Sciences », Gallimard, 1989.

N. Meusnier, *Histoire des mathématiques : la révolution astronomique*, Mémoire soumis en mai 1983, IREM de Rouen, 1983.

D. S. Morales, *The Maya World*, Mexico, Minutiae Mexicana, 1976.

Y. Nazé, *Histoire du télescope. La contemplation de l'Univers des premiers instruments aux actuelles machines célestes*, Paris, Vuibert, 2009.

O. Neugebauer, *The Exact Sciences in Antiquity*, New York, Dover, 1969 ; traduction française de P. Souffrin : *Les sciences exactes dans l'Antiquité*, Paris, Actes Sud, 1990.

C. Nitschelm, « Pourquoi la nuit est-elle noire ? Le paradoxe de Chéseaux-Olbers », *Orion*, n° 245, p. 138-142, n° 246, p. 172-175 et n° 247, p. 230-235, 1991. Texte accessible par internet : *L'énigme de l'obscurité du ciel nocturne* : [http://www.astrosurf.com/nitschelm/Nuit_noire.html].

C. Nitschelm, *L'Astronomie de la Préhistoire à nos jours*, Vannes, Burillier, 2000.

C. Nordmann, *Le Royaume des cieux*, Paris, Librairie Hachette, 1923.

D. E. Osterbrock, *Pauper & Prince : Ritchey, Hale and big American Telescopes*, Tucson, University of Arizona Press, 1993.

J.-P. Parisot, F. Suagher, *Calendriers et chronologie*, Paris, Masson, 1996.

J.-C. Pecker, E. Schatzman, *Astrophysique générale*, Paris, Masson et Cie, 1959.

L. M. Pioger, *Les Merveilles du ciel étoilé et les profondeurs de l'infini*, Lille, Desclée, De Brouwer, 1896.

Platon, *Œuvres complètes : Timée ; Critias, Tome X*, Paris, « Collection des Universités de France », Les Belles Lettres, 1985.

Plutarque, *Vies parallèles*, Paris, « Quarto », Gallimard, 2001.

J. C. Poggendorff, *Biographisch-literarisches Handwoerterbuch zur Geschichte der exacten Wissenschaften*, Leipzig, 22 volumes, 1863-1999.

H. Poincaré, *Leçons sur les hypothèses cosmologiques*, Paris, Hermann, 1911.

A. Rey, *La Science dans l'Antiquité*, Paris, « Collection Évolution de l'Humanité », Albin Michel, 1930-1948.

G. J. Rheticus, *Narratio Prima*, édition critique, traduction française et commentaire de H. Hugonnard-Roche et J.-P. Verdet, avec la collaboration de M.-P. Lerner et A. Segonds, Varsovie, Maison d'édition de l'Académie Polonaise des Sciences, 1re publication en latin en 1540, 1982.

G. H. Rieke, *Detection of light : from the ultraviolet to the submillimeter*, 2nde édition, Cambridge University Press, 2002.

L. Robin, *La Pensée grecque et les origines de l'esprit scientifique*, Paris, Albin Michel, [1923] 1963 et 1973.

J. Rocchi, *L'Errance et l'hérésie, ou le destin de Giordano Bruno*, Paris, François Bourin, 1989.

J.-R. Roy, *L'Astronomie et son histoire*, Paris, Presses de l'Université du Québec et Masson, 1982.

J. Sageret, *Le Système du monde de Pythagore à Edison*, Paris, « Collection Scientifique », Payot, 1934.

Saint Augustin, *Confessions, Tome I*, Paris, « Collection des Universités de France », Les Belles Lettres, 1977.

D. Savoie, « La Diffusion du copernicianisme au XVIe siècle. Les Tables Pruténiques », *L'Astronomie*, n° 111, p. 45-50, 1997.

L. Segond, *La Sainte Bible*, Nouvelle édition revue avec parallèles, Paris, 1963.

Sénèque, *Questions naturelles, Tomes I et II*, Paris, « Collection des Universités de France », Les Belles Lettres, 1929.

Sky & Telescope, Cambridge, Massachusset, Sky Publishing Corporation, de janvier 1977 à décembre 2011 (mensuel).

J.-J. Szczeciniarz, *Copernic et la Révolution Copernicienne*, Paris, « Nouvelle Bibliothèque Scientifique », Flammarion, 1998.

P. Tannery, *Pour l'histoire de la science hellène*, Paris, Félix Alcan, 1887.

P. Tannery, *Recherches sur l'histoire de l'astronomie ancienne*, Paris, Gauthier-Villars, 1893, nouvelle édition en 1976 par Arno Press (New-York).

Thomas Hockey (ed.), *The Biographical Encyclopedia of Astronomers*, New York, Virginia Trimble and Thomas R. Williams, Springler Science and Business Media, 2007, 2 volumes.

J. K. Beatty, B. O'Leary, A. Chaikin, *The New Solar System*, 3e édition, Cambridge (Massachusset), Sky Publishing Corporation, 1990.

G. J. Toomer, *Ptolemy's Almagest*, Londres, Duckworth, 1984.

J.-P. Verdet, *Une histoire de l'astronomie*, Paris, « Points Sciences », Seuil, 1990.

J.-P. Verdet, *Astronomie & astrophysique. Textes essentiels*, Paris, Larousse, 1993.

P. Véron, J.-C. Ribes, *Les Comètes, de l'Antiquité à l'ère spatiale*, Paris, Hachette, 1979.

C. Wilson, *Astronomy from Kepler to Newton*, Londres, Variorum Reprints, 1989.

R. N. Wilson, *Reflective Telescope Optics*, Berlin, « A&A Library », Springer-Verlag, Heidelberg, 2001, 2 volumes.

- INDEX DES PERSONNES -

A

B

C

D

E

F

G

H

L

M

N

T

U

V

W

Y

Z

- INDEX DES OBJETS CÉLESTES -

TABLE DES MATIÈRES

www.ingramcontent.com/pod-product-compliance
Lightning Source LLC
LaVergne TN
LVHW050841051026
849532LV00006BA/2059
* 9 7 8 2 3 6 5 8 3 8 4 0 5 *